高等职业教育"十三五"精品规划教材（计算机网络技术系列）

计算机网络技术基础

主编　陈家迁

中国水利水电出版社
www.waterpub.com.cn

·北京·

内 容 提 要

本书以组网、建网、管网和用网为出发点，循序渐进地介绍了网络基础知识、TCP/IP、局域网组网技术、广域网技术、Internet/Intranet 应用服务等内容。

全书共三篇：TCP/IP 网络基础、局域网基础与应用、广域网技术与 Internet/Intranet 应用服务。TCP/IP 网络基础篇包括 4 章内容：计算机网络概论、计算机网络体系结构、数据通信基础、TCP/IP 协议和 IP 地址；局域网基础与应用篇包括 4 章内容：局域网组网技术、交换与虚拟局域网、无线局域网、局域网互连；广域网技术与 Internet/Intranet 应用服务篇包括 2 章内容：广域网技术、Internet/Intranet 应用服务。各章后面附有源于工程实践的拓展训练。

本书应用案例丰富实用，拓展训练针对性强，操作步骤详尽，既可以作为高职院校理实一体化的"计算机网络技术基础"课程的教材，也可以作为网络管理人员、网络爱好者以及网络用户的学习参考书。

订书后请向作者索要教学设计、课程标准和实训项目慕课视频。

本书提供电子教案、习题解答和补充资料，读者可以从万水书苑以及中国水利水电出版社网站下载，网址为：http://www.wsbookshow.com 和 http://www.waterpub.com.cn/softdown/。

图书在版编目（ＣＩＰ）数据

计算机网络技术基础 / 陈家迁主编. -- 北京 ： 中国水利水电出版社，2018.6（2023.1 重印）
高等职业教育"十三五"精品规划教材. 计算机网络技术系列
ISBN 978-7-5170-6521-0

Ⅰ．①计… Ⅱ．①陈… Ⅲ．①计算机网络－高等职业教育－教材 Ⅳ．①TP393

中国版本图书馆CIP数据核字(2018)第127759号

策划编辑：杜 威　　责任编辑：王玉梅　　加工编辑：张青月　　封面设计：李 佳

书　　名	高等职业教育"十三五"精品规划教材（计算机网络技术系列） **计算机网络技术基础**　JISUANJI WANGLUO JISHU JICHU
作　　者	主编　陈家迁
出版发行	中国水利水电出版社 （北京市海淀区玉渊潭南路 1 号 D 座　100038） 网址：www.waterpub.com.cn E-mail：mchannel@263.net（答疑） 　　　　sales@mwr.gov.cn 电话：（010）68545888（营销中心）、82562819（组稿）
经　　售	北京科水图书销售有限公司 电话：（010）68545874、63202643 全国各地新华书店和相关出版物销售网点
排　　版	北京万水电子信息有限公司
印　　刷	三河市德贤弘印务有限公司
规　　格	184mm×260mm　16 开本　16.75 印张　407 千字
版　　次	2018 年 6 月第 1 版　2023 年 1 月第 4 次印刷
印　　数	5001—6000 册
定　　价	36.00 元

前　　言

一、关于本书

"计算机网络技术基础"课程已经越来越多地成为各所院校的通识课程。作为通识课程，讲授内容可能有所不同，但总的培养目标是一致的。即通过本课程的学习，达到组网、建网、管网和用网的培养目标。为此，我们组织了几位长期工作在计算机网络教学一线的教师，精选了教学内容，编写了这本突出应用、理实一体的教材。全书包括网络基础知识、TCP/IP、局域网组网技术、广域网技术、Internet/Intranet 应用服务等内容。

二、本书特点

本书包含三篇 10 章，分别是：

第一篇　TCP/IP 网络基础

第 1 章　计算机网络概论　　　　　第 2 章　计算机网络体系结构

第 3 章　数据通信基础　　　　　　第 4 章　TCP/IP 协议和 IP 地址

第二篇　局域网基础与应用

第 5 章　局域网组网技术　　　　　第 6 章　交换与虚拟局域网

第 7 章　无线局域网　　　　　　　第 8 章　局域网互连

第三篇　广域网技术与 Internet/Intranet 应用服务

第 9 章　广域网技术　　　　　　　第 10 章　Internet/Intranet 应用服务

全书有如下两个特点：

● 是应用案例丰富、实用性强的理实一体化教材

本书针对网络理论、局域网组建、Internet 应用和计算机网络安全等内容进行了详细的讲解，读者通过学习可轻松掌握组网、建网、管网和用网的技能。

● 内容源于实际工作经验，实训部分强调工学结合，专业技能培养实战化

本书包含了多个拓展训练项目。拓展训练项目突出实战化要求，贴近市场，贴近技术。所有拓展训练项目都源于作者的工作经验和教学经验。对于复杂设备的实训则采用虚拟的实训网络环境。拓展训练项目重在培养读者分析和解决实际问题的能力。

总之，本书组织结构合理、内容新颖、实践性强，既注重基础理论，又突出实用性，加强了局域网组网技术和 Internet 应用方面的知识，注重培养学生掌握实际应用技术的能力。本书在编写过程中，力求体现教材的系统性、先进性和实用性。

三、其他

本书由广西建设职业技术学院陈家迁主编。感谢杨云、张晖、王世存、杨翠玲、唐柱斌、王秀梅、孙凤杰、章明、刘震、刘景林、李满、孔令宏、王运景等老师提供的帮助。本书编

者均长期工作在网络教学和网络管理第一线，积累了较为深厚的理论知识和丰富的实践经验。本书是这些理论和经验的一次总结与升华，相信不会让读者感到失望。

如有疑问，请联系 175038789（编者 QQ）或 189934741（Windows & Linux 教师交流 QQ 群）。

编　者
2018 年 1 月 30 日

目　　录

第二篇　局域网基础与应用

第三篇　广域网技术与 Internet/Intranet 应用服务

第一篇
TCP/IP 网络基础

1

计算机网络概论

本章学习目标

- 了解计算机网络的发展历史和功能
- 掌握计算机网络的定义和组成
- 掌握计算机网络的类型和拓扑结构
- 理解并掌握网络的计算模式

计算机网络是计算机技术与通信技术结合的产物，它利用计算机技术进行信息的存储和加工，利用通信技术传播信息，扩大了计算机的应用范围。

1.1 计算机网络的发展历史

计算机网络的发展历史不长，它是从为解决远程计算、信息收集和处理而形成的简单的专用联机系统开始的。随着计算机技术和通信技术的发展，在联机系统广泛使用的基础上，发展到把多台中心计算机连接起来，组成以共享资源为目的的计算机网络。

计算机网络的发展经历了从简单到复杂、从低级到高级的过程，这个过程可分为四个阶段：面向终端、面向计算机通信、面向应用（标准化）和面向未来。

1.1.1 面向终端

早期计算机很昂贵，只有数目有限的计算机中心才拥有计算机。使用计算机的用户要将程序和数据送到或邮寄到计算机中心去处理。这样，除花费时间、精力和大量资金外，还无法对需要及时处理的信息进行加工和处理。为了解决这个问题，在计算机内部增加了通信功能，使远地点的输入输出设备通过通信线路直接和计算机相连，达到一边输入信息、一边处理信息的目的，最后将处理结果再经过通信线路送回到远地站点。这种系统称为简单的计算机联机系统，如图 1-1 所示。第一个联机数据通信系统是美国在 20 世纪 50 代初建立的半自动地面防空系统（SAGE）。

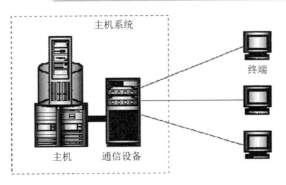

图 1-1　简单的计算机联机系统

　　随着连接的终端个数的增多，上述联机系统存在两个显著缺点：一是主机系统负荷过重，它既要承担本身的数据处理任务，又要承担通信任务；二是通信线路利用率很低，特别是当终端远离主机时尤为明显。为了克服第一个缺点，可以在主机之前设置一个前端处理机 FEP（Front End Processor），专门负责与终端的通信工作，使主机能有较多的时间进行数据处理。为克服第二个缺点，通常是在终端较为集中的区域设置线路集中器，大量终端先连到集中器上，集中器则通过通信线路与前端处理机相连，如图 1-2 所示。这种系统是以中央计算机为核心的具有通信功能的远程联机系统，具有终端—计算机之间的通信功能，也称面向终端的网络，如 20 世纪 60 年代初期美国建成的由一台计算机和遍布全美两千多个终端组成的美国航空公司飞机订票系统 SABRE 和随后出现的具有分时系统的通信网。

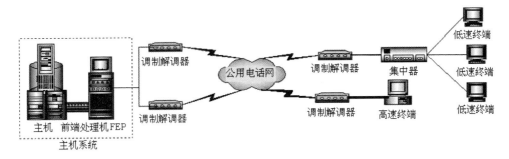

图 1-2　具有通信功能的联机系统

1.1.2　面向计算机通信

　　联机系统的发展，提出了在计算机系统之间进行通信的要求。20 世纪 60 年代中期，英国国家物理实验室 NPL 的戴维斯（Davies）提出了分组（Packet）的概念。1969 年美国的分组交换网 ARPA 网络投入运行，使计算机网络的通信方式由终端与计算机之间的通信发展到计算机与计算机之间的通信。从此，计算机网络的发展进入了一个崭新的时代。

　　早期的网络系统中只有一个计算机处理中心，各终端通过通信线路共享主计算机的硬件和软件资源。计算机与计算机通信的计算机通信网络系统，呈现出的是多个计算机处理中心的特点，各计算机通过通信线路连接，相互交换数据、传送软件，实现了网络中连接的计算机之间的资源共享。

　　面向计算机通信的网络有两种连接形式，如图 1-3 所示，图中 CCP 为通信控制处理机。

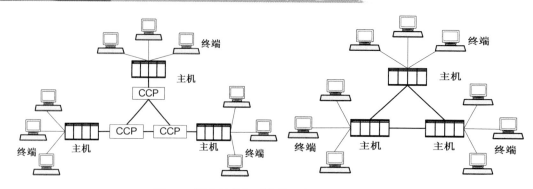

图 1-3　面向计算机通信的网络的两种连接形式

1.1.3　面向应用（标准化）

20 世纪 70 年代中期，计算机网络开始向体系结构标准化的方向迈进，即正式步入网络标准化时代。1974 年，美国 IBM 公司公布了它研制的系统网络体系结构 SNA（System Network Architecture），不久以后，各种不同的分层网络系统体系结构相继出现。

对各种网络体系结构来说，同一体系结构的网络产品互连是非常容易实现的，而不同体系结构的网络产品却很难实现互连。但社会的发展迫切要求不同体系结构的产品都能够很容易地进行互连，人们迫切希望建立一系列的国际标准，渴望得到一个"开放"系统。为此，国际标准化组织 ISO（International Standards Organization）于 1977 年成立了专门的机构来研究该问题。1984 年，ISO 正式颁布了一个开放系统互连参考模型（Open System Interconnection Basic Reference Model）的国际标准 OSI 7498。该模型分为七个层次，有时被称为 ISO/OSI 七层参考模型。从此网络产品有了统一的标准，同时也促进了企业的竞争，尤其为计算机网络向国际标准化方向发展提供了重要依据。

20 世纪 80 年代，随着微型机的广泛使用，局域网获得了迅速发展。美国电气和电子工程师协会（IEEE）为了适应微机、个人计算机（PC 机）以及局域网发展的需要，于 1980 年 2 月在旧金山成立了 IEEE 802 局域网络标准委员会，并制定了一系列局域网络标准。在此期间，各种局域网大量涌现，新一代光纤局域网——光纤分布式数据接口（FDDI）网络标准及产品相继问世，从而为推动计算机局域网络技术进步及应用奠定了良好的基础。这一阶段典型的标准化网络结构如图 1-4 所示，通信子网的交换设备主要是路由器和交换机。

1.1.4　面向未来的计算机网络——以 Internet 为核心的高速计算机网络

进入 20 世纪 90 年代后，计算机技术、通信技术以及建立在互连计算机网络技术基础上的计算机网络技术得到了迅猛的发展。特别是 1993 年美国宣布建立国家信息基础设施 NII（National Information Infrastructure）后，全世界许多国家纷纷制订和建设本国的 NII，从而极大地推动了计算机网络技术的发展，使计算机网络进入了一个崭新的阶段，这就是网络互连与高速计算机网络阶段。

目前，全球以 Internet 为核心的高速计算机互联网络已经形成，Internet 已经成为人类最重要的、最大的知识宝库。网络互连和高速计算机网络被称为第四代计算机网络，其结构示意图如图 1-5 所示。

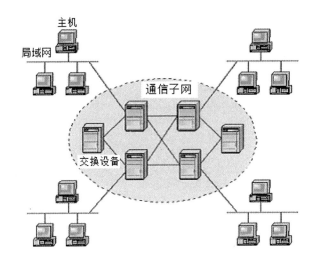

图 1-4　面向应用（标准化）网络的结构示意图

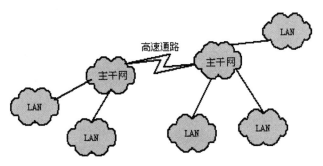

图 1-5　网络互连与高速计算机网络结构示意图

1.2　计算机网络的定义和组成

"计算机存在于网络上""网络就是计算机"这样的概念正在成为人们的共识。

1.2.1　计算机网络的定义

计算机网络是计算机技术与通信技术结合的产物。计算机网络是将处于不同地理位置、具有独立功能的计算机通过通信设备和传输媒体连接起来，借助功能完善的通信软件（即网络通信协议、信息交换方式及网络操作系统等）实现网络中资源共享、信息交换和协同工作的系统。网络中的每台计算机称作一个节点（Node）。所以，计算机网络是多台计算机彼此互连，以相互通信和资源共享为目标的计算机系统。

1.2.2　计算机网络的组成

计算机网络由计算机系统、通信链路和网络节点组成。计算机系统进行各种数据处理，通信链路和网络节点提供通信功能，图 1-6 所示为计算机网络的一般构成。从逻辑上可以把计算机网络分成两个子网，即资源子网和通信子网。

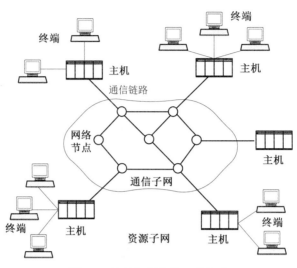

图 1-6　计算机网络的一般构成

1. 计算机系统

计算机网络中的计算机系统主要担负数据处理工作，计算机网络连接的计算机系统可以是巨型机、大型机、小型机、工作站、微型机或其他数据终端设备，其任务是进行信息的采集、存储和加工处理。

2. 网络节点

网络节点主要负责网络中信息的发送、接收和转发。网络节点是计算机与网络的接口，计算机通过网络节点向其他计算机发送信息，鉴别和接收其他计算机发送来的信息。在大型网络中，网络节点一般由一台处理机或通信控制器来担当，此时网络节点还具有存储转发和路径选择的功能，在局域网中使用的网络适配器也属于网络节点。

3. 通信链路

通信链路是连接两个节点之间的通信信道，通信信道包括通信线路和相关的通信设备。通信线路可以是双绞线、同轴电缆和光纤等有线介质，也可以是微波等无线介质。相关的通信设备包括中继器、调制解调器等，中继器的作用是将数字信号放大，调制解调器则能进行数字信号和模拟信号的转换，以便将数字信号通过只能传输模拟信号的电话线来传输。

4. 通信子网

通信子网提供计算机网络的通信功能，由网络节点和通信链路组成。通信子网是由节点处理机和通信链路组成的一个独立的数据通信系统。

5. 资源子网

资源子网提供访问网络和处理数据的能力，由主机、终端控制器和终端组成。主机负责本地或全网的数据处理，运行各种应用程序或大型的数据库系统，向网络用户提供各种软硬件资源和网络服务。终端控制器用于把一组终端连入通信子网，并负责控制终端信息的接收和发送。终端控制器可以不经主机直接和网络节点相连，当然还有一些设备也可以不经主机直接和节点相连，如打印机和大型存储设备等。

1.3　计算机网络的类型

计算机网络的类型可以按不同的标准进行划分。从不同的角度观察网络系统、划分网络，有利于全面地了解网络系统的特性。

1.3.1　按通信媒体划分

1. 有线网

有线网是指采用双绞线、同轴电缆、光纤连接的计算机网络。有线网的传输介质包括：

- 双绞线：双绞线网是目前最常见的连网方式。它比较经济，安装方便，传输率和抗干扰能力一般，广泛应用于局域网中。还可以通过电话线上网，通过现有电力网导线建网。
- 同轴电缆：可以通过专用的粗电缆或细电缆组网。此外，还可通过有线电视电缆，使用电缆调制解调器（Cable Modem）上网。
- 光纤：光纤网采用光导纤维作传输介质。光纤传输距离长，传输率高，可达每秒数千兆比特，抗干扰性强，不会受到电子监听设备的监听，是高安全性网络的理想选择。

2. 无线网

无线网使用电磁波传播数据，它可以传送无线电波和卫星信号。无线网包括：

- 无线电话：通过手机上网已成为新的热点。目前联网费用较高，速率不高。但由于联网方式灵活方便，这是一种很有发展前途的联网方式。
- 无线电视网：普及率高，但无法在一个频道上和用户进行实时交互。
- 微波通信网：通信保密性和安全性较好。
- 卫星通信网：能进行远距离通信，但价格昂贵。

1.3.2　按网络的使用范围划分

1. 公用网

公用网对所有人提供服务。只要符合网络拥有者的要求就能使用这个网，也就是说它是为全社会所有人提供服务的网络，如邮电部的公用数据网 CHINAPAC。

2. 专用网

专用网为一个或几个部门所拥有。它只为拥有者提供服务，这种网络不向拥有者以外的人提供服务，如军事专网、铁路调度专网等。

1.3.3　按网络的传输技术划分

网络所采用的传输技术决定了网络的主要技术特点，根据网络所采用的传输技术对网络进行分类是一种很重要的方法。

在通信技术中，通信信道的类型有两类：广播通信信道与点到点通信信道。在广播通信信道中，多个节点共享一个通信信道，一个节点广播信息，其他节点则接收信息；在点到点通信信道中，一条通信线路只能连接一对节点，如果两个节点之间没有直接连接的线路，那么它们只能通过中间节点转接。显然，网络要通过通信信道方可完成数据传输任务。因此，网络所采用的传输技术也只可能有两类，即广播（Broadcast）方式与点到点（Point-to-Point）方式。相应的计算机网络也以此分为两类：广播式网络（Broadcast Networks）和点到点式网络（Point-to-Point Networks）。

1．广播式网络

在广播式网络中，发送的报文分组的目的地址可以分为三类：单一节点地址、多节点地址和广播地址。其特点如下：

- 广播式网络仅有一条通信信道，网络上的所有计算机都共享这个通信信道。当一台计算机在信道上发送分组或数据包时，网络中的每台计算机都会接收到这个分组，并且将自己的地址与分组中的目的地址进行比较，如果相同，则处理该分组，否则将它丢弃。
- 在广播式网络中，若某个分组发出以后，网络上的每一台机器都接收并处理它，称这种方式为广播（Broadcasting），若分组是发送给网络中的某些计算机，则称之为多点播送或组播（Multicasting），若分组只发送给网络中的某一台计算机，则称为单播（Unicasting）。

广播式网络示意图如图 1-7 所示。

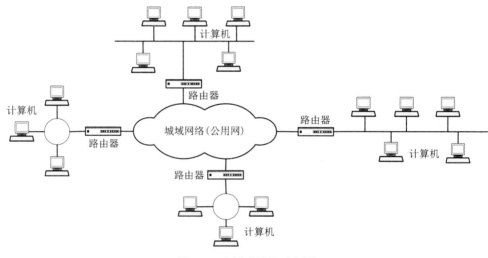

图 1-7　广播式网络示意图

2．点到点式网络

与广播式网络相反，在点到点式网络中，每条物理线路连接一对计算机。假如两台计算机之间没有直接连接的线路，那么它们之间的分组传输就要通过中间节点的接收、存储、转发，直至目的节点。由于连接多台计算机之间的线路结构可能是复杂的，因此从源节点到目的节点可能存在多条路由。决定分组从通信子网的源节点到达目的节点的路由是路由选择算法。采用分组存储转发与路由选择是点到点式网络与广播式网络的重要区别之一。

1.3.4　按距离划分

按距离划分就是根据网络的作用范围划分网络，可分为局域网（Local Area Network，LAN）、广域网（Wide Area Network，WAN）和城域网（Metropolitan Area Network，MAN）。

1. 局域网 LAN

局域网地理范围一般在十几千米以内，属于一个部门或单位组建的小范围网。例如，一个建筑物内、一个学校内、一个单位内部等。局域网组建方便，使用灵活，是目前计算机网络发展中最活跃的分支。LAN 是计算机通过高速线路相连组成的网络，网上传输速率较高，从 10Mbps 到 100Mbps，再到 1000Mbps 等。计算机可以通过 LAN 共享资源，例如共享打印机和数据库等。局域网示意图如图 1-8 所示。

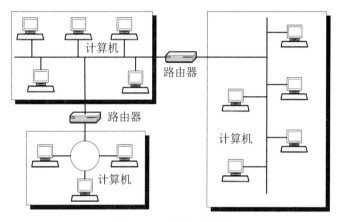

图 1-8　局域网示意图

2. 广域网 WAN

广域网有以下特点：

- WAN 覆盖的地理范围从数百千米至数千千米，甚至上万千米，可以是一个地区或一个国家，甚至世界几大洲，故称远程网。
- WAN 在采用的技术、应用范围和协议标准方面与 LAN 有所不同。在 WAN 中，通常是利用邮电部门提供的各种公用交换网，将分布在不同地区的计算机系统互连起来，达到资源共享的目的。
- 广域网使用的主要技术是存储转发。

广域网示意图如图 1-9 所示。

图 1-9　广域网示意图

3. 城域网 MAN

城域网的作用范围在 LAN 与 WAN 之间，规模局限在一座城市的范围内，覆盖的地理范围为几十千米至数百千米。其运行方式与 LAN 相似，基本上是一种大型 LAN，通常使用与

LAN 相似的技术。MAN 用来连接局域网，是对局域网的延伸，在传输介质和布线结构方面牵涉范围较广。城域网示意图如图 1-10 所示。

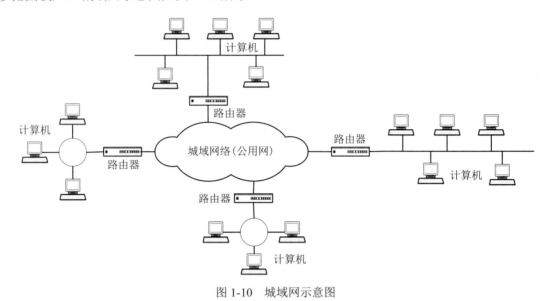

图 1-10　城域网示意图

1.3.5　按企业和公司管理划分

1．内联网（Intranet）

Intranet 是指企业的内部网，由企业内部原有的各种网络环境和软件平台组成。例如，传统的客户机/服务器模式，逐步改造、过渡、统一到像 Internet 那样，使用起来方便，即使用 Internet 上的浏览器/服务器模式。Intaranet 在内部网络上采用通用的 TCP/IP 作为通信协议，利用 Internet 的 WWW 技术，以 Web 模型作为标准平台。Intaranet 一般具备自己的 Intranet Web 服务器和安全防护系统，为企业内部服务。

2．外联网（Extranet）

相对企业内部网，Extranet 是泛指企业之外，可以扩展连接到与自己相关的其他企业的网。外联网是采用 Internet 技术，又有自己的 WWW 服务器，但不一定与 Internet 直接进行联接的网络，同时必须建立防火墙把内联网与 Internet 隔离开，以确保企业内部信息的安全。

3．因特网（Internet）

Internet 是目前最流行的一种国际互联网。Internet 起源于美国，自 1995 年开始启用，发展非常迅速，特别是随着 Web 浏览器的普遍应用，Internet 已在全世界范围得到应用。在全球性的各种通信系统基础上，Internet 像一个无法比拟的巨大数据库，结合多媒体的"声、图、文"表现能力，不仅能处理一般数据和文本，而且也能处理语音、静止图象、电视图像、动画和三维图形等。

1.4　计算机网络的功能

计算机网络主要有以下功能。

1．数据通信

数据通信是计算机网络的基本功能之一，用于实现计算机之间的信息传送。在计算机网络中，可以传递文字、图像、声音、视频等信息。

2．资源共享

计算机资源主要是指计算机的硬件、软件和数据资源。资源共享功能是组建计算机网络的主要目标之一，使得网络用户可以克服地理位置的差异性，共享网络中的计算机资源。共享硬件资源可以避免贵重硬件设备的重复购置，提高硬件设备的利用率；共享软件资源可以避免软件开发的重复劳动与大型软件的重复购置，进而实现分布式计算的目标。

3．提高系统可靠性

在计算机网络系统中，可以通过结构化和模块化设计将大而复杂的任务分别交给多台计算机处理，用多台计算机提供冗余来提高计算机的可靠性。当某台计算机发生故障时，不至于影响整个系统中其他计算机的正常工作，使被损坏的数据和信息能得到恢复。

4．易于进行分布处理

对于综合性大型科学计算和信息处理问题，可以采用一定的算法，将任务分交给网络中不同的计算机，以达到均衡使用网络资源，实现分布处理的目的。

5．系统负载的均衡与调节

通过网络系统可以缓解用户资源缺乏的矛盾，并可对各种资源的忙与闲进行合理调节，以达到对系统负载均衡调节的目的，提高网络中计算机的可用性。

1.5　计算机网络的拓扑结构

拓扑学把实体抽象成与其大小、形状无关的点，将连接实体的线路抽象成线，进而研究点、线、面之间的关系。计算机网络的拓扑结构就是网络中通信线路和站点（计算机或设备）的几何排列形式。

在计算机网络中，将主机和终端抽象为点，将通信介质抽象为线，形成点和线组成的图形，使人们对网络整体有明确的全貌印象。网络拓扑是由网络结点设备和通信介质构成的网络结构图。在网络方案设计过程中，网络拓扑结构是关键问题之一，了解网络拓扑结构的有关知识对于网络系统集成具有指导意义。

计算机网络拓扑结构一般可以分为：总线型、星型、环型、树型、网状等，如图 1-11 所示。

1.5.1　总线型拓扑结构（Bus Topology）

总线型拓扑是一种比较简单的结构，网络中所有的站点共享一条数据通道，即通过一根传输线路将网络中所有结点连接起来，这根线路称为总线。各结点直接与总线相连接，信息沿总线介质逐个结点地广播传送，在同一时刻只能允许一对结点占用总线通信。总线型拓扑结构如图 1-12 所示。

- 总线型拓扑的优点：结构简单，实现容易；易于安装和维护；需要铺设的电缆最短，成本低，用户结点入网灵活；某个站点的故障一般不会影响整个网络。
- 总线型拓扑的缺点：同一时刻只能有两个网络结点相互通信，网络延伸距离有限，网络容纳结点数有限；由于所有结点都直接连接在总线上，因此介质的故障会导致网络瘫痪。

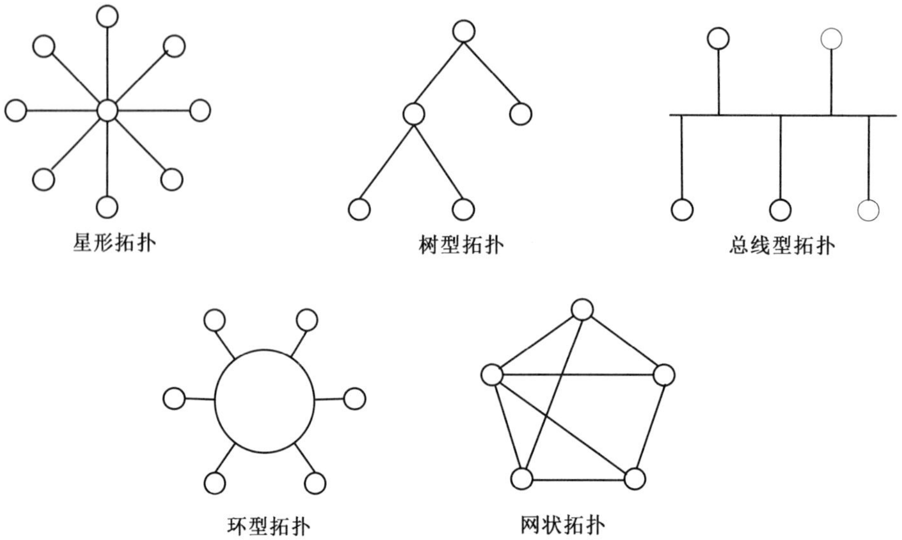

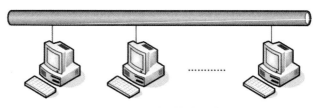

星形拓扑　　　　　　树型拓扑　　　　　　总线型拓扑

环型拓扑　　　　　　网状拓扑

图 1-11　网络拓扑结构示意图

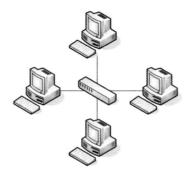

图 1-12　总线型拓扑结构

1.5.2　星型拓扑结构（Star Topology）

星型拓扑结构是最流行的网络拓扑结构，该结构以中央结点为中心与各个结点连接而组成的，各结点呈辐射状排列在中央结点周围，与中央结点通过点到点的方式连接，其他结点间不能直接通信，结点之间通信时需要通过中央结点转发，如图 1-13 所示。

图 1-13　星型拓扑结构

● 星型拓扑结构的优点：结构简单，管理方便，可扩充性强，组网容易。利用中央结点可方便地提供网络连接和重新配置，且单个结点的故障只影响一个设备，不会影响全网，容易检测和隔离故障，便于维护。

- 星型拓扑的缺点：属于集中控制，主结点负载过重，如果中央结点产生故障，则全网不能工作，所以对中央结点的可靠性和冗余度要求很高。

1.5.3　环型拓扑结构（Ring Topology）

各站点通过通信介质连成一个封闭的环形。环形网容易安装和监控，但容量有限，网络建成后，难以增加新的站点。环型拓扑是将各台联网的计算机用通信线路连接成一个闭合的环。图 1-14 所示是一个点到点的环路，每台设备都直接连接到环上，或通过一个分支电缆连到环上。在环型结构中，信息按固定方向流动，或按顺时针方向，或按逆时针方向，如 Token Ring 技术、FDDI 技术等。

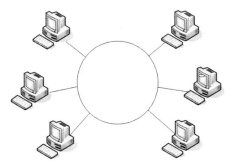

图 1-14　环型拓扑结构

- 环型拓扑结构的优点：一次通信信息在网中传输的最大传输延迟是固定的、每个网上结点只与其他两个结点有物理链路直接互连。因此，传输控制机制较为简单，实时性强。
- 环型拓扑结构的缺点：环中任何一个结点出现故障都可能会终止全网运行，因此可靠性较差。为了克服可靠性差的问题，有的网络采用具有自愈功能的双环结构，一旦一个结点不工作，可自动切换到另一环路上工作。此时，网络需对全网进行拓扑和访问控制机制进行调整，因此较为复杂。媒体访问协议都用令牌传递方式，在负载很轻时，信道利用率较低。

1.5.4　树型拓扑结构（Tree Topology）

树型拓扑由星型、总线型拓扑演变而来，它是在星型、总线型网络上加分支形成的，其结构图看上去像一棵倒挂的树，顶端有一个带分支的根，每个分支还可以延伸出子分支，树最上端的结点叫根结点，一个结点发送信息时，根结点接收该信息并向全树广播，如图 1-15 所示。

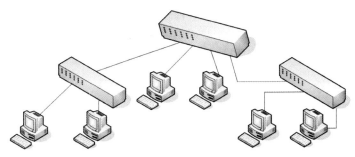

图 1-15　树型拓扑结构

- 树型拓扑的优点：易于扩展和故障隔离。
- 树型拓扑的缺点：对根结点的依赖性太大，如果根结点发生故障，则全网不能正常工作，所以对根结点的可靠性要求很高。

1.5.5 其他拓扑结构

1. 网状拓扑结构（Mash Topology）

网状拓扑结构分为全连接网状结构和不完全连接网状结构两种形式。在全连接网状结构中，每一个结点和网中其他结点均有链路连接。在不完全连接网状结构中，两结点之间不一定有直接链路连接，它们之间的通信依靠其他结点转接。网状拓扑结构如图 1-16 所示。

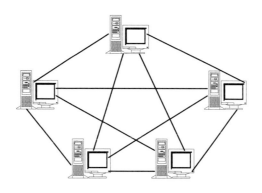

图 1-16　网状拓扑结构

- 网状拓扑的优点：结点间路径多，碰撞和阻塞可大大减少，局部的故障不会影响整个网络的正常工作，可靠性高；网络扩充和主机入网比较灵活、简单。
- 网状拓扑的缺点：结构较复杂，网络协议也复杂，建设成本高。

2. 混合型拓扑结构（Mixer Topology）

混合型拓扑结构是指由多种结构（如星型结构、环型结构、总线型结构）单元组成的结构，但常见的是由星型结构和总线型结构结合在一起组成的。这样的拓扑结构更能满足较大网络的拓展，解决了星型网络在传输距离上的局限问题，同时又解决了总线型网络在连接用户数量上的限制。

- 混合型拓扑的优点：故障诊断和隔离方便；易于扩展；安装方便。
- 混合型拓扑的缺点：需用带智能的集中器；集中器到各结点的电缆长度会增加。

网络拓扑结构是网络的基本要素，处于基础的地位，选择合适的网络拓扑结构很重要。确定拓扑结构，要考虑联网的计算机数量、地理覆盖范围、网络结点变动的情况，以及今后的升级或扩展因素。在组建局域网时常采用星型、环型、总线型和树型拓扑结构，树型和网状拓扑结构在广域网中比较常见。应当指出的是，在实际组建网络时，其拓扑结构不一定是单一的，通常是这几种拓扑结构的综合利用。

1.6　网络的计算模式

随着计算机技术和计算机网络的发展，计算机网络各种资源的共享模式也发生了巨大的变化，由最初的以大型机为中心的模式，发展到以服务器为中心的计算模式、客户机/服务器计算模式、浏览器/服务器计算模式、P2P 计算模式，以及目前流行的云计算模式。

1.6.1　以大型机为中心的计算模式

20 世纪 80 年代以前，计算机界普遍使用的是功能强大的大型机，许多用户同时共享 CPU 资源和数据存储功能，但访问会受到严格的控制，在与其进行数据交换时需要通过穿孔卡和简单的终端。在以后的若干年中，虽然有关技术飞速发展，但总体而言，还局限于对资源的集中控制和不友好的用户界面中，在这种技术条件下，所采用的是以大型机为中心的计算模式，也称分时共享模式，其网络结构如图 1-17 所示。这一模式的特点是：系统提供专用的用户界面；所有的用户击键行为和光标位置都被传入主机；通过直接的硬件连线把简单的终端连接到主机或一个终端控制器上；所有从主机返回的结果包括光标位置和字符串等都显示在屏幕的特定位置；系统采用严格的控制和广泛的系统管理、性能管理机制。这一模式是利用主机的能力来运行应用，采用无智能的终端来对应用进行控制。

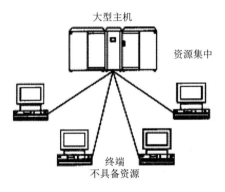

图 1-17　以大型机为中心的网络结构

1.6.2　以服务器为中心的计算模式

20 世纪 70 年代初，PC 机得到了飞速发展，由此导致了原有计算模式的迅速发展和重大变化。虽然 PC 机在用户的桌面上提供了有限的 CPU 处理能力、数据存储能力以及一些界面比较友好的软件，但是 PC 机在大多数大型应用中，处理数据能力仍显不足，这便促使了局域网的产生。通过局域网的连接，PC 机与大型机之间的资源被集成在一个网络中，使 PC 机的资源（文件和打印机）得到了延伸。这种模式是以服务器为中心的计算模式，也被称为资源共享模式。它向用户提供了灵活的服务，但管理控制和系统维护工具的功能还是很弱的，其网络结构如图 1-18 所示。

1.6.3　客户机/服务器计算模式的出现

处理器技术、计算机技术和网络技术的进一步发展，增强了计算机的处理能力，而路由器和网桥技术的应用以及有效的网络管理使得把计算机连接到局域网上变得更加容易。因此，通过各种网络新技术可以将地理上分散的局域网互连在一起。除了连网能力以外，PC 机访问大型系统的方便性及其价格的不断下降也使得 PC 机的使用日益广泛。

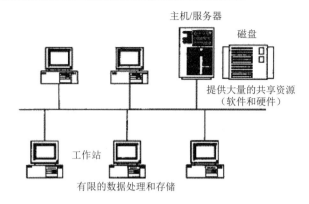

图 1-18　以服务器为中心的网络结构

正是基于以上原因，人们已经不满足于资源共享模式，而是开发出一种新的计算机模式，这就是客户机/服务器（Client/Server）计算模式，简称 C/S 模式，其网络结构如图 1-19 所示。在客户机/服务器计算模式下，应用被分为前端（客户部分）和后端（服务器部分）。客户部分运行在微机或工作站上，而服务器部分可以运行在从微机到大型机等各种计算机上。客户机和服务器分别工作在不同的逻辑实体中并协同工作。服务器主要是运行客户机不能完成或费时的工作，比如大型数据库的管理，而客户机可以通过预先指定的语言向服务器提出请求，要求服务器去执行某项操作，并将操作结果返送给客户机。

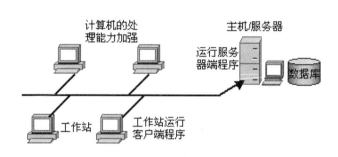

图 1-19　客户机/服务器计算模式的网络结构

1.6.4　浏览器/服务器计算模式的应用

随着 Internet/Intranet 技术和应用的发展，WWW 服务成为核心服务，用户通过浏览器漫游世界。随着浏览器技术的发展，用户通过浏览器不仅能进行超文本的浏览查询，而且还能收发电子邮件，进行文件上传和下载等工作。也就是说，用户在浏览器统一的界面上能完成网络上各种服务和应用功能。一种新的网络计算模式在 20 世纪 90 年代中期逐渐形成和发展，这种基于浏览器、WWW 服务器和应用服务器的计算结构称为浏览器/服务器（Browser/Server）计算模式，简称 B/S 模式（以 C/S 为基础，每个工作站运行一致的客户端程序 Browser），其网络结构如图 1-20 所示。这种新型的计算模式继承和共融了传统客户机/服务器计算模式中的网络软硬件平台和应用，但它具有传统客户机/服务器计算模式所不及的很多特点，比如更加开放、与软硬件平台无关、应用开发速度快、生命周期长、应用扩充和系统维护升级方便等。

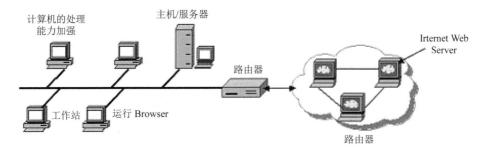

图 1-20　浏览器/服务器计算模式的网络结构

1.6.5　P2P 计算模式

P2P（Peer-to-Peer）为对等网络技术，又称点对点技术，是无中心服务器、依靠用户群（peers）交换信息的互联网体系。与有中心服务器的中央网络系统不同，对等网络的每个用户端既是一个节点，也有服务器的功能，任何一个节点无法直接找到其他节点，必须依靠其户群进行信息交流。P2P 计算模式可简单地定义为通过直接交换共享计算机资源和服务，它可消除仅用单一资源造成的瓶颈问题。P2P 计算模式可被用来通过网络实现数据分配、控制及满足负载平衡请求，以帮助优化性能。P2P 计算模式还可用来消除由于单点故障而影响全局的危险。企业在采用 P2P 计算模式后，可利用客户机之间的分布式服务代替数据中心功能，数据检索和备份可在客户机上进行。

1.6.6　云计算模式

云计算是一种新兴的网络计算模式。云计算以网络化的方式组织和聚合计算与通信资源，以虚拟化的方式为用户提供可以缩减或扩展规模的计算资源，增加了用户对于计算系统的规划、购置、占有和使用的灵活性，云计算模式如图 1-21 所示。

图 1-21　云计算模式示意图

在云计算中，用户所关心的核心问题不再是计算资源本身，而是所能获得的服务，因此，服务问题（服务的提供和使用）是云计算中的核心和关键问题。云计算是网格计算、分布式计算、并行计算、效用计算、网络存储、虚拟化、负载均衡等传统计算机和网络技术发展融合的产物。

云计算提供三个层次的服务——基础设施即服务（IaaS）、平台即服务（PaaS）和软件即服务（SaaS）。云计算的关键技术就是虚拟化技术，它能够实现计算资源划分和聚合、服务透明封装及虚拟机（Virtual Machine，VM）动态迁移等，能够满足云计算按需使用、弹性扩展的需求。

1.7 习题

一、填空题

1．计算机网络的发展历史不长，其发展过程经历了四个阶段：_____、_____、_____、_____。

2．计算机网络是由_____和_____两种技术相结合而形成的一种新的通信形式。

3．20 世纪 60 年代中期，英国国家物理实验室 NPL 的戴维斯（Davies）提出了_____的概念，1969 年美国的分组交换网 ARPA 网络投入运行。

4．国际标准化组织 ISO（International Standards Organization）于 1984 年正式颁布了用于网络互联的国际标准，_____，这就产生了第三代计算机网络。

5．随着计算机技术和计算机网络的发展，先后出现了_____计算模式、_____计算模式、_____计算模式、_____计算模式和_____计算模式。

6．计算机网络是由计算机系统、网络节点和通信链路等组成的系统。从逻辑功能上看，一个网络可分成_____和_____两个部分。

7．根据网络所采用的传输技术，可以将网络分为_____和_____。

8．计算机网络是利用通信设备和通信线路，将地理位置分散、具有独立功能的多个计算机系统互连起来，通过网络软件实现网络中_____和_____的系统。

9．按地理覆盖范围分类，计算机网络可分为_____、_____和_____。

10．常见的网络拓扑结构有_____、_____、_____、_____、_____等。

二、判断题

1．最早的计算机网络起源于中国。　　　　　　　　　　　　　　　　（　　）

2．WWW 即 World Wild Web，我们经常称它为万维网。　　　　　　（　　）

3．计算机网络中可共享的资源包括硬件、软件和数据。　　　　　　（　　）

4．目前使用的广域网基本都采用网状拓扑结构。　　　　　　　　　（　　）

5．星型结构的网络采用的是广播式的传播方式。　　　　　　　　　（　　）

三、简答题

1．计算机网络的发展可分为几个阶段，每个阶段各有什么特点？

1 Chapter

2．什么是计算机网络？它有哪些功能？

3．通信子网和资源子网的组成和作用有哪些？

4．什么是网络的拓扑结构？常用的计算机网络拓扑结构有哪几种？各有什么特点？

1.8 拓展训练 熟悉实验、实训环境，认识网络设备

一、实训目的

- 熟悉网络实验、实训室软件及硬件环境。
- 了解实训室的相关规定。
- 了解实训室中使用的相关设备的名称及型号。
- 理解网络物理拓扑结构和逻辑拓扑结构。

二、实训环境要求

网络实验、实训室或计算机中心机房。

三、实训内容

1．熟悉计算机网络实验、实训室的相关规定，如进入网络实验、实训室应注意的用电安全、室内卫生及其他规定，应特别强调安全用电的相关事项，使学生能够自觉维护学习场所的正常秩序，具有规范的安全操作理念。

2．观察网络实验、实训室布线、物理拓扑结构和软硬件环境。每一位学生都要做好详细的记录。

3．参观网络实验、实训室，介绍相关设备，通过观看与讲解，让学生对计算机网络产生感性认识。由老师介绍实验室中的设备、拓扑结构、实验环境。

四、实训步骤

1．参观网络实验、实训室，在网络实验、实训室实地讲解相关规定及注意事项，对照网络设备讲解设备名称及用途等。

2．观察网络实验、实训室布线、物理拓扑结构和软硬件环境。

3．记录网络实验、实训室使用的主要网络设备的名称、型号等。

4．认真观察，仔细询问，得出初步草稿图。

5．细心琢磨，画出机房的网络拓扑结构图。

五、实训思考题

1．常用的网络拓扑结构有哪些？画出局域网实验室的拓扑结构图。

2．写出在参观过程中所看到的网络设备的名称及相关参数。

3．调查市场上常见的交换机和路由器的产品名称、型号。

2

计算机网络体系结构

本章学习目标

- 掌握计算机网络的体系结构概念
- 掌握协议的概念
- 理解并掌握开放系统互连参考模型各层的功能
- 掌握 TCP/IP 体系结构及各层的功能
- 理解掌握 OSI 参考模型与 TCP/IP 参考模型的区别与联系

2.1 计算机网络体系结构

计算机网络由多个互连的节点组成，节点之间要不断地交换数据和控制信息，要做到有条不紊地交换数据，每个节点就必须遵守一整套合理而严谨的结构化管理体系。计算机网络就是按照高度结构化设计方法采用功能分层原理来实现的，此即计算机网络体系结构的内容。

2.1.1 网络体系结构的相关概念

1. 协议

协议（Protocol）是一种通信约定。邮政通信就存在很多通信约定。例如，使用哪种文字写信，若收信人只懂英文，而发信人用中文写信，对方要请人翻译成英文才能阅读。不管发信人选择的是中文或英文，都得遵照一定的语义、语法格式书写，其实语言本身就是一种协议；另外一个协议的例子是写信封的格式，中文和英文不同。若用英文写，信封的左上方先写发信人的地址和姓名，中间部分写收信人的地址与姓名；如果是用中文写，则恰恰相反。显然，信封的书写格式也是一种协议。从广义上说，人们之间的交往就是一种信息交互的过程，每做一件事都必须遵循一种事先定好的约定。那么，为了保证计算机网络中大量计算机之间有条不紊地交换数据，就必须制定一系列的通信协议。因此，协议是计算机网络中一个重要的基本概念。一个计算机网络通常由多个互连的节点组成，而节点之间需要不断地交换数据与控制信息。要做到有条不紊地交换数据，每个节点都需要遵守一些事先约定好的规则，这些规则明确地规定了所交换数据的格式和时序。这些为网络数据交换而制定的规则、约定和标准被称为网络协议。

网络协议就是为实现网络中的数据交换建立的规则、标准和约定，它主要由语法、语义和时序三部分组成，即协议的三要素。

（1）语法：用户数据与控制信息的结构与格式。

（2）语义：是需要发出的何种控制信息，以及要完成的动作与应做出的响应。

（3）时序：对事件实现顺序控制的时间。

2．实体、层次与接口

（1）实体。在网络分层体系结构中，每一层都由一些实体（Entity）组成，这些实体抽象地表示通信时的软件元素（如进程或子程序）或硬件元素（如智能 I/O 芯片等）。

实体是通信时能发送和接收信息的任何软硬件设施。

（2）层次。对于邮政通信系统，它是一个涉及全国至世界各地区的亿万人民之间信件传送的复杂问题，它的解决方法是：将总体要实现的很多功能分配在不同的层次（Layer）中，每个层次要完成的任务和要实现的过程都有明确规定；不同地区的系统分成相同的层次；不同系统的同等层具有相同的功能；高层使用低层提供的服务时，并不需要知道低层服务的具体办法。邮政系统层次结构的方法与计算机网络的层次化的体系结构有很多相似之处。层次结构体现出对复杂问题采取"分而治之"的模块化方法，它可以大大降低复杂问题处理的难度。为了实现网络中计算机之间的通信，网络分层体系结构需要把每个计算机互联的功能划分成有明确定义的层次，并规定同层次进程通信的协议及相邻层之间的接口服务。

（3）接口。接口（Interface）是同一个节点或节点内相邻层之间交换信息的连接点。在邮政系统中，邮箱就是发信人与邮递员之间规定的接口。同一节点的相邻层之间存在着明确规定的接口，低层向高层通过接口提供服务。只要接口不变，低层功能不变，低层功能的具体实现方法不会影响整个系统的工作。

对于网络分层体系结构，其特点是每一层都建立在前一层的基础上，较低层只是为较高一层提供服务。这样每一层在实现自身功能时，直接使用较低一层提供的服务，而间接地使用了更低层提供的服务，并向较高一层提供更完善的服务，同时屏蔽了具体实现这些功能的细节。分层结构中各相邻层之间要有一个接口，它定义了较低层向较高层提供的原始操作和服务。相邻层通过它们之间的接口交换信息，高层并不需要知道低层是如何实现其功能的，仅需知道该层通过层间的接口所提供的服务，这样使得两层之间保持了功能的独立性。

2.1.2　计算机网络体系结构

完成计算机间的通信合作，把每个计算机互联的功能划分成有明确定义的层次，并规定同层次进程通信的协议及相邻层之间的接口服务，将这些同层进程通信的协议以及相邻层的接口统称为网络体系结构（Network Architecture）。

网络体系结构对计算机网络应实现的功能进行了精确的定义，而这些功能是用什么样的硬件与软件去完成的，则是具体的实现问题。体系结构是抽象的，而实现是具体的，它是指能够运行的一些硬件和软件。

为了减少计算机网络的复杂程度，按照结构化设计方法，计算机网络将其功能划分为若干个层次，较高层次建立在较低层次的基础上，并为其更高层次提供必要的服务功能。网络中的每一层都起到隔离作用，使得低层功能具体实现方法的变更不会影响到高一层所执行的功能。计算机网络中采用层次结构的好处是：

（1）各层之间相互独立。高层并不需要知道低层是如何实现其功能的，而仅需要知道该层通过层间接口所提供的服务。

（2）灵活性好。当任何一层发生变化时，只要接口保持不变，则这层以上或以下各层均不受影响，此外，当某层提供的服务不再需要时，甚至可将这层取消。

（3）各层都可采用最合适的技术来实现其功能。各层实现技术的改变不影响其他层。

（4）易于实现维护。因为整个系统已被分解为若干个易处理的部分，这种结构使得一个庞大而又复杂系统的实现和维护变得容易控制。

（5）有利于促进标准化。这主要是因为每层的功能与所提供的服务已有明确的说明。

2.2 开放系统互连参考模型

1974 年，IBM 公司提出了世界上第一个网络体系结构，这就是系统网络体系结构（System Network Architecture，SNA）。此后，许多公司纷纷提出各自的网络体系结构。这些网络体系结构的共同之处在于它们都采用了分层技术，但层次的划分、功能的分配与采用的技术术语均不相同。随着信息技术的发展，各种计算机系统联网和各种计算机网络的互连成为人们迫切需要解决的课题，OSI 参考模型就是在这一背景下提出并加以研究的。

2.2.1 开放系统互连参考模型 OSI

为了建立一个国际统一标准的网络体系结构，国际标准化组织（International Standards Organization，ISO）从 1978 年 2 月开始研究开放系统互连参考模型（Open System Interconnection，OSI），1982 年 4 月形成国际标准草案，它定义了异种机连网标准的框架结构。采用分层描述的方法，将整个网络的通信功能划分为七个部分（也叫七个层次），每层各自完成一定的功能。由低层至高层分别称为物理层、数据链路层、网络层、传输层、会话层、表示层和应用层。

OSI 参考模型分层的原则是：

（1）每层的功能应是明确的，并且是相互独立的。当某一层具体实现方法更新时，只要保持与上、下层的接口不变，那么就不会对邻层产生影响。

（2）层间接口必须清晰，跨越接口的信息量应尽可能少。

（3）每一层的功能选定都应基于已有的成功经验。

（4）在需要不同的通信服务时，可在一层内再设置两个或更多的子层次，当不需要该服务时，也可绕过这些子层次。

2.2.2 OSI 参考模型各层之间的关系

OSI 的分层模型如图 2-1 所示。下面介绍 OSI 参考模型各层的简单功能。

1. 物理层（Physical Layer）

物理层是 OSI 模型的第一层。其任务是实现网内两实体间的物理连接，按位串行传送比特流，将数据信息从一个实体经物理信道送往另一个实体，向数据链路层提供一个透明的比特流传送服务。物理层传送的基本单位是比特（bit），它的功能主要有以下三点：

（1）确定物理媒质机械的、电气的、功能的以及过程（规程）的特性，并能在数据终端设备 DTE（Data Terminal Equipment）（如计算机、终端等）、数据电路端接设备 DCE（Data Circuit Terminating Equipment）（如调制解调器）、数据交换设备 DSE 之间完成物理连接，以及传输通路的建立、维持和释放等操作。

（2）能在两个物理连接的数据链路实体之间提供透明的比特流传输。物理连接可能是永久的，也可能是动态的；可以是双工，也可以是半双工。

（3）在传输过程中能对传输通路的工作进行监督，一旦出现故障可立即通知相应设备。

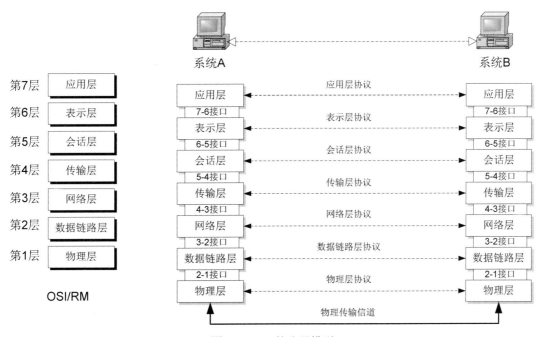

图 2-1　OSI 的分层模型

关于物理上互连的问题，国际已经有许多标准可用，其中主要有美国电子工业协会（EIA）的 RS-233-C、RS-367-A、RS-449，CCITT 建议的 X.21，IEEE 802 系列等。

2. 数据链路层（Data Link Layer）

数据链路层的主要功能是通过校验、确认和反馈重发等手段对高层屏蔽传输介质的物理特征，保证两个邻接（共享一条物理信道）节点间的无错数据传输，给上层提供无差错的信道服务。具体工作是：接收来自上层的数据，不分段，给它加上某种差错校验位（因物理信道有噪声）、数据链协议控制信息和头、尾分界标志，使其变成帧（数据链路协议的数据单位），从物理信道上发送出去，同时处理接收端的回答，重传出错和丢失的帧，保证按发送次序把帧正确地交给对方。此外，还有流量控制、启动链路、同步链路的开始、结束等功能以及对多站线、总线、广播通道上各站的寻址功能。数据链路层传送信息的基本单位是帧（Frame）。

3. 网络层（Network Layer）

网络层的基本工作是接收来自源机的报文，把它转换成报文分组（包），而后送到指定目标机器。报文分组在源机与目标机之间建立起的网络连接上传送，当它到达目标机后再装配还原为报文。这种网络连接是穿过通信子网建立的。网络层关心的是通信子网的运行控制，需要在通信子网中进行路由选择。如果同时在通信子网中出现过多的分组，会造成阻塞，因而要对其进行控制。当分组要跨越多个通信子网才能到达目的地时，还要解决网际互连的问题。网络层传送的基本单位是包（Packet）。

4. 传输层（Transport Layer）

传输层是第一个端对端（也就是主机到主机的）层次。该层的目的是提供一种独立于通信子网的数据传输服务（即对高层隐藏通信子网的结构），使源主机与目标主机好象是点对点简单连接起来的一样，尽管实际的连接可能是一条租用线或各种类型的包交换网。传输层的具体工作是负责两个会话实体之间的数据传输，接收会话层送来的报文，把它分解成若干较短的片段（因为网络层限制传送包的最大长度），保证每一片段都能正确到达对方，并按它们发送的次序在目标主机重新汇集起来（这一工作也可以在网络层完成）。通常传输层在高层用户请求建立一条传输虚通信连接时，就通过网络层在通信子网中建立一条独立的网络连接。但是，若需要较高吞吐量时，传输层也可以建立多条网络连接来支持一条传输连接，这就是分流。或者，为了节省费用，也可将多个传输通信合用一条网络连接，称为复用。传输层还要处理端到端的差错控制和流量控制问题。概括说，传输层为上层用户提供端到端的透明化的数据传输服务。传输层传送的基本单位是报文段（Segment）。

5. 会话层（Session Layer）

会话层允许不同主机上各种进程间进行会话。传输层是主机到主机的层次，而会话层是进程到进程之间的层次。会话层组织和同步进程间的对话，它可管理对话，允许双向同时进行，或任何时刻只能一个方向进行。在后一种情况下，会话层提供一种数据权标来控制哪一方有权发送数据。会话层还提供同步服务。若两台机器进程间要进行较长时间的大的文件传输，而通信子网故障率又较高，对运输层来说，每次传输中途失败后，都不得不重新传输这个文件。会话层提供了在数据流中插入同步点机制，在每次网络出现故障后可以仅重传最近一个同步点以后的数据，而不必从头开始。会话层管理通信进程之间的会话，协调数据发送方、发送时间和数据包的大小等。会话层及其以上各层传送的基本单位是信息（Message）。

6. 表示层（Presentation Layer）

表示层为上层用户提供共同需要的数据或信息语法表示变换。大多数用户间并非仅交换随机的比特数据，而是要交换诸如人名、日期、货币数量和商业凭证之类的信息，它们是通过字符串、整型数、浮点数以及由简单类型组合成的各种数据结构来表示的。不同的机器采用不同的编码方法来表示这些数据类型和数据结构（如 ASCII 或 EBCDIC、反码或补码等）。为了让采用不同编码方法的计算机通信交换后能相互理解数据的值，可以采用抽象的标准方法来定义数据结构，并采用标准的编码表示形式。管理这些抽象的数据结构，并把计算机内部的表示形式转换成网络通信中采用的标准表示形式都是由表示层来完成的。数据压缩和加密也是表示层可提供的表示变换功能。数据压缩可用来减少传输的比特数，从而节省经费；数据加密可防止敌意的窃听和篡改。

7. 应用层（Application Layer）

应用层是开放系统互连环境中的最高层。不同的应用层为特定类型的网络应用提供访问 OSI 环境的手段。网络环境下不同主机间的文件传送、访问和管理（File Transfer Access and Management，FTAM），网络环境下传送标准电子邮件的报文处理系统（Message Handling

System，MHS），方便不同类型终端和不同类型主机间通过网络交互访问的虚拟终端（Virtual Terminal，VT）协议等都属于应用层的范畴。

开放系统互连参考模型 OSI 在网络技术发展中起了主导作用，促进了网络技术的发展和标准化。但是应该指出，OSI 参考模型本身并非协议标准，它主要是提出了将网络功能划分为层次结构的建议，以便开发各层协议标准。目前 OSI 七层模型中除了最低两层外，链路层以上的层还没有完全具体化，而要最终完成统一标准的制订工作，任务是很艰巨的，一些国际标准机构，如 CCITT、ANSI 等均进行了各层协议标准的开发。因此，目前存在着多种网络标准，例如，传输控制协议/互联网协议（Transmission Control Protocol/Internet Protocol，TCP/IP）就是一个普遍使用的网络互连的标准协议。这些标准的形成和改善又不断促进网络技术的发展和应用。

2.2.3 OSI 环境中的数据传输过程

1. OSI 的通信模型结构

OSI 的通信模型结构如图 2-2 所示，它描述了 OSI 通信环境，OSI 的通信模型描述的范围包括联网计算机系统中的应用层到物理层的七层与通信子网，即图中虚线所连接的范围。

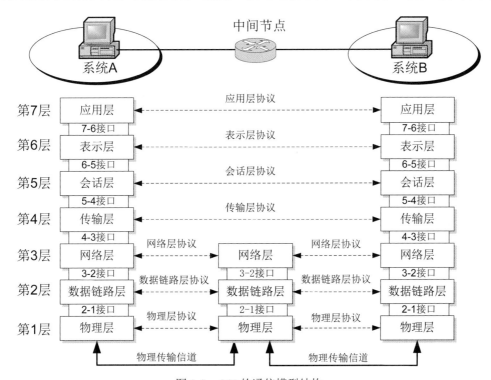

图 2-2　OSI 的通信模型结构

在图 2-2 中，如果系统 A 和系统 B 不需要连入计算机网络，则不需要有实现从应用层到物理层的七层功能的硬件与软件。如果它们希望接入计算机网络，就必须增加相应的硬件和软件。通常物理层、数据链路层和网络层大部分可以由硬件方式来实现，而高层的功能基本通过软件方式来实现。例如，系统 A 要与系统 B 交换数据，系统 A 首先调用实现应用层功能的软件模块，将系统 A 的交换数据请求传送到表示层，再向会话层传送，直至物理层。物理层通过传输介质连接系统 A 与中间节点的通信控制处理机，将数据送到通信控制处理机。通信控制处理机的物理层接收到系统 A 的数据后，通过数据链路层检查是否存在传输错误，若无错误，通信控制处理机通过网络层确定下面应该把数据传送到哪一个中间节点。若通过路径选择，确定下一个中间节点的通信控制处理机，则将数据从上一个中间节点传送到下一个中间节点。下一个中间节点的通信控制处理机采用同样的方法将数据送到系统 B，系统 B 将接收到的数据从物理层逐层向高层传送，直至系统 B 的应用层。

2. OSI 中的数据传输过程

OSI 中的数据流如图 2-3 所示。从图 2-3 中可以看出，OSI 环境中数据传输过程包括以下几个步骤。

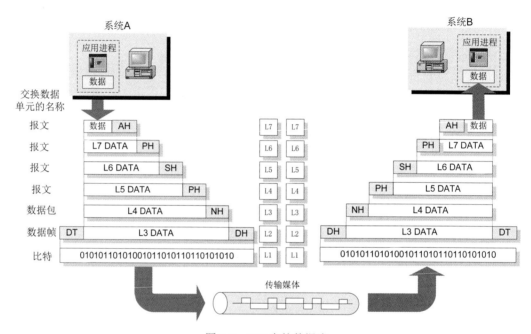

图 2-3　OSI 中的数据流

（1）当应用进程 A 的数据传送到应用层时，应用层数据加上本层控制报头后，组织成应用层的数据服务单元，然后再传输到表示层。

（2）表示层接收到这个数据单元后，加上本层控制报头，组成表示层的数据服务单元，再传送到会话层。依此类推，数据传送到传输层。

（3）传输层接收到这个数据单元后，加上本层的控制报头，就构成了传输层服务数据单元，它被称为段（Segment）。

（4）传输层的报文段传送到网络层时，由于网络数据单元的长度有限，传输层长报文将被分成多个较短的数据字段，加上网络层的控制报头，就构成了网络层的数据服务单元，它被称为包（Packet），也称为报文分组。

（5）网络层的报文分组传送到数据链路层时，加上数据链路层的控制信息，构成了数据链路层的数据服务单元，它被称为帧（Frame）。

（6）数据链路层的帧传送到物理层后，将以比特流的方式通过传输介质传输出去。

当比特流到达目的节点计算机 B 时，再从物理层依次上传，每层对各层的控制报头进行处理，将用户数据上交高层，最后将进程 A 的数据送给计算机 B 的进程 B。

尽管应用进程 A 的数据在 OSI 环境中经过复杂的处理过程才能被送到另一台计算机的应用进程 B，但对于每台计算机的应用进程来说，OSI 环境中数据流的复杂处理过程是透明的。应用进程 A 的数据好像是"直接"传送给应用进程 B，这就是开放系统在网络通信过程中本质的作用。

例如，假设主机 A 想发送 E-mail 给主机 B，其发送内容如下：

The small gray cat ran up the wall to try to catch the red bird.

如果将该 E-mail 发送到合适目的地，数据封装过程包括 5 个转换步骤。

（1）当用户发送 E-mail 消息时，其中的字母和数字字符被转化成数据，从第 7 层向下传到第 5 层，然后在网络上传输。

（2）在第 4 层通过使用段，传输功能把数据进行打包使它能用于网络传输，并确保 E-mail 系统两端的消息主机能可靠通信。

（3）数据在第 3 层被放入分组（或数据报），其中包含源和目的逻辑地址的网络报头，然后，网络设备沿着一条选定的路径在网络上发送这些分组。

（4）每个网络设备在第 2 层必须把分组放入帧内，以连接到链路上下一台直连的网络。选定的网络路径上的每台设备都需要通过成帧（Framing）来连接下一台设备。请记住，路由器是第 3 层设备，它使用 IP 地址来选择分组到达目的地必须经过的路径。数据链路层的数据传输如图 2-4 所示。

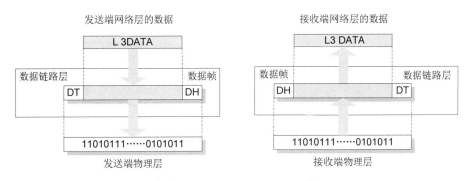

图 2-4　数据链路层的数据传输

数据链路层的物理地址寻址如图 2-5 所示。节点 1 的物理地址为 A，若节点 1 要给节点 4 发送数据，那么在数据帧的头部要包含节点 4 和节点 1 的物理地址，在帧的尾部还有差错控制信息（DT）。

（5）在第 1 层，帧必须转换成可以在介质（通常是铜线或光纤）中传输的"1"或"0"模式。时钟（Clocking）功能使得设备能区分在介质中传送的比特。所选路径中的物理网络介质可能不同，例如，E-mail 消息可能来自一个 LAN，然后通过校园网的骨干，再经过 WAN 链路，直到到达另一个远端 LAN 中的目的地。物理层的数据传输示意图如图 2-6 所示。

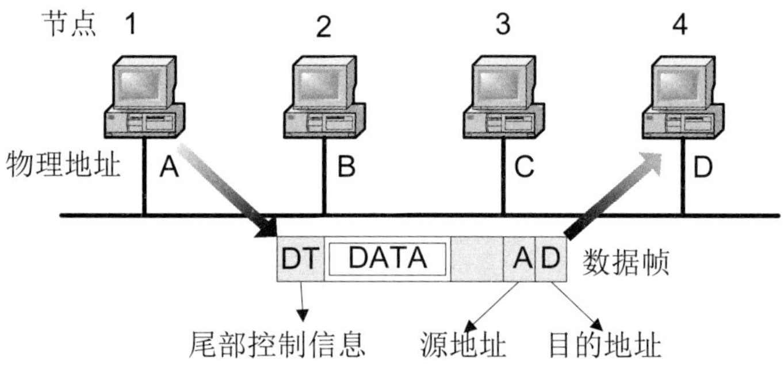

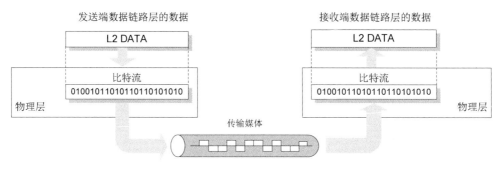

图 2-5　数据链路层的物理地址寻址

图 2-6　物理层的数据传输

2.3　TCP/IP 体系结构

OSI 模型最初是用来作为开发网络通信协议族的一个工业参考标准。通过严格遵守 OSI 模型，不同的网络技术之间可以轻易地实现互操作，但由于 Internet 在全世界的飞速发展，使得 TCP/IP 协议栈成为一种事实上的标准，并形成了 TCP/IP 参考模型。不过，ISO 的 OSI 参考模型的制定也参考了 TCP/IP 协议栈及其分层体系结构的思想，而 TCP/IP 在不断发展的过程中也吸收了 OSI 标准中的概念及特征。

2.3.1　TCP/IP 的概念

TCP/IP（Transmission Control Protocol/Internet Protocol）是指传输控制协议/网际协议，它起源于美国 ARPANET 网，由它的两个主要协议即 TCP 和 IP 而得名。TCP/IP 是 Interent 上所有网络和主机之间进行交流所使用的共同"语言"，是 Internet 上的标准网络连接协议。通常所说的 TCP/IP 协议实际上包含了大量的协议和应用，且由多个独立定义的协议组合在一起，协同工作，因此，更确切地说，应该称其为 TCP/IP 协议集或 TCP/IP 协议栈。

TCP/IP 协议栈具有以下几个特点：

● 开放的协议标准，可以免费使用，并且独立于特定的计算机硬件与操作系统。

● 独立于特定的网络硬件，可以运行在局域网、广域网中，更适用于互联网。

● 统一的网络地址分配方案，使得整个 TCP/IP 设备在网络中具有唯一的地址。

● 标准化的高层协议，可以提供多种可靠的用户服务。

2.3.2 TCP/IP 的层次结构

OSI 模型是一种通用的、标准的、理论模型，今天市场上没有一个流行的网络协议完全遵守 OSI 模型，TCP/IP 也不例外，TCP/IP 协议族有自己的模型，被称为 TCP/IP 协议栈，又称 DOD（Department of Defense）模型，OSI 与 TCP/IP 的对应关系如图 2-7 所示。

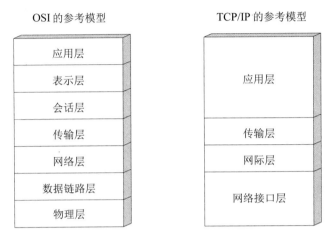

图 2-7　OSI 的层次结构与 TCP/IP 的层次结构的对应关系

TCP/IP 实际上是一个协议系列，这个协议系列的正确名字应是 Internet 协议系列，而 TCP 和 IP 是其中的两个协议，由于它们是最基本、最重要的两个协议，也是广为人知的，因此，通常用 TCP/IP 来代表整个 Internet 协议系列。其中，有些协议是为很多应用需要而提供的低层功能，包括 IP、TCP 和 UDP；另一些协议则完成特定的任务，如传送文件、发送邮件等。

在 TCP/IP 的层次结构中包括了 4 个层次：应用层、传输层、网际层和网络接口层，但实际上只有 3 个层次包含了实际的协议。TCP/IP 中各层的协议如图 2-8 所示。

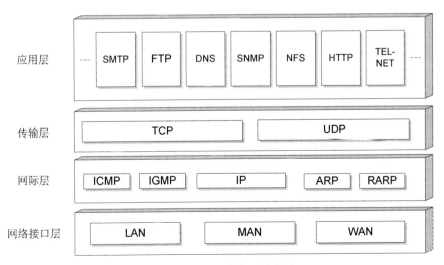

图 2-8　TCP/IP 中各层的协议

1. 网络接口层

在模型的最底层是网络接口层，也被称为网络访问层，本层负责将帧放入线路或从线路中取下帧。它包括了能使用与物理网络进行通信的协议，且对应着 OSI 的物理层和数据链路层。标准并没有定义具体的网络接口协议，而是旨在提供灵活性，以适应各种网络类型，如 LAN、MAN 和 WAN。这也说明了 TCP/IP 可以运行在任何网络之上。

2. 网际层

网际层也叫 Internet 层，是在 Internet 标准中正式定义的第一层。它将数据包封装成 Internet 数据包并运行必要的路由算法。具体说来就是处理来自上层（传输层）的分组，将分组形成 IP 数据报，并且为该数据报进行路径选择，最终将它从源主机发送到目的主机。在网络层中，最常用的协议是网际协议 IP，其他一些协议用来协助 IP 进行操作，如 ARP、ICMP、IGMP 协议等。

（1）网际协议（Internet Protocol，IP）。

网际协议的任务是对数据包进行相应的寻址和路由，并从一个网络转发到另一个网络。IP 协议在每个发送的数据包前加入一个控制信息，其中包含了源主机的 IP 地址（IP 地址相当于 OSI 模型中网络层的逻辑地址）、目的主机的 IP 地址和其他一些信息。IP 协议的另一项工作是分割和重编在传输层被分割的数据包。由于数据包要从一个网络转发到另一个网络，当两个网络所支持传输的数据包的大小不相同时，IP 协议就要在发送端将数据包分割，然后在分割的每一段前再加入控制信息进行传输。当接收端接收到数据包后，IP 协议将所有的片段重新组合形成原始的数据。

IP 是一个无连接的协议。无连接是指主机之间不建立用于可靠通信的端到端的连接，源主机只是简单地将 IP 数据包发送出去，而 IP 数据包可能会丢失、重复、延迟时间长或者次序混乱。因此，要实现数据包的可靠传输，就必须依靠高层的协议或应用程序，如传输层的 TCP 协议。

（2）网际控制报文协议（Internet Control Message Protocol，ICMP）。

网际控制报文协议 ICMP 为 IP 协议提供差错报告。由于 IP 是无连接的，且不进行差错检验，当网络上发生错误时它不能检测错误。向发送 IP 数据包的主机汇报错误就是 ICMP 的责任。例如，如果某台设备不能将一个 IP 数据包转发到另一个网络，它就向发送数据包的源主机发送一个消息，并通过 ICMP 解释这个错误。ICMP 能够报告的一些普通错误类型有：目标无法到达、阻塞、回波请求和回波应答等。

（3）网际主机组管理协议（Internet Group Management Protocol，IGMP）。

IP 协议只是负责网络中点到点的数据包传输，而点到多点的数据包传输则要依靠网际主机组管理协议 IGMP 来完成。它主要负责报告主机组之间的关系，以便相关的设备（路由器）可支持多播发送。

（4）地址解析协议（Address Resolution Protocol，ARP）和反向地址解析协议（Reverse Address Resolution Protocol，RARP）。

地址解析协议 ARP 用于查找与给定 IP 地址对应的主机的网络物理地址。IP 地址是互联网中标识主机的逻辑地址，在数据报封装传送时，还必须知道彼此的物理地址。

发送方主机 A 使用 ARP 查找接收方主机 B 的物理地址，可以广播一个 ARP 请求报文分组，在该报文分组中包含接收方主机 B 的 IP 地址，当前网络中的每台主机检查接收到的 ARP

广播报文，判断自己是否为发送方主机 A 所请求的目标，如果是，则将自己的物理地址以 ARP 报文发回给主机 A。当发送方主机 A 得到接收方主机 B 的物理地址时，将此地址存入缓存地址中，以备下次发送时使用。

反向地址解析协议 RARP 用于解决网络物理地址到 IP 地址的转换。例如在无盘工作站启动时，只知道本地主机的网络物理地址（即网卡地址），而不知道 IP 地址，那么本地主机需要从远程服务器上获取其操作系统的映像，通过向本网络中发送 RARP 报文，获得它的 IP 地址。在网络中被授权提供 RARP 服务的计算机也称为 RARP 服务器。

3. 传输层

传输层在计算机之间提供通信会话，也被称为主机至主机层，与 OSI 的传输层类似。它主要负责主机至主机之间的端到端通信，该层使用了两种协议来支持数据的传送方法：TCP 和 UDP 协议。这两个协议的详细内容在后面第 4 章讲解，这里仅做简单介绍。

（1）传输控制协议（Transmission Control Protocol，TCP）。

TCP 协议是传输层的一种面向连接的通信协议，它可提供可靠的数据传送。对于大量数据的传输，通常都要求有可靠的传送。

TCP 协议将源主机应用层的数据分成多个分段，然后将每个分段传送到网络层，网络层将数据封装为 IP 数据包，并发送到目的主机。目的主机的网络层将 IP 数据包中的分段传送给传输层，再由传输层对这些分段进行重组，还原成原始数据，并传送给应用层。另外，TCP 协议还要完成流量控制和差错检验的任务，以保证可靠的数据传输。

（2）用户数据报协议（User Datagram Protocol，UDP）。

UDP 协议是一种面向无连接的协议，因此，它不能提供可靠的数据传输，而且 UDP 不进行差错检验，必须由应用层的应用程序来实现可靠性机制和差错控制，以保证端到端数据传输的正确性。虽然 UDP 与 TCP 相比显得非常不可靠，但在一些特定的环境下还是非常有优势的。例如，要发送的信息较短，不值得在主机之间建立一次连接。另外，面向连接的通信通常只能在两个主机之间进行，若要实现多个主机之间的一对多或多对多的数据传输，即广播或多播，就需要使用 UDP 协议。

4. 应用层

在模型的顶部是应用层，与 OSI 模型中的高三层任务相同，都是用于提供网络服务。本层是应用程序进入网络的通道。在应用层有许多 TCP/IP 工具和服务，如：FTP、Telnet、SNMP、DNS 等等。该层为网络应用程序提供了两个接口：Windows Sockets 和 NetBIOS。

在 TCP/IP 模型中，应用层包括了所有的高层协议，而且总是不断有新的协议加入，应用层的协议主要有下面几种。

- 远程终端协议 TELNET：利用它的本地主机可以作为仿真终端登录到远程主机上运行应用程序。
- 文件传输协议 FTP：实现主机之间的文件传送。
- 简单邮件传输协议 SMTP：实现主机之间电子邮件的传送。
- 域名服务 DNS：用于实现主机名与 IP 地址之间的映射。
- 动态主机配置协议 DHCP：实现对主机的地址分配和配置工作。
- 路由信息协议 RIP：用于网络设备之间交换路由信息。
- 超文本传输协议 HTTP：用于 Internet 中客户机与 WWW 服务器之间的数据传输。

- 网络文件系统 NFS：实现主机之间文件系统的共享。
- 引导协议 BOOTP：用于无盘主机或工作站的启动。
- 简单网络管理协议 SNMP：实现网络的管理。

2.3.3 OSI 与 TCP/IP 参考模型的比较

世界上任何地方的任何系统只要遵循 OSI 标准即可进行相互通信。TCP/IP 是最早作为 ARPANET 使用的网络体系结构和协议标准，以它为基础的 Internet 是目前国际上规模最大的计算机网络。

1. 模型设计的差别

OSI 参考模型是在具体协议制定之前设计的，对具体协议的制定进行了约束。因此，造成在模型设计时考虑不很全面，有时不能完全指导协议某些功能的实现，从而反过来导致对模型的修修补补。TCP/IP 正好相反，协议在先，模型在后，模型实际上只不过是对已有协议的抽象描述。TCP/IP 不存在与协议的匹配问题。

2. 层数和层间调用关系不同

OSI 协议分为七层，而 TCP/IP 协议只有四层，除网络层、传输层和应用层外，其他各层都不相同。另外，TCP/IP 虽然也分层次，但层次之间的调用关系不像 OSI 那么严格。在 OSI 中，两个实体通信必须涉及到下一层实体，下层向上层提供服务，上层通过接口调用下层的服务，层间不能有越级调用关系。OSI 这种严格分层确实是必要的，遗憾的是，严格按照分层模型编写的软件效率极低。为了克服以上缺点，提高效率，TCP/IP 协议在保持基本层次结构的前提下，允许越过紧邻的下一级而直接使用更低层次提供的服务。

3. 最初设计的差别

TCP/IP 在设计之初就着重考虑不同网络之间的互连问题，并将网际协议 IP 作为一个单独的重要的层次。OSI 最初只考虑到用一种标准的公用数据网将各种不同的系统互连在一起。后来，OSI 虽认识到了互联网协议的重要性，然而已经来不及像 TCP/IP 那样将互联网协议 IP 作为一个独立的层次，只好在网络层中划分出一个子层来完成类似 IP 的作用。

4. 对可靠性的强调不同

OSI 认为数据传输的可靠性应该由点到点的数据链路层和端到端的传输层来共同保证，而 TCP/IP 分层思想认为，可靠性是端到端的问题，应该由传输层来解决。因此，它允许单个的链路或机器丢失或数据损坏，网络本身不进行数据恢复，对丢失或被损坏数据的恢复是在源节点设备与目的节点设备之间进行的。在 TCP/IP 网络中，可靠性的工作是由主机来完成的。

5. 标准的效率和性能上存在差别

由于 OSI 是作为国际标准由多个国家共同努力而制定的，标准大而全，效率却低（OSI 的各项标准已超过 200 多）。TCP/IP 参考模型并不是作为国际标准开发的，它只是对一种已有标准的概念性描述。它的设计目的单一、影响因素少，协议简单高效、可操作性强。

6. 市场应用和支持上不同

OSI 参考模型制定之初，人们普遍希望网络标准化，对 OSI 寄予厚望，然而，OSI 迟迟无成熟产品推出，妨碍了第三方厂家开发相应的软硬件，进而影响了 OSI 的市场占有率和未来发展。另外，在 OSI 出台之前 TCP/IP 就代表着市场主流，OSI 出台后很长时间不具有可操作性，因此，在信息爆炸、网络迅速发展的近十多年里，性能差异、市场需求的优势客观上促使众多的用户选择了 TCP/IP，并使其成为"既成事实"的国际标准。

2.4　习题

一、填空题

1．网络协议就是为实现网络中的数据交换建立的_____或_____，它主要由_____、_____和_____三部分组成，即协议的三要素。

2．完成计算机间的通信合作，把每个计算机互联的功能划分成有明确定义的层次，并规定同层次进程通信的协议及相邻层之间的接口服务，将这些同层进程通信的协议以及相邻层的接口统称为_____。

3．网络的参考模型有两种：_____和_____。前者出自国际标准化组织；后者就是一个事实上的工业标准。

4．从低到高依次写出 OSI 的七层参考模型中的各层名称：_____、_____、_____、_____、_____、_____和_____。

5．物理层是 OSI 分层结构体系中最重要、最基础的一层。它是建立在通信媒体基础上的，实现设备之间的_____接口。

6．TCP/IP 的层次结构中包括了四个层次：_____、_____、_____和_____。

二、选择题

1．计算机网络的基本功能是（　　）。
　　A．资源共享　　　　　B．分布式处理　　C．数据通信　　　D．集中管理

2．计算机网络是（　　）与计算机技术相结合的产物。
　　A．网络技术　　　　　B．通信技术　　　C．人工智能技术　D．管理技术

3．OSI 开放系统互连参考模型是（　　）。
　　A．网络协议软件　　　B．应用软件　　　C．强制性标准　　D．自愿性的参考标准

4．当一台计算机向另一台计算机发送文件时，下面的（　　）过程正确描述了数据包的转换步骤。
　　A．数据、数据段、数据包、数据帧、比特
　　B．比特、数据帧、数据包、数据段、数据
　　C．数据包、数据段、数据、比特、数据帧
　　D．数据段、数据包、数据帧、比特、数据

5．物理层的功能之一是（　　）。
　　A．实现实体间的按位无差错传输
　　B．向数据链路层提供一个非透明的位传输
　　C．向数据链路层提供一个透明的位传输
　　D．在 DTE 和 DCE 间完成对数据链路的建立、保持和拆除操作

6．关于数据链路层的叙述正确的是（　　）。
　　A．数据链路层协议是建立在无差错物理连接基础上的

    B．数据链路层是计算机到计算机间的通路

    C．数据链路上传输的一组信息称为报文

    D．数据链路层的功能是实现系统实体间的可靠、无差错数据信息传输

三、思考题

1．什么是分层网络体系结构？分层的含义是什么？

2．画出 OSI 参考模型的层次结构，并简述各层功能。

3．简述 TCP/IP 四层结构及各层的功能。

4．比较 OSI 参考模型与 TCP/IP 参考模型异同。

5．简述 OSI 环境中的数据传输过程。

2.5　拓展训练　使用 Visio 绘制网络拓扑图

一、实训目的

学会使用 Visio 绘图软件绘制网络拓扑结构图。

二、实训环境要求

网络实验、实训室，在安装有 Windows 操作系统的计算机中有绘图软件 Visio 2007。

三、实训内容

1．学会 Visio 软件的使用，使用 Visio 绘制网络拓扑结构图。

2．分析网络拓扑结构图，确定拓扑类型。

四、实训步骤

1．学会 Visio 2007 软件的使用。

步骤 1：单击"开始"按钮，选择"程序"命令，选择 Microsoft Visio 命令，启动 Visio 软件。

步骤 2：熟悉 Visio 软件操作界面。

2．用 Visio 软件绘制网络拓扑结构图。

步骤 1：启动 Visio，选择"网络"子菜单下的"基本网络图"样板，进入网络拓扑图编辑状态，按图 2-9 所示进行绘制。

步骤 2：在"网络和外设"形状模板选择中，选择"服务器"模块并拖放到绘图区域中，创建它的图形实例。

步骤 3：加入防火墙模块。选择防火墙模块，拖放到绘图区域中，适当调整其大小，创建它的图形实例。

步骤 4：绘制线条。选择不同粗细的线条，在服务器模块和防火墙模块之间连线，并绘出服务器与其他模块的连线。

步骤 5：双击图标后，图形进入文本编辑状态，输入文字。

步骤 6：使用文本工具画出文本框，为绘图页添加标题。

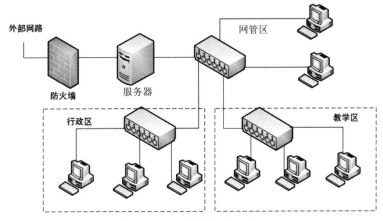

图 2-9　网络拓扑结构图（1）

步骤 7　改变背景色。设计完成，保存图样。

步骤 8　按照步骤 1～步骤 7，绘制如图 2-10 所示的网络拓扑图，保存图样。

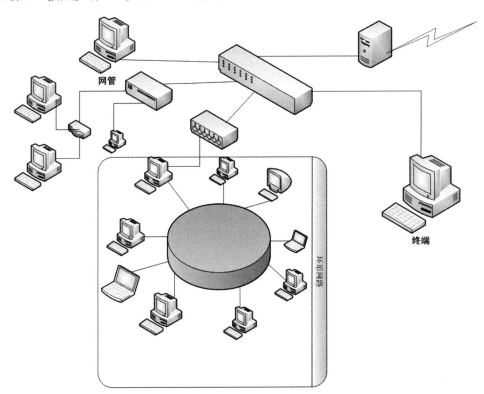

图 2-10　网络拓扑结构（2）

3．分析网络拓扑结构图，确定拓扑类型、网络类型。

根据所学的知识，分析上述两个网络拓扑结构图，确定拓扑类型、网络类型（C/S 或对等网络类型），并将结果填写在表 2-1 中。

表 2-1　记录表

	拓扑类型	网络类型
网络拓扑结构（1）		
网络拓扑结构（2）		

五、实训思考题

1. 单星型结构与采用分级（层）组网的星型结构有何差异？
2. 星型拓扑结构的优缺点是什么？其他网络拓扑结构的优缺点是什么？

3

数据通信基础

本章学习目标

- 掌握数据通信系统的基本概念
- 了解数据通信方式
- 掌握数据交换技术
- 掌握多路复用技术
- 掌握差错控制技术

计算机网络的主要应用是数据通信。数据通信可实现计算机和计算机、计算机和终端，以及终端和终端之间的数据信息传递。它是继电报、电话业务之后的第三种最大的通信业务。数据通信中传递的信息均以二进制数据形式来表现。数据通信的另一特点是它总是与远程信息处理相联系，是包括科学计算、过程控制、信息检索等内容的广义的信息处理。

3.1 数据通信系统

通信的目的是单双向的传递信息。广义上来说，采用任何方法，通过任何介质将信息从一端传送到另一端都可以称为通信。在计算机网络中，数据通信是指在计算机之间、计算机与终端以及终端与终端之间传送表示字符、数字、语音、图像的二进制代码0、1比特序列的过程。

3.1.1 数据通信的基本概念

1. 信息

信息（Information）是客观事物属性和相互联系特性的表征，它反映了客观事物的存在形式和运动状态。例如事物的运动状态、结构、温度、性能等都是信息的不同表现形式。信息可以以文字、声音、图形、图像等各种不同形式存在。

2. 数据

信息可以用数字的形式来表示，数字化的信息称为数据。数据可以分为模拟数据和数字数据两种。模拟数据的取值是连续的，例如日常生活中人的语音强度、电压高低、温度等都是模拟数据。数字数据的取值是离散的，例如计算机中的二进制数据只有 0、1 两种状态。现在大多数的数据传输都是数字数据传输，本章所提到的数据也多指数字数据。

3．信号

信号简单地讲就是携带信息的传输介质。在通信系统中我们常常使用的电信号、电磁信号、光信号、载波信号、脉冲信号、调制信号等术语就是指携带某种信息的具有不同形式或特性的传输介质。信号按其参量取值的不同，分为模拟信号和数字信号。模拟信号是指在时间上和幅度取值上都连续变化的信号，如图 3-1（a）所示。例如，声音就是一个模拟信号，当人说话时，空气中便产生了一个声波，这个声波包含了一段时间内的连续值。数字信号是指在时间上离散的、在幅值上经过量化的信号，如图 3-1（b）所示。它一般是由 0、1 二进制代码组成的数字序列。数字信号从一个值到另一个值的变化是瞬时发生的，就像开关电灯一样。

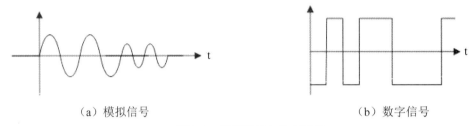

（a）模拟信号　　　　　　　　　　　　　（b）数字信号

图 3-1　模拟信号与数字信号

3.1.2　数据通信系统模型

信息的传递是通过通信系统来实现的，图 3-2 所示是通信系统的基本模型。在通信系统中产生和发送信息的一端叫作信源，接收信息的一端叫作信宿。信源和信宿之间的通信线路称为信道。信息在进入信道时要经过变换器变换为适合信道传输的形式，经过信道的传输，在进入信宿时要经过反变换器变换为适合信宿接收的形式。信号在传输过程中会受到来自外部或信号传输过程本身的干扰，噪声源是信道中的噪声以及分散在通信系统其他各处噪声的集中表示。

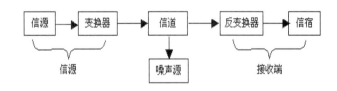

图 3-2　数据通信系统模型

1．数据通信系统的组成

数据通信系统主要由三个部分组成：信源、信宿和信道。

（1）信源和信宿。

信源就是信息的发送端，是发出待传送信息的人或设备；信宿就是信息的接收端，是接收所传送信息的人或设备。大部分信源和信宿设备都是计算机或其他数据终端设备（Data Terminal Equipment，DTE）。

（2）信道。

信道是通信双方以传输介质为基础的传输信息的通道，它是建立在通信线路及其附属设备上的。信道本身可以是模拟或数字方式的，用以传输模拟信号的信道叫作模拟信道，用以传输数字信号的信道叫作数字信道。

（3）信号变换器。

信号变换器的作用是将信源发出的信息变换成适合在信道上传输的信号。对应不同的信源和信道，信号变换器有不同的组成和变换功能。发送端的信号变换器可以是编码器或调制器，接收端的信号变换器相对应地就是译码器或解调器。

（4）噪声源。

一个通信系统在实际通信中不可避免地存在着噪声干扰，而这些干扰分布在数据传输过程的各个部分，为分析或研究问题方便，通常把它们等效为一个作用于信道上的噪声源。

2. 数据通信系统的主要技术指标

描述数据传输速率的大小和传输质量的好坏，往往需要运用数据传输率、波特率、信道容量和误码率等技术指标。

（1）数据传输率。

数据传输率又称比特率，是一种数字信号的传输速率，它是指每秒钟所传输的二进制代码的有效位数，单位为比特/每秒（记作 bps）。

（2）波特率。

波特率是指每秒钟发送的码元数，它是一种调制速率，单位为波特（baud）。波特率也称波形速率或码元速率。

（3）信道容量。

信道容量用来表征一个信道传输数字信号的能力，它以数据传输速率作为指标，即信道所能支持的最大数据传输速率。信道容量仅由信道本身的特征来决定，与具体的通信手段无关，它表示的是信道所能支持的数据速率的上限。

（4）误码率。

误码率是衡量数据通信系统在正常工作情况下传输可靠性的指标，它是指传输出错的码元数占传输总码元数的比例。误码率也称为出错率。

（5）吞吐量。

吞吐量是单位时间内整个网络能够处理的信息总量，单位是字节/秒或位/秒。在单信道总线型网络里，吞吐量＝信道容量×传输效率。

（6）信道的传播延迟。

信号在信道中传播，从源端到达目的端需要一定的时间，这个时间叫作传播延迟（也叫时延）。这个时间与源端和目的端的距离有关，也与具体的通信信道中信号传播速度有关。

3.2 数据通信方式

设计一个通信系统时，首先要确定是采用串行通信方式，还是采用并行通信方式。采用串行通信方式只需要在收发双方之间建立一条通信信道；采用并行通信方式时，收发双方之间必须建立多条并行的通信信道。通信信道可由一条或多条通信信道组成，根据信道在某一时间信息传输的方向，可以分为单工、半双工和全双工三种通信方式。

3.2.1 并行传输与串行传输

数据的传送方式有并行传输和串行传输两种。

1. 并行传输

它是一次同时将待传送信号经由 n 个通信信道同时发送出去。因此，并行传输需要 n 个传输信道，使待传送信号的各位能同时沿着各自的信道并行地传输。并行传输的优点是传输速度快，计算机与各种外设之间的通信一般采用并行传输方式。由于并行传输需要的信道数较多，实现物理连接的费用非常高，所以，并行传输仅适用于短距离的通信。

2. 串行传输

它是指一位一位地传输，从发送端到接收端只需要一个通信信道，经由这条通信信道逐位地将待传送信号的每个二进制代码依次发送。很明显，串行传输的速率比并行传输的速率要慢得多，但实现起来容易，费用低，特别适用于进行远距离的数据传输。计算机网络中的数据传输一般都是采用串行传输方式。由于计算机内部的操作多为并行方式，采用串行传输时，发送端采用并/串转换装置将并行数据流转换为串行数据流，然后送到信道上传送，在接收端，又通过串/并转换，将接收端的串行数据流转换为 8 位一组的并行数据流。

由于采用串行通信方式只需要在收发双方之间建立一条通信信道，采用并行通信方式在收发双方之间必须建立并行的多条通信信道，对于远程通信来说，在同样的传输速率的情况下，并行通信在单位时间内所发送的码元数是串行通信的 n 倍。由于并行通信需要建立多个通信信道，所以造价较高，因此，在远程通信中人们一般采用串行通信方式。

3.2.2 异步传输与同步传输

数据通信的一个基本要求是接收方必须知道它所接收的每一位字符的开始时间和持续时间，这样才能正确地接收发送方发来的数据。满足上述要求的传输办法有两类：异步传输和同步传输。

1. 异步传输

异步传输的工作原理是：每个字符（6～8 个二进制位）作为一个单元独立传输，字符之间的传输间隔任意，为了标志字符的开始和结尾，在每个字符的开始加 1 位起始位，结尾加 1 位、1.5 位或 2 位停止位，构成一个个的"字符"，如图 3-3 所示。

起始位对接收方的时钟起置位作用，接收方时钟置位后只要在 8～11 位的传送时间内准确，就能正确接收一个字符。最后的停止位告诉接收方该字符传送结束，然后接收方就可以检测后续字符的起始位了。当没有字符传送时，连续传送停止位。

加入校验位的目的是检查传输中的错误，一般使用奇偶校验。异步传输的优点是简单，但由于起止位和校验位的加入会引入 20%～30%的开销，传输的速率不会很高。

2. 同步传输

同步传输方式与异步传输方式不同，它不是对每一个字符单独进行同步，而是对一组字符组成的数据块进行同步。同步的方法不是加一位停止位，而是在数据块前面加特殊模式的位组合或同步字符（SYN），并且通过位填充或字符填充技术保证数据块中的数据不会与同步字符混淆，如图 3-4 所示。

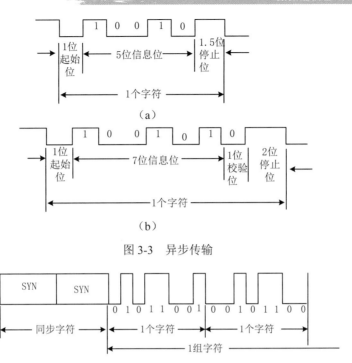

（a）

（b）

图 3-3　异步传输

图 3-4　同步传输

　　按照这种方式，发送方在发送数据之前先发送一串同步字符 SYN，接收方只要检测到连续两个以上 SYN 同步字符就确认已经进入同步状态，准备接收数据。随后的传送过程中双方以同一频率工作，直到传送完指示数据结束的控制字符。这种同步方式仅在数据块的前后加入控制字符 SYN，所以效率更高。在短距离高速数据传输中，多采用同步传输方式。

3.2.3　基带传输与频带传输

　　从传输信号的形态上，可以分为基带传输、频带传输和宽带传输三种。在计算机网络中，基带传输是指计算机信息的数字传输，频带传输是指计算机信息的模拟传输。

　　1. 基带传输

　　在数据通信中，表示计算机中二进制数据比特序列的数字数据信号是典型的矩形脉冲信号。人们把矩形脉冲信号的固有频带称为基本频带简称为基带，这种矩形脉冲信号就叫作基带信号。在数字通信信道上，直接传送基带信号的方法称为基带传输。

　　在基带传输中，发送端将计算机中的二进制数据（非归零编码）经编码器变换为适合在信道上传输的基带信号，例如曼彻斯特编码、差分曼彻斯特编码、4B/5B 编码等；在接收端，由解码器将收到的基带信号恢复成与发送端相同的数据。

　　基带传输是一种最基本的数据传输方式，一般用在较近距离的数据通信中。在计算机局域网中，主要是采用这种传输方式。

　　2. 频带传输

　　基带传输要占据整个线路能提供的频率范围，在同一个时间内，一条线路只能传送一路基带信号，为了提高通信线路的利用率，可以用占据小范围带宽的模拟信号作为载波来传送数字信号。人们将这种利用模拟信道传输数据信号的传输方式叫作频带传输。例如，使用调制解调器将数字信号调制在某一载波频率上,这样一个较小的频带宽度就可以供两个数据设备进行通信,线路的其他频率范围还可用于其他数据设备通信。

在频带传输中,线路上传输的是调制后的模拟信号,因此,收发双方都需要配置调制解调设备,实现数字信号的调制和解调。

频带传输方式的优点是可以利用现有的大量模拟信道通信,线路的利用率高,价格便宜,容易实现,尤其适用于远距离的数字通信。它的缺点是速率低,误码率高。

3. 宽带传输

上述的频带传输方式有时候也称为宽带传输方式。更为精确的说法是,在频带传输中,如果调制后的模拟信号的频率在音频范围(300~3400Hz)之内,称为频带传输;若调制成的模拟信号的频率比音频范围还宽,则称为宽带传输。

例如,在公用电话线上通过调制解调器进行数据通信,可以称为频带传输;在有线电视网上通过线缆调制解调器进行高速的数据通信,则称为宽带传输。

3.2.4 数据传输方向

数据传输方式按数据传输方向来分,可以分为单工、半双工和全双工三种方式。

1. 单工通信

在单工通信方式中,信号只能向一个方向传输,任何时候都不能改变信号的传送方向。发送方不能接收,接收方也不能发送。信道的全部带宽都用于由发送方到接收方的数据传送。无线电广播和电视广播都是单工通信的例子。只能向一个方向传送的通信信道,只能用于单工通信方式中。

2. 半双工通信

在半双工通信方式中,信号可以双向传送,但必须交替进行,一个时间只能向一个方向传送。在一段时间内,信道的全部带宽用于一个方向上传送信息,航空和航海无线电台以及对讲机都是以这种方式通信的。这种方式要求通信双方都有发送和接收信号的能力,又有双向传送信息的能力,因而比单工通信设备昂贵,但比全双工设备便宜。可以双向传送信号,但必须交替进行的通信信道,只能用于半双工通信方式中。

3. 全双工通信

在全双工通信方式中,信号可以双向同时传送,例如现代的电话通信就是这样的。这不但要求通信双方都有发送和接收设备,而且要求信道能提供双向传输的双倍带宽,所以全双工通信设备价格昂贵。可以双向同时传送信号的通信信道,才能实现全双工通信,自然也可以用于单工或半双工通信。

3.2.5 多路复用技术

在数据通信或计算机网络系统中,传输媒体的传输能力往往是很强的,如果在一条物理信道上只传输一路信号,将是对资源的极大浪费。采用多路复用技术,可以将多路信号组合在一条物理信道上进行传输,到接收端再用专门的设备将各路信号分离开来,极大地提高了通信线路的利用率。

多路复用技术可以分为频分多路复用、时分多路复用、波分多路复用和码分多路复用等多种形式。

1．频分多路复用

当介质的有效带宽超过被传输的信号带宽时，可以把多个信号调制在不同的载波频率上，从而在同一介质上实现同时传送多路信号，即将信道的可用频带（带宽）按频率分割多路信号的方法划分为若干互不交叠的频段，每路信号占据其中一个频段，从而形成许多个子信道，如图 3-5 所示。在接收端用适当的滤波器将多路信号分开，分别进行解调和终端处理，这种技术称为频分多路复用（FDM，Frequency Division Multiplexing）。

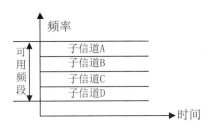

图 3-5　频分多路复用

频分多路复用系统的原理示意图如图 3-6 所示。它假设有 6 个输入源，分别输入 6 路信号到多路复用器 MUX，多路复用器将每路信号调制在不同的载波频率上（例如 f1，f2，…f6）。每路信号以其载波频率为中心，占用一定的带宽，此带宽范围称作一个通道，各通道之间通常用保护频带隔离，以保证各路信号的频带间不发生重叠。

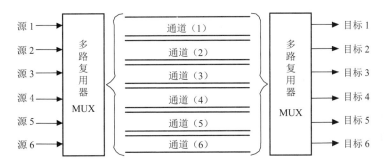

图 3-6　频分多路复用系统原理示意图

频分多路复用技术早已用在无线电广播系统中。在有线电视系统（CATV）中也使用频分多路复用技术。一个 CATV 电缆的带宽大约是 500MHz，可传送 80 个频道的电视节目，每个频道 6MHz 的带宽中又进一步划分为声音子通道、视频子通道以及彩色子通道。每个频道两边都留有一定的警戒频带，防止相互串扰。

2．时分多路复用

时分多路复用（Time Division Multiplexing，TDM）是将传输时间划分为许多个短的互不重叠的时隙，而将若干个时隙组成时分复用帧，用每个时分复用帧中某一固定序号的时隙组成一个子信道，每个子信道所占用的带宽相同，每个时分复用帧所占的时间也是相同的（如图3-7 所示），即在同步 TDM 中，各路时隙的分配是预先确定的时间且各信号源的传输定时是同步的。对于 TDM，时隙长度越短，则每个时分复用帧中所包含的时隙数就越多，所容纳的用户数也就越多，其原理如图 3-8 所示。

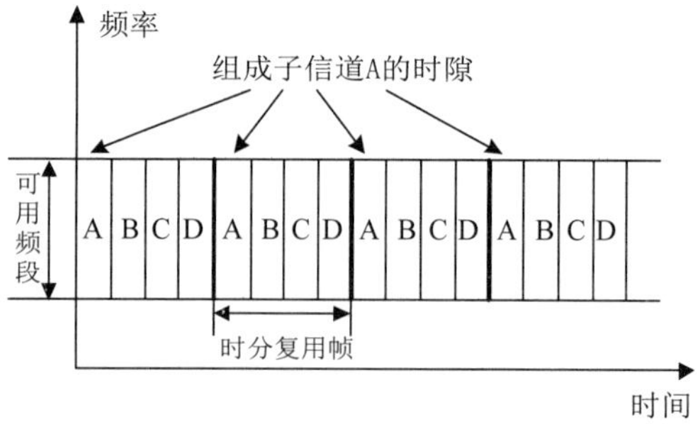

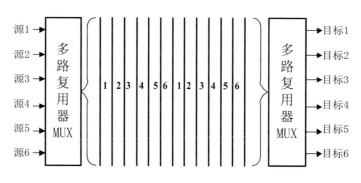

图 3-7　TDM 子信道

图 3-8　TDM 原理

　　时分多路复用技术可以用在宽带系统中，也可以用在频分制下的某个子通道上。时分制按照子通道动态利用情况又可再分为两种：同步时分和统计时分。在同步时分制下，整个传输时间划分为固定大小的周期，每个周期内各子通道都在固定位置占有一个时槽。这样，在接收端可以按约定的时间关系恢复各子通道的信息流。当某个子通道的时槽来到时如果没有信息要传送，这一部分带宽就浪费了。统计时分制是对同步时分制的改进，我们特别把统计时分制下的多路复用器称为集中器，以强调它的工作特点。在发送端，集中器依次循环扫描各个子通道，若某个子通道有信息要发送则为它分配一个时槽，若没有就跳过，这样就没有空槽在线路上传播了。然而，需要在每个时槽加入一个控制域，以便接收端可以确定该时槽是属于哪个子通道的。

　　3. 波分多路复用

　　波分多路复用（Wave Division Multiplexing，WDM）技术是频率分割技术在光纤媒体中的应用，它主要用于全光纤网组成的通信系统中。所谓波分多路复用是指在一根光纤上能同时传送多个波长不同的光载波的复用技术。通过 WDM，可使原来在一根光纤上只能传输一个光载波的单一光信道，变为可传输多个不同波长光载波的光信道，使得光纤的传输能力成倍增加，也可以利用不同波长沿不同方向传输来实现单根光纤的双向传输。波分多路复用技术将是今后计算机网络系统主干信道采用的主要多路复用技术之一。波分多路复用实质上是利用了光具有不同波长的特征。WDM 技术的原理十分类似于 FDM，不同的是它利用波分复用设备将不同信道的信号调制成不同波长的光，并复用到光纤信道上，在接收方，采用波分设备分离不同波长的光。相对于电多路复用器，WDM 发送和接收端的器件分别称为分波器和合波器。

　　此外，还有光频分多路复用（Optical Frequency Division Multiplexing，OFDM）、密集波分

多路复用（Dense Wave Division Multiplexing，DWDM）、光时分多路复用（Optical Time Division Multiplexing，OTDM）、光码分多路复用（Optical Code Division Multiplexing，OCDM）等技术。光纤的密集波分技术 DWDM 可极大地增加光纤信道的数量，从而充分利用光纤的潜在带宽，是网络今后使用的重要技术。

4. 码分多路复用

前面介绍的 FDM（或 WDM）技术是以频段的不同来区分地址的，其特点是独立占频段而共享时间。而 TDM 则是共享频段而独占时间，相当于在同一频段内不同相位上发送和接收信息，而频率资源共享。码分多路复用（Code Division Multiplexing，CDM）则是一种用于移动通信系统的新技术，笔记本电脑和掌上电脑等移动性计算机的联网通信将会大量使用码分多路复用技术。

码分多路复用技术的基础是微波扩频通信，扩频通信的特征是使用比发送的数据速率高许多倍的伪随机码对载荷数据的基带信号的频谱进行扩展，形成宽带低功率频谱密度的信号来发射。

CDM 就是利用扩频通信中的不同码型的扩频码之间的相关性，为每个用户分配一个扩频编码，以区别不同的用户信号。发送端可用不同的扩频编码，分别向不同的接收端发送数据；同样，接收端用不同的扩频编码进行解码，就可得到不同发送端发来的数据，实现多址通信。CDM 的特点是频率和时间资源均为共享。因此，在频率和时间资源紧缺的情况下，CDM 技术将独具魅力，这也是 CDM 受到人们普遍关注的缘故。

3.3　数据交换技术

经过编码后的数据要在通信线路上进行传输，最简单的方式是在两个互相连接的设备之间进行数据通信。但是，每个通信系统都采用把收发两端直接相连的形式是不可能的。更一般的情况是，通过有中间节点的网络把数据从源点转发到目的节点，以此实现通信。信息在这样的网络中传输就像火车在铁路网中运行一样，经过一系列交换节点（火车站），从一条线路转换到另一条线路，最终才能到达目的地。数据经过网络节点被转发的方式就是所谓的数据交换方式。

数据交换是多节点网络实现数据传输的有效手段。常用的数据交换方式有电路交换方式和存储转发交换方式两大类，存储转发交换又可分为报文交换和分组交换方式。

3.3.1　电路交换

1. 电路交换原理

电路交换（Circuit Switching）也叫线路交换，是数据通信领域最早使用的交换方式。通过电路交换进行通信，就是要通过中间交换节点在两个站点之间建立一条专用的通信线路。最普通的电路交换例子是电话通信系统。电话交换系统利用交换机，在多个输入线和输出线之间通过不同的拨号和呼号建立直接通话的物理链路。物理链路一旦接通，相连的两站点即可直接通信。在该通信过程中，交换设备对通信双方的通信内容不做任何干预，即对信息的代码、符号、格式和传输控制顺序等没有影响。利用电路交换进行通信包括建立电路、传输数据和拆除电路三个阶段。

（1）建立电路。

传输数据之前，必须建立一条端到端的物理连接，这个连接过程实际上就是一个个站（节）点的接续过程。在图 3-9 所示的电路交换网络拓扑中，1、2、3、4、5、6、7 为网络转接节点，A、B、C、D、E、F 为通信节点。若通信节点 A 要与通信节点 D 进行通信，那么通信节点 A 是主呼叫用户，要先发出呼叫请求信号，然后经由节点 1、2、3、4，沿途接通一条物理链路后，再由通信节点 D（被叫用户）发出应答信号给通信节点 A，这样通信线路就接通了。只有当通信的两个站点之间建立物理链路之后，才允许进入数据传输阶段。电路交换的这种"接续"过程所需时间（即建立时间）的长短与要接续的中间节点的个数有关。

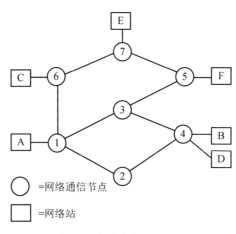

=网络通信节点

=网络站

图 3-9　电路交换网络拓扑

（2）传输数据。

在通信线路建立之后，两通信节点就可以进行数据传输了。被传输的数据可以是数字数据，也可以是模拟数据。数据既可以从主叫通信节点发往被叫通信节点，也可以由被叫通信节点发往主叫通信节点。本次建立起的物理链路资源属于通信节点 A 和通信节点 D 两站点，且仅限于本次通信，在该链路释放之前，即便某一时刻线路上没有数据传输，其他站点也无法使用该线路。

（3）拆除电路。

数据传输结束后，要释放（拆除）该物理链路，释放动作可由两通信节点中任一通信节点发起并完成。释放信号必须传送到电路所经过的各个节点，以便重新分配资源。

2．电路交换的特点

（1）电路交换中的每个节点都是电子式或电子机械式的交换设备，它不对传输的信息进行任何处理。

（2）数据传输开始前必须建立两个工作站之间实际的物理连接，然后才能通信。

（3）通道在连接期间是专用的，线路利用率较低。

（4）除链路上的传输延时外，不再有其他的延时，在每个节点的延时是很小的。

（5）整个链路上有一致的数据传输速率，连接两端的通信节点必须同时工作。

3．电路交换的优缺点

电路交换的优点是实时性好，由于通道专用，通信速率较高；缺点是线路利用率低，不能连接不同类型的线路组成链路，通信双方必须同时工作。

3.3.2　报文交换

1．报文交换原理

报文交换（Message Exchanging）与线路交换不同，它采取的是存储转发（Store-and-Forward）方式，不需要在通信的两个节点之间建立专用的物理线路。数据以报文（Message）的方式发出，报文中除包括用户所要传送的信息外，还有源地址和目的地址等信息。报文从源节点发出后，要经过一系列的中间节点才能到达目的节点。各中间节点收到报文后，先暂时存储起来，然后分析目的地址、选择路由并排队等候，待需要的线路空闲时才将它转发到下一个节点，并最终到达目的节点。其中的交换节点要有足够大的存储空间，用以缓冲收到的长报文。交换节点对各个方向上收到的报文排队，寻求下一个转发节点，然后再转发出去，这些都带来了排队等待延迟。

2．报文交换的特点

（1）报文从源点传送到目的地采用存储转发方式，在传送报文时，一个时刻仅占用一段通道。

（2）在交换节点中需要缓冲存储，报文需要排队，所以报文交换不能满足实时通信的要求。

3．报文交换的优点

（1）线路利用率高，因为有许多报文可以分时共享一条节点到节点的通道。

（2）不需要同时启动发送器和接收器来传输数据，网络可以在接收器启动之前，暂存报文信息。

（3）在通信容量很大时，交换网络仍可接收报文，只是传输延迟会增加。

（4）报文交换系统可把一份报文发往多个目的地。

（5）交换网络可以对报文进行速度和代码等的转换（如将 ASCII 码转换为 EBCDIC 码）。

4．报文交换的缺点

（1）不能满足实时或交互式的通信要求，报文经过网络的延迟时间长且不定。

（2）当节点收到过多的数据而无空间存储或不能及时转发时，就不得不丢弃报文，且发出的报文将不能按顺序到达目的地。

3.3.3　分组交换

分组交换是 1964 年被提出来的，它也属于存储转发交换方式。在这种交换方式中数据包有固定的长度，因此交换节点只要在内存中开辟一个小的缓冲区就行了。在进行分组交换时，发送节点先把发送的数据包分成若干个分组（Packet），对各个分组编号，每个分组按照格式必须附加收发地址标志、分组编号、分组的起始标志、分组的结束标志和差错校验等信息，以供存储转发之用。分组的过程叫作信息打包，分组也叫信息包，分组交换有时也叫包交换。

分组在网络中传播有两种不同的方式：数据报和虚电路。

1．数据报

数据报方式同报文交换一样，将每个分组单独处理。每个分组都有完整的地址信息，正常情况下都可以到达目的地。但由于每个分组独立地在网内传送，同一个报文的各个分组可能经由不同的路由到达目的节点，所以到达目的节点的顺序就有可能和发送的顺序不一致，目标主机必须对收到的分组重新排序才能恢复原来的报文。

数据报方式由于采用了较小的分组作为传输单元，同一报文的不同分组可以在各个节点中被同时接收、处理和发送，这种并行性显著减少了传输的延迟时间，改善了网络性能。但是，由于每个分组都带有目的地址和源地址等信息，通信的额外开销较大，分组经过每个节点都要进行路由选择，传输的延迟也比较大。因此，数据报方式比较适合于短信息的传输，不太适合长报文和会话式的通信。

2．虚电路

虚电路方式的工作过程类似于电路交换，也包括三个阶段：虚电路的建立、数据传输、虚电路拆除。在发送分组之前，要求先在发送端和接收端之间建立所谓的逻辑连接，即虚电路。在会话开始时，发送端先发送一个要求建立连接的请求信息，这个请求信息在网络中传播，途中经过的各个节点根据当时的网络通信状况决定取哪条线路来响应这一请求，最后到达目的节点。如果目的节点给予肯定的回答，则逻辑连接就建立了，以后由发送端发出的一系列分组都走这条通路，直至会话结束，拆除连接。

虚电路方式与数据报方式不同的是：在传输数据分组之前，需要先建立逻辑连接；分组中不需要目的地址信息，而是代以虚电路标识符；分组经过中间节点时也不再需要进行路由选择。虚电路与电路交换不同的是：逻辑连接的建立并不意味着别的通信不能使用这条线路，它仍然具有线路共享的优点。

提示：虚电路可以是临时的，即会话开始时建立，结束时拆除，这叫虚呼叫；也可以是永久的，即通信双方一开机就自动建立，直到一方（或同时）关机才拆除，这叫作永久虚电路。

3.3.4　高速交换技术

目前常用的数据交换方式主要是电路交换和分组交换，但近几年又出现了综合电路交换和分组交换的高速交换方式，也叫混合交换方式。混合交换采用动态时分复用技术，将一部分带宽分配给电路交换用，而将另一部分带宽分配给分组交换用。这两种交换所占的带宽比例也是动态可调的，以便使这两种交换都能得到充分利用，提供多媒体传输服务。典型的异步传输模式（Asynchronous Transfer Mode，ATM）、分布式队列双总线（DQDB）等均属混合交换，它们同时提供等时电路交换和分组交换服务。帧中继（Frame Relay，FR）交换是在分组交换技术上发展起来的快速分组交换技术。

3.4　差错控制技术

网络通信首先要保证传送信息的正确，但在通信系统中电磁干扰、设备故障等都可能造成信号失真，导致接收方收到错误信息，从而出现差错。

差错控制是指在数据通信过程中能发现或纠正错误，把差错限制在尽可能小的允许范围内的技术和方法。

3.4.1　错误产生原因及控制方法

1．错误产生原因

通信过程中出现的差错大致分为两类：一类是由热噪声引起的随机错误；另一类是由冲

击噪声引起的突发错误。

热噪声是由电子的热运动产生的，热噪声随时存在，具有很宽的频谱，且幅度较小。通信线路的信噪比越高，热噪声引起的差错越少。这种差错具有随机性，一次只影响个别比特，且错误之间没有关联。

冲击噪声通常是由瞬间的脉冲噪声引起的，如雷电等，虽然持续的时间短，但由于线路上数据速率高，所以影响面比较大。例如速率为 9600bps 时，10ms 的噪声将影响 96 比特，因而冲击噪声一般会影响连续的许多比特。

2. 差错控制方法

最常用的差错控制方法是差错控制编码。差错控制编码是指发送端在发送数据信息之前，先向数据块中加入一些冗余信息，使数据块中的数据建立某种形式的关联，接收端通过验证这种关联关系是否存在，来判断数据在传输过程中是否出错，这种在数据块中加入冗余信息的过程称为差错控制编码。

最常用的差错控制编码有两种：一种是使码字只具有检错的功能，即接收方只能判断数据块有错，但不能准确判断错误位置，从而也不能纠正错误，这种编码称为检错码；另一种是使码字具有一定的纠错功能，即接收方不仅能够知道数据块有错，还能够知道错误的准确位置，这时只需将错误位取反即能获得正确的数据，这种码字称为纠错码。

3.4.2　奇偶校验码（Parity Code）

奇偶校验通过在编码中增加一位校验位来使编码中 1 的个数为奇数（奇校验）或偶数（偶校验），从而使码距变为 2。对于奇校验，它可以检测代码中奇数位出错的情况，但不能发现偶数位出错的情况，即当合法编码中有奇数位发生了错误（编码中的 1 变成 0 或 0 变成 1）时，该编码中 1 的个数的奇偶性就会发生变化，从而可以发现错误。目前常用的奇偶校验码有三种：水平奇偶校验码、垂直奇偶校验码和水平垂直校验码。

1. 水平奇偶校验码

给每一个数据的编码添加校验位，使信息位与校验位处于同一行。

实例 3-1：对于字符串 word，其 ASCII 编码对应的二进制串为 1110111　1101111　1110010　1100100，其水平偶校验码和水平奇校验码如表 3-1 所示。

表 3-1　水平奇偶校验码

字符	二进制串	水平奇校验码	水平偶校验码
w	1110111	11101111	11101110
o	1101111	11011111	11011110
r	1110010	11100101	11100100
d	1100100	11001000	11001001

2. 垂直奇偶校验码

把数据分成若干组，每一个数据占一行，排列整齐，再加一行校验码，针对同一组中的每一列采用奇校验或偶校验。

实例 3-2：对于 32 位数据 01110111011011110111001001100100，其垂直偶校验码和垂直奇校验码如表 3-2 所示。

表 3-2　垂直奇偶校验码

编码分类	垂直奇校验码	垂直偶校验码
数据	01110111 01101111 01110010 01100100	01110111 01101111 01110010 01100100
校验位	11110101	00001010

3．水平垂直校验码

在垂直奇偶校验码的基础上，对每个数据再增加一位水平校验位，便构成了水平垂直校验码。

实例 3-3：对于 32 位数据 01110111011011110111001001100100，其水平垂直奇校验码和偶校验码如表 3-3 所示。

表 3-3　水平垂直奇校验和偶校验码

编码分类	水平垂直奇校验码		水平垂直偶校验码	
	水平校验	数据	水平校验	数据
数据	1	01110111	0	01110111
	1	01101111	0	01101111
	1	01110010	0	01110010
	0	01100100	1	01100100
垂直校验位	0	11110001	1	00001110

3.4.3　循环冗余校验码

循环冗余校验码（Cyclic Redundancy Check，CRC）广泛用于数据通信领域和磁介质存储系统中，它利用生成多项式为 k 个数据位，产生 r 个校验位来进行编码，其编码长度为 k+r。CRC 的代码格式如图 3-10 所示。

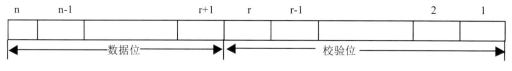

图 3-10　CRC 的代码格式

由图 3-10 可知，循环冗余校验码是由两部分组成的，左边为信息码（数据），右边为校验码。若信息码占 k 位，则校验码就占 n-k 位。其中，n 为 CRC 码的字长，因此循环冗余校验码又称为（n，k）码。校验码是由信息码产生的，校验码位数越长，该代码的校验能力就越强。在求 CRC 编码时，采用的是模 2 运算，即按位运算，不发生借位和进位，如下所示：

0+0=0　　0+1=1　　1+0=1　　1+1=0　　0-0=0　　0-1=1　　1-0=1　　1-1=0

1. CRC 码的编码规则

设数据位是 k 位，需要添加 r 个校验位，则 CRC 的编码规则如下：

（1）用 $C_{k-1}C_{k-2}\cdots C_0$ 表示 k 个数据位，可根据该数据构造一个多项式 C(x)，C(x)的形式为

$$C(x)=C_{k-1}x^{k-1}+C_{k-2}x^{k-2}+\cdots+C_1x+C_0$$

将 $C(x)\times x^r$，相当于将数据位左移 r 位。

（2）给定一个 r 阶的生成多项式 g(x)，可以求出一个校验位表达式 r(x)。用 g(x)除 $C(x)\times x^r$，则可以得商多项式 q(x)和余数多项式 r(x)，即

$$\frac{C(x)\times x^r}{g(x)}=q(x)+\frac{r(x)}{g(x)}$$

或　　$C(x)\times x^r=q(x)g(x)+r(x)$

在模 2 运算中，$C(x)\times x^r-r(x)=q(x)g(x)$。

（3）$C(x)\times x^r+r(x)$就是所求的 n 位 CRC 码，r(x)是其中的校验位。所得 CRC 码的多项式应该是生成多项式 g(x)的倍数。

（4）校验数据时，用 n 位 CRC 编码除以 g(x)，若余数为 0，则传送的数据无差错，否则根据余数的值可查出差错位。

2. 对生成多项式的要求

为了能够校验出发生差错的位置，生成多项式必须满足下面的条件：

（1）当任何一位误传时，都能使余数不为 0。

（2）不同的位发生错误，应当使余数互不相同。

（3）对余数继续进行模 2 除法，余数是循环的。

只有满足这些条件，才能使 CRC 码不仅能发现传输中的错误，而且能判定是哪一位发生了错误。

CRC-CCITT 和 CRC-16 是两种常用的标准生成多项式，它们的检错率都比较高，其中：

CRC-CCITT=$x^{16}+x^{12}+x^5+1$

CRC-16=$x^{16}+x^{15}+x^2+1$

3. 例题

实例 3-4：设数据为 1011010，生成多项式为 g（x）＝x^4+x+1，采用（11，7）码，即 k=7，r＝4，求数据 1011010 的 CRC 编码。

（1）分析。

CRC 码一般在 k 信息位之后拼接 r 位校验位生成。

编码步骤如下：

1）将待编码的 k 信息位表示成多项式 M(x)；

2）将 M(x)左移 r 位，得到 $M(x)\times x^r$；

3）用 r+1 位的生成多项式 G(x)去除 $M(x)\times x^r$ 得到余数 R(x)；

4）将 $M(x)\times x^r$ 与 R(x)作模 2 加法，得到 CRC 码。

（2）求解步骤。

求解步骤如下：

1）G(x)=10011　[从 g(x)=x^4+x+1 推出]；

2）M(x)=1011010；

3）M(x)×x^4=10110100000（r=4，左移 4 位）。

（3）求解（M(x)×x^4/ G(x)）。

求解过程如下：

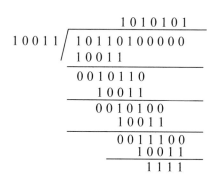

余数多项式对应的校验码为 1111。

因此，所求的 CRC 编码为 10110101111。

3.5 习题

一、填空题

1．通信系统中，调制前的电信号为_____信号，调制后的信号为调制信号。

2．在采用电信号表达数据的系统中，数据有数字数据和_____两种。

3．数据通信的传输方式可分为_____和_____，其中计算机主板的总线是采用_____进行数据传输的。

4．用于计算机网络的传输介质有_____和_____。

5．在利用电话公共交换网络实现计算机之间的通信时，将数字信号变换成音频信号的过程称为_____，将音频信号逆变换成对应的数字信号的过程称为_____，用于实现这种功能的设备叫_____。

6．网络中的通信在直接相连的两个设备间实现是不现实的，通常要经过中间节点将数据从信源逐点传送到信宿。通常使用的三种交换技术是：_____、_____、_____。

7．数据传输有两种同步的方法：_____和_____。

二、选择题

1．两台计算机通过传统电话网络传输数据信号，需要提供（　　）。
    A．中继器　　　　　B．集线器　　　　C．调制解调器　　D．RJ-45 接头连接器

2．通过分割线路的传输时间来实现多路复用的技术被称为（　　）。
    A．频分多路复用　　　　　　　　B．波分多路复用
    C．码分多路复用　　　　　　　　D．时分多路复用

3．将物理信道的总带宽分割成若干个子信道，每个子信道传输一路信号，这就是（　　）。

A．同步时分多路复用　　　　　　B．码分多路复用

C．异步时分多路复用　　　　　　D．频分多路复用

4．下列差错控制编码中，（　　）是通过多项式除法来检测错误的。

A．水平奇偶校验码　　　　　　　B．CRC

C．垂直奇偶校验码　　　　　　　D．水平垂直奇偶校验码

5．半双工典型的例子是（　　）。

A．广播　　　　　　B．电视　　　　　　C．对讲机

6．在同步时钟信号作用下使二进制码元逐位传送的通信方式称为（　　）。

A．模拟通信　　　　B．无线通信　　　　C．串行通信　　　D．并行通信

7．某一数据传输系统采用 CRC 校验方式，CRC-4 生成多项式 $G(x)=x^4+x^3+1$。生成校验和时，能检测到 A，CRC-4 校验码为 B 位，若接收方收到二进制比特序列为 110111001，则 CRC-4 的校验码为 C。

那么 A 为（　　），B 为（　　），C 为（　　）。

供选择的答案如下：

A：①所有偶数位错误　　　　　　②所有奇数位错误

③小于等于 2 的任意错误　　　　④小于等于 4 位的任意错误

B：①8　　　　　　②4　　　　　　③32　　　　　　④64

C：①1010　　　　②1000　　　　③1001　　　　④0010

三、思考题

1．试分析数据与信号的区别。

2．数据通信有哪几种同步方式？它们各自的优缺点是什么？

3．主要的数据复用技术有那些？它们各自的适用范围是什么？

4．什么是单工、半双工和全双工？它们分别适用于什么场合？

5．什么是基带、频带和宽带传输？

6．简述虚电路交换原理，并比较它与数据报交换方式的区别。

7．分别采用奇校验和偶校验，计算下列数据的校验位。

（1）1011011

（2）0110101

8．如果接收方收到数据 1001101011，对它进行汉明码校验时，结果为 1001。问哪一位出错了？正确的代码是什么？

9．传输数据为 1101001，生成多项式为 $g(x)=x^4+x^3+1$，求 $g(x)$ 所对应的二进制比特串，并计算 CRC 码。

3.6　拓展训练　制作直通双绞线并测试

一、实训目的

● 掌握非屏蔽双绞线与 RJ-45 接头的连接方法。

- 了解 T568A 和 T568B 标准线序的排列顺序。
- 掌握非屏蔽双绞线的直通线与交叉线制作，了解它们的区别和适用环境。
- 掌握线缆测试的方法。

二、实训内容

双绞线的制作分为直通线的制作和交叉线的制作。制作过程主要分为五步，可简单归纳为"剥""理""插""压""测"五个字。

1．制作直通双绞线

为了保证制作的双绞线有最佳兼容性，通常采用最普遍的 EIA/TIA 568B 标准来制作，制作步骤如下：

（1）准备。准备好五类双绞线、RJ-45 水晶头、压线钳和网线测试仪等，如图 3-11 所示。

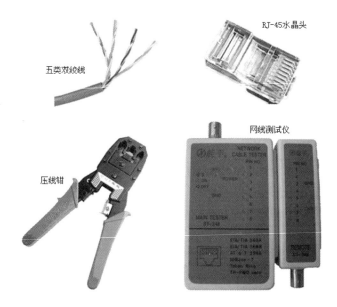

图 3-11　五类双绞线、RJ-45 水晶头、压线钳和网线测试仪

（2）剥线。用压线钳的剥线刀口夹住五类双绞线的外保护套管，适当用力夹紧并慢慢旋转，让刀口正好划开双绞线的外保护套管（小心不要将里面的双绞线的绝缘层划破），刀口距五类双绞线的端头至少 2cm。取出端头，剥下保护胶皮，如图 3-12 所示。将划开的外保护套管剥去（旋转、向外抽），如图 3-13 所示。

图 3-12　剥线（1）

图 3-13　剥线（2）

（3）理线。双绞线由 8 根有色导线两两绞合而成，把相互缠绕在一起的每对线缆逐一解开，按照 EIA/TIA-568B 标准（橙白-1、橙-2、绿白-3、蓝-4、蓝白-5、绿-6、棕白-7、棕-8），根据导线颜色将导线按规定的序号排好，排列的时候注意尽量避免线路的缠绕和重叠，如图 3-14 所示。将 8 根导线拉直、压平、理顺，导线间不留空隙，如图 3-15 所示。

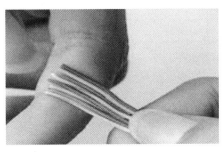

图 3-14　理线（1）

图 3-15　理线（2）

（4）剪线。用压线钳的剪线刀口将 8 根导线剪齐，并留下约 12mm 的长度，如图 3-16 所示。

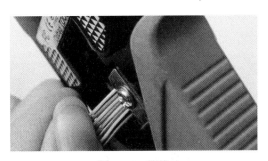

图 3-16　剪线

（5）插线。捏紧 8 根导线，防止导线乱序，把水晶头有塑料弹片的一侧朝下，将整理好的 8 根导线插入水晶头（插至底部），注意"橙白"线要对着 RJ-45 的第一脚，如图 3-17 所示。确认 8 根导线都已插至水晶头底部，再次检查线序无误后，将水晶头从压线钳"无牙"一侧推入压线槽内，如图 3-18 所示。

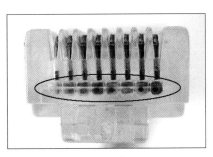

图 3-17　插线（1）

图 3-18　插线（2）

（6）压线。双手紧握压线钳的手柄，用力压紧，使水晶头的 8 个针脚接触点穿过导线的绝缘外层，分别和 8 根导线紧紧地压接在一起。做好的水晶头如图 3-19 所示。

3
Chapter

图 3-19　压线完成后的成品

注意：压过的 RJ-45 接头的 8 只金属脚一定比未压过的低，这样才能顺利地嵌入芯线中。优质的卡线钳甚至必须在接脚完全压入后才能松开握柄，取出 RJ-45 接头，否则接头会卡在压接槽中取不出来。

（7）按照上述方法制作双绞线的另一端。

2．测试

现在已经做好了一根网线，在实际用它连接设备之前，先用一个简易测线仪（如上海三北的"能手"网线测试仪）来进行一下连通性测试。

（1）将直通双绞线两端的水晶头分别插入主测试仪和远程测试端的 RJ-45 端口，将开关推至 ON 档（S 为慢速档），主测试仪和远程测试端的指示灯应该从 1 至 8 依次绿色闪亮，说明网线连接正常，如图 3-20 所示。

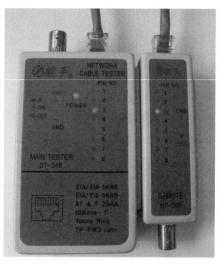

图 3-20　网线连接正常

（2）若连接不正常，按照下述情况进行判断处理。

● 若有一根导线，如 3 号线断路，则主测试仪和远程测试端的 3 号灯都不亮。

● 若有几条导线断路，则相对应的几条线都不亮，当导线少于 2 根线连通时，灯都不亮。

● 若两头网线乱序，如 2、4 线乱序，则显示如下：

　➢ 主测试仪端不变：1-2-3-4-5-6-7-8

　➢ 远程测试端：1-4-3-2-5-6-7-8

- 当有两根导线短路时，主测试仪的指示灯仍然按着从 1 到 8 的顺序逐个闪亮，而远程测试端两根短路线所对应的指示灯将被同时点亮，其他的指示灯仍按正常的顺序逐个闪亮。若有 3 根以上（含 3 根）的导线短路，则所有短路的几条线号的灯都不亮。
- 如果出现红灯或黄灯，说明其中存在接触不良等现象，此时最好先用压线钳压制两端水晶头一次再测，如果故障依旧存在，再检查一下两端芯线的排列顺序是否一样。如果芯线顺序不一样，就应剪掉一端参考另一端芯线顺序重做一个水晶头。

提示： 简易测线仪只能简单地测试网线是否导通，不能验证网线的传输质量，传输质量的好坏取决于一系列的因素，如线缆本身的衰减值、串扰的影响等。这往往需要更复杂和高级的测试设备才能准确判断故障的原因。

3．制作交叉双绞线并测试

（1）制作交叉线的步骤和操作要领与制作直通线一样，只需交叉线一端按 EIA/TIA-568B 标准制作，另一端按 EIA/TIA-568A 标准制作。

（2）测试交叉线时，主测试仪的指示灯按 1-2-3-4-5-6-7-8 的顺序逐个闪亮，而远程测试端的指示灯应该是按着 3-6-1-4-5-2-7-8 的顺序逐个闪亮。

4．说明

双绞线与设备之间的连接方法很简单，一般情况下，设备口相同，使用交叉线；反之使用直通线。在有些场合下，如何判断自己应该用直通线还是交叉线，特别是当集线器或交换机进行互联时，有的口是普通口，有的口是级联口，用户可以参考以下几种办法。

- 查看说明书。如果该设备在级联时需要交叉线连接，一般在设备说明书中有说明。
- 查看连接端口。如果有的端口与其他端口不在一块，且标有 Uplink 或 Out to Hub 等标识，表示该端口为级联口，应使用直通线连接。
- 实测。这是最实用的一种方法。可以先制作两条用于测试的双绞线，其中一条是直通线，另一条是交叉线。用其中的一条连接两个设备，这时注意观察连接端口对应的指示灯，如果指示灯亮表示连接正常，否则换另一条双绞线进行测试。
- 从颜色区分线缆的类型，一般黄色表示交叉线，蓝色表示直通线。

特别提示： 新型的交换机已不再需要区分 Uplink 口，交换机级联时直接使用直通线。

4

TCP/IP 协议和 IP 地址

本章学习目标

- 熟练掌握 IP 协议和 IP 地址
- 掌握 TCP/IP 传输层协议
- 掌握 TCP/IP 实用程序

4.1　TCP/IP 网络层协议

在网络层中，最常用的协议是网际协议（Internet Protocol，IP），其他一些协议用来协助 IP 进行操作，如 ARP、ICMP、IGMP 协议等。

4.1.1　IP 协议

IP 协议使用一个恒定不变的地址方案。在 TCP/IP 协议栈的最低层上运行并负责实际传送数据帧的各种协议都有互不兼容的地址方案。在每个网段上传递数据帧时使用的地址方案会随着数据帧从一个网段传递到另一个网段而变化，但是，IP 地址方案却保持恒定不变，它与每种基本网络技术的具体实施办法无关，并且不受其影响。

IP 协议是执行一系列功能的软件，它负责决定如何创建 IP 数据报，如何使数据报通过一个网络。当数据发送到计算机时，IP 执行一组任务；当从另一台计算机那里接收数据时，IP 则执行另一组任务。

每个 IP 数据报除了包含它要携带的数据有效负载外，还包含一个 IP 首标。数据有效负载是指任何一个协议层要携带的数据。源计算机上的 IP 协议负责创建 IP 首标，IP 首标中存在着大量的信息，包括源主机和目的主机的 IP 地址，甚至包含对路由器的指令。数据报从源计算机传送到目的计算机的路径上经过的每个路由器都要查看甚至更新 IP 首标的某个部分。

图 4-1 所示为 IP 数据报的格式，其中 IP 首标的最小长度是 20 个字节，包含的信息有：

- 版本，指明所用 IP 的版本。如 IP 的版本是 4，它的二进制模式是 0100。

- 首标长度，以 4 个字节为单位表示 IP 首标的长度。首标最小长度是 20 个字节。本域的典型二进制模式是 0101。
- 服务类型，源 IP 可以指定特定路由信息，主要选项涉及延迟、吞吐量、可靠性等。
- 总长度，以字节为单位表示 IP 数据报长度，该长度包括 IP 首标和数据有效负载。
- 标识号，源 IP 赋予数据报的一个递增序号。
- 分段标志，用于指明分段可能性的标志。
- 分段偏移量，为实现顺序重组数据报而赋予每个相连数据报的一个数值。
- 留存时间（Time To Live，TTL），指明数据报在被删除之前可以留存的时间，以秒或路由器划分的网段为单位。每个路由器都要查看该域并至少将它递减 1，或减去数据报在该路由器内延迟的秒数。当该域的值达到零时，该数据报即被删除。

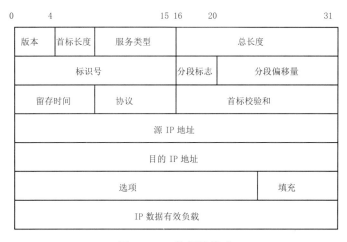

图 4-1　IP 数据报格式

- 协议，规定了使用 IP 的高层协议。
- 首标校验和，存放一个 16 位的计算值，用于检验首标的有效性。随着 TTL 域的值递减，本域的值在每个路由器中都要重新计算。
- 源 IP 地址，本地址供目的 IP 在发送回执时使用。
- 目的 IP 地址，本地址供目的 IP 用来检验数据传送的正确性。
- 选项，用于网络控制或测试，这个域是可选的。
- 填充，确保首标在 32 位边界处结束。
- IP 数据有效负载，本域常包含送往传输层 ICMP 或 IGMP 中的 TCP 或 UDP 的数据。

4.1.2　其他协议

1．ICMP

在 IP 协议传送数据报时，如果路由器不能正确地传送或者检测到异常现象影响其正确传送，路由器就需要通知传送的源主机或路由器采取相应的措施，因特网控制消息协议（Internet Control Message Protocol，ICMP）为 IP 协议提供了差错控制、网络拥塞控制和路由控制等功能。主机、路由器和网关利用它来实现网络层信息的交互，ICMP 最多的用途就是错误汇报。

ICMP 信息是在 IP 数据报内部被传输的，如图 4-2 所示。

图 4-2　ICMP 封装在 IP 数据报内部

ICMP 通常被认为是 IP 的一部分，因为 ICMP 消息是在 IP 分组内携带的，也就是说，ICMP 消息是 IP 的有效载荷，就像 TCP 或者 UDP 作为 IP 的有效载荷一样。

ICMP 信息有一个类型字段和一个代码字段，同时还包含导致 ICMP 消息首先被产生的 IP 数据报头部和其数据部分的前 8 个字节（由此可以确定导致错误的分组），ICMP 格式如图 4-3 所示。

8位类型	8位代码	16位校验和
（不同类型和代码有不同的内容）		

图 4-3　ICMP 格式

众所周知，ping 程序就是给指定主机发送 ICMP 类型 8 代码 0 的报文，目的主机接收到回应请求后，返回一个类型 0 代码 0 的 ICMP 应答，表 4-1 给出了一些选定的 ICMP 报文消息。

表 4-1　ICMP 报文消息

类型	代码	描述	类型	代码	描述
0	0	回应应答（执行 ping）	8	0	回应请求
3	0	目的网络不可达	9	0	路由器公告
3	1	目的主机不可达	10	0	路由器发现
3	2	目的协议不可达	11	0	TTL 过期
3	3	目的端口不可达	12	0	IP 头部损坏
4	0	源端抑制（拥塞控制）			

例如 ICMP 的源端抑制消息，其目的是执行拥塞控制，它允许一个拥塞路由器给主机发送一个 ICMP 源端抑制消息，迫使主机降低传送速率。

2．ARP

ARP（Address Resolution Protocol）即地址解析协议，实现通过 IP 地址得知其物理地址（MAC 地址）。

在以太网协议中规定，同一局域网中的一台主机要和另一台主机进行直接通信，必须要知道目标主机的 MAC 地址。

在每台安装有 TCP/IP 协议的计算机中都有一个 ARP 缓存表，表里的 IP 地址与 MAC 地址是一一对应的。

下面以主机 A（IP 地址是 192.168.1.5）向主机 B（IP 地址是 192.168.1.1）发送数据为例进行说明。

（1）当发送数据时，主机 A 会在自己的 ARP 缓存表中寻找是否有目标 IP 地址。

（2）如果找到了，也就知道了目标 MAC 地址，直接把目标 MAC 地址写入帧里面，就可以发送了。

（3）如果在 ARP 缓存表中没有找到目标 IP 地址，主机 A 就会在网络上发送一个广播："我是 192.168.1.5，我的 MAC 地址是 00-aa-00-66-d8-13，请问 IP 地址为 192.168.1.1 的 MAC 地址是什么？"

（4）网络上其他主机并不响应 ARP 询问，只有主机 B 接收到这个帧时，才向主机 A 做出这样的回应："192.168.1.1 的 MAC 地址是 00-aa-00-62-c6-09"。

（5）这样，主机 A 就知道了主机 B 的 MAC 地址，它就可以向主机 B 发送信息了。

（6）主机 A 和 B 还同时都更新了自己的 ARP 缓存表（因为 A 在询问的时候把自己的 IP 和 MAC 地址一起告诉了 B），下次 A 再向 B 或者 B 向 A 发送信息时，直接从各自的 ARP 缓存表里查找就可以了。

（7）ARP 缓存表采用了老化机制（即设置了生存时间 TTL），在一段时间内（一般为 15～20 分钟）如果表中的某一行内容（IP 地址与 MAC 地址的映射关系）没有被使用过，该行内容就会被删除，这样可以大大减少 ARP 缓存表的长度，加快查询速度。

3. RARP

RARP（Reverse Address Resolution Protocol）即反向地址解析协议。

如果某站点被初始化后，只有自己的物理地址（MAC 地址）而没有 IP 地址，则它可以通过 RARP 协议发出广播请求，征询自己的 IP 地址，RARP 服务器负责回答。

RARP 协议广泛用于无盘工作站获取 IP 地址。

RARP 的工作原理：

（1）源主机发送一个本地的 RARP 广播，在此广播包中，声明自己的 MAC 地址并且请求任何收到此请求的 RARP 服务器分配一个 IP 地址。

（2）本地网段上的 RARP 服务器收到此请求后，检查其 RARP 列表，查找该 MAC 地址对应的 IP 地址。

（3）如果存在，RARP 服务器就向源主机发送一个响应数据包，并将此 IP 地址提供给源主机使用。

（4）如果不存在，RARP 服务器对此不做任何响应。

（5）源主机收到 RARP 服务器的响应信息，就利用得到的 IP 地址进行通信；如果一直没有收到 RARP 服务器的响应信息，表示初始化失败。

4.2　TCP 协议

Internet 传输层包含了两个重要协议：传输控制协议 TCP 和用户数据报协议 UDP。TCP 是专门为在不可靠的 Internet 上提供可靠的端到端的字节流通信而设计的一种面向连接的传输协议。UDP 是一种面向无连接的传输协议。

1. 传输层端口

Internet 传输层与网络层功能上的最大区别是前者可提供进程间的通信能力。因此，TCP/IP 协议提出了端口（Port）的概念，用于标识通信的进程。TCP 和 UDP 都使用与应用层接口处的端口和上层的应用进程进行通信。也就是说，应用层的各种进程是通过相应的端口与传输实体进行交互的。

端口实际上是一个抽象的软件结构（包括一些数据结构和 I/O 缓冲区），它是操作系统可分配的一种资源。应用进程通过系统调用与某端口建立关联后，传输层传给该端口的数据都被相应的应用进程所接收，相应进程发给传输层的数据都通过该端口输出。从另一个角度讲，端口又是应用进程访问传输服务的入口点。

在 Internet 传输层中，每一端口是用套接字（Socket）来描述的。应用程序一旦向系统申请到一个 Socket，就相当于应用程序获得一个与其他应用程序通信的输入/输出接口。每一 Socket 表示一个通信端点，且对应有一个唯一传输地址即标识（IP 地址，端口号），其中，端口号是一个 16 位二进制数，约定 256 以下的端口号被标准服务保留，取值大于 256 的为自由端口。自由端口是在端主机的进程间建立传输连接时由本地用户进程动态分配得到。由于 TCP 和 UDP 是完全独立的两个软件模块，所以，各自的端口号是相互独立的。

TCP 和 UDP 的保留端口号如图 4-4 所示。

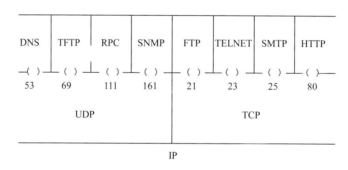

图 4-4　TCP 和 UDP 的保留端口号

DNS：域名服务器　　　　FTP：文件传输协议　　　TFTP：简单文件传输协议
TELNET：远程登录　　　　RPC：远程进程调用　　　SMTP：简单邮件传送协议
SNMP：简单网络管理协议　HTTP：超文本传输协议

2．TCP 报文格式

TCP 只有一种类型的 TPDU（传输协议数据单元），叫作 TCP 段。一个 TCP 段由段头（称 TCP 头或传输头）和数据流两部分组成，TCP 数据流是无结构的字节流，流中数据是由一个个字节序列构成的，TCP 协议中的序号和确认号都是针对流中字节的，而不针对段。TCP 报文的格式如图 4-5 所示。

TCP 报文各字段的含义如下：

（1）源端口号和目的端口号：各占 16 位，标识发送端和接收端的应用进程。1024 以下的端口号被称为知名端口，它们被保留用于一些标准的服务。

（2）序号：占 32 位，所发送的消息的第一字节的序号，用以标识 TCP 发送端和 TCP 接收端的数据字节流。

（3）确认号：占 32 位，期望收到对方的下一个消息第一字节的序号。只有在"标识"字段中的 ACK 位设置为 1 时，此序号才有效。

（4）首部长度：占 4 位，以 32 位为计算单位的 TCP 报文段首部的长度。

（5）保留：占 6 位，为将来的应用而保留，目前置为 0。

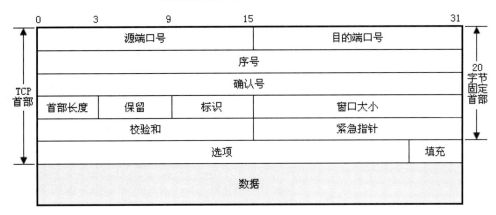

图 4-5　TCP 报文格式

（6）标识：占 6 位，有 6 个标识位（以下是当标识位设置为 1 时的意义）。

● 紧急位（URG）：紧急指针有效。

● 确认位（ACK）：确认号有效。

● 急迫位（PSH）：接收方收到数据后，立即送往应用程序。

● 复位位（RST）：复位由于主机崩溃或其他原因而出现的错误的连接。

● 同步位（SYN）：SYN=1，ACK=0 表示连接请求消息；SYN=1，ACK=1 表示同意建立连接消息。

● 终止位（FIN）：表示数据已发送完毕，要求释放连接。

（7）窗口大小：占 16 位，滑动窗口协议中的窗口大小。

（8）校验和：占 16 位，对 TCP 报文段首部和 TCP 数据部分的校验。

（9）急指针：占 16 位，当前序号到紧急数据位置的偏移量。

（10）选项：用于提供一种增加额外设置的方法，如连接建立时，双方说明最大的负载能力。

（11）填充：当"选项"字段长度不足 32 位时，需要加以填充。

（12）数据：来自高层（即应用层）的协议数据。

3．TCP 可靠传输

TCP 是利用网络层 IP 协议提供的不可靠的通信服务，为应用进程提供可靠的、面向连接的、端到端的基于字节流的传输服务。

TCP 提供面向连接的、可靠的字节流传输。TCP 连接是全双工和点到点的。全双工意味着可以同时进行双向传输，点到点的意思是每个连接只有两个端点，TCP 不支持组播或广播。为保证数据传输的可靠性，TCP 使用三次握手的方法来建立和释放传输的连接，并使用确认和重传机制来实现传输差错的控制，另外 TCP 采用窗口机制以实现流量控制和拥塞控制。

4．TCP 连接的建立与释放

为确保连接建立和释放的可靠性，TCP 使用了"三次握手"机制。所谓三次握手就是在连接建立和释放的过程中，通信的双方需要交换三个报文。

在创建一个新的连接过程中，三次握手要求每一端产生一个随机的 32 位初始序列号，由于每次请求新连接使用的初始序列号不同，TCP 可以将过时的连接区分开来，避免重复连接的产生。

图 4-6 显示了 TCP 利用"三次握手"机制建立连接的正常过程。

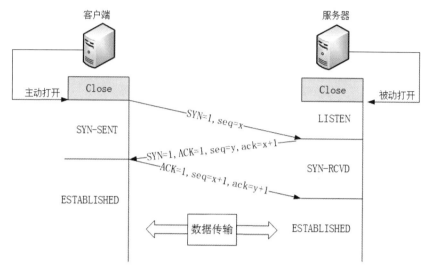

图 4-6 "三次握手"机制

在 TCP 协议中，连接的双方都可以发起释放连接的操作。为了保证在释放连接之前所有的数据都可靠地到达了目的地，TCP 再次使用了"三次握手"机制。一方发出释放请求后并不立即释放连接，而是等待对方确认，只有收到对方的确认信息，才能释放连接。

5. TCP 的差错控制（确认与重传）

在差错控制过程中，如果接收方的 TCP 正确收到一个数据报文，它要回发一个确认信息给发送方；若检测到错误，就丢弃该数据。而发送方在发送数据时，TCP 需要启动一个定时器，在定时器到时之前，如果没有收到一个确认信息（可能因为数据出错或丢失），则发送方重传该数据。图 4-7 说明了 TCP 的差错控制机制。

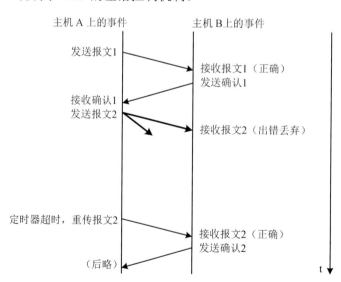

图 4-7 TCP 的差错控制机制

6. 流量控制

一旦连接建立起来后，通信双方就可以在该连接上传输数据了。在数据传输过程中，TCP协议提供一种基于动态滑动窗口协议的流量控制机制，使接收方 TCP 实体能够根据自己当前的缓冲区容量来控制发送方 TCP 实体传送的数据量。假设接收方现有 2048 B 的缓冲区空间，如果发送方传送了一个 1024B 的报文段并被正确接收到，那么接收方要确认该报文段。然而，因为它现在只剩下 1024B 的缓冲区空间（在应用程序从缓冲区中取走数据之前），所以它只声明 1024B 大小的窗口，期待接收后续的数据。当发送方再次发送了 1024B 的 TCP 报文段后，由于接收方无剩余的缓冲区空间，所以最终得确认其声明的滑动窗口大小为 0。

此时发送方必须停止发送数据直到接收方主机上的应用程序被确定从缓冲区中取走一些数据，接收方重新发出一个新的窗口值为止。

当滑动窗口为 0 时，在正常情况下，发送方不能再发送 TCP 报文段。但两种情况例外，一是紧急数据可以发送，比如立即中断远程的用户进程；二是为防止窗口声明丢失时出现死锁，发送方可以发送 1 B 的 TCP 报文段，以便让接收方重新声明确认号和窗口大小。

Internet 传输层包含了两个重要协议：传输控制协议 TCP 和用户数据报协议 UDP。TCP是专门为在不可靠的 Internet 上提供可靠的端到端的字节流通信而设计的一种面向连接的传输协议；UDP 是一种面向无连接的传输协议。

4.3　UDP 协议

UDP 提供一种面向进程的无连接传输服务，这种服务不确认报文是否到达，不对报文排序，也不进行流量控制，因此 UDP 报文可能会出现丢失、重复和失序等现象。

对于差错、流量控制和排序的处理，由上层协议（ULP）根据需要自行解决，UDP 协议本身并不提供。与 TCP 相同的是，UDP 协议也是通过端口号支持多路复用功能，多个 ULP可以通过端口地址共享单一的 UDP 实体。

由于 UDP 是一种简单的协议机制，通信开销很小，效率比较高，比较适合于对可靠性要求不高，但需要快捷、低延迟通信的应用场合，如交互型应用（一来一往交换报文）。即使出错重传也比面向连接的传输服务开销小，特别是网络管理方面，大都使用 UDP 协议。

1. UDP 的协议数据单元（TPDU）

UDP 的协议数据单元（TPDU）由 8B 报头和可选部分的 0 个或多个数据字节组成。它在IP 分组数据报中的封装及组成如图4-8所示。所谓封装实际上就是指发送端的UDP软件将UDP报文交给 IP 软件后，IP 软件在其前面加上 IP 报头，构成 IP 分组数据报。

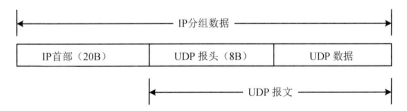

图 4-8　UDP 的 TPDU 在 IP 分组数据报中的封装及组成

UDP 报文格式如图 4-9 所示。

0	15 16	31

源端口号（16bits）	目的端口号（16bits）
报文长度（16bits）	校验和（16bits）
数据（长度可变）	

图 4-9　UDP 报文格式

UDP 报头各个字段意义如下：

（1）源端口号、目的端口号：分别用于标识和寻找源端和目的端的应用进程。它们分别与 IP 报头中的源端 IP 地址和目的端 IP 地址组合就唯一确定一个 UDP 连接。

（2）报文长度：包括 UDP 报头和数据在内的报文长度，以字节为单位，最小值为 8（报头长度）。

（3）校验和：可选字段。若计算校验和，则对 IP 首部、UDP 报头和 UDP 数据全部计算在内，用于检错，即由发送端计算校验和并存储，由接收端进行验证；否则，取值 0。

值得注意的是，UDP 校验和字段是可选项而非强制性字段，如果该字段为 0 就说明不进行校验。这样设计的目的是为了使那些在可靠性很好的局域网上使用 UDP 的应用程序能够尽量减少开销。由于 IP 中的校验和并没有覆盖 IP 分组数据报中的数据部分，所以，UDP 校验和字段提供了对数据是否正确到达目的端进行检测的唯一手段，因此使用该字段是非常必要的。

2. UDP 的工作原理

利用 UDP 协议实现数据传输的过程远比利用 TCP 协议要简单得多。UDP 数据报是通过 IP 协议发送和接收的。发送端主机分配源端口，并指定目的端口，构造 UDP 的 TPDU，提交给 IP 协议处理。网间寻址由 IP 地址完成，进程间寻址则由 UDP 端口来实现。当发送数据时，UDP 实体构造好一个 UDP 数据报后递交给 IP 协议，IP 协议将整个 UDP 数据报封装在 IP 数据报中，即加上 IP 报头，形成 IP 数据报发送到网络中。

在接收数据时，UDP 实体首先判断接收到的数据报的目的端口是否与当前使用的某端口相匹配。如果匹配，则将数据报放入相应的接收队列；否则丢弃该数据报，并向源端发送一个"端口不可达"的 ICMP 报文。

4.4　IP 地址

TCP/IP（Transmission Control Protocol/Internet Protocol）是指传输控制协议/网际协议。它起源于美国 ARPANET 网，由它的两个主要协议即 TCP 和 IP 而得名。TCP/IP 是互联网通信的基础。

在网络中，对主机的识别要依靠地址，所以 Internet 在统一全网的过程中首先要解决地址的统一问题，因此 IP 编址与子网划分就显得很重要。

1. 物理地址与 IP 地址

地址用来标识网络系统中的某个资源，也称为"标识符"。通常标识符被分为三类：名字（Name）、地址（Address）和路径（Route）。三者分别告诉人们，资源是什么、资源在哪里以及怎样去寻找该资源。不同的网络所采用的地址编制方法和内容均不相同。

　　Internet 是通过路由器（或网关）将物理网络互连在一起的虚拟网络。在任何一个物理网络中，各个节点的设备必须都有一个可以识别的地址，这样才能使信息在其中进行交换，这个地址被称为"物理地址（Physical Address）"。由于物理地址体现在数据链路层上，因此，物理地址也被称为硬件地址或媒体访问控制（MAC）地址。

　　Internet 将位于世界各地的大大小小的网络互连起来，而这些网络上又有许多计算机接入。用户通过在已连网的计算机上进行操作，与 Internet 上的其他计算机通信或者获取网上信息资源。为了使用户能够方便而快捷地找到需要与其连接的主机，首先必须解决如何识别网上主机的问题。在网络中，对主机的识别要依靠地址，所以，Internet 在统一全网的过程中首先要解决地址的统一问题。

　　网络的物理地址给 Internet 统一全网地址带来一些问题。

　　（1）物理地址是物理网络技术的一种体现，对于不同的物理网络，其物理地址的长短、格式各不相同。例如，以太网（Ethernet）的 MAC 地址在不同的物理网络中难以寻找，而令牌环网的地址格式也缺乏唯一性。显然，这两种地址管理方式都会给跨网通信设置障碍。

　　（2）物理网络的地址被固化在网络设备中，通常是不能修改的。

　　（3）物理地址属于非层次化的地址，它只能标识出单个的设备，而标识不出该设备连接的是哪一个网络。

　　Internet 采用一种全局通用的地址格式，为全网的每一个网络和每一台主机分配一个 Internet 地址，以此屏蔽物理网络地址的差异。IP 协议的一项重要功能就是专门处理这个问题，即通过 IP 协议把主机原来的物理地址隐藏起来，在网络层中使用统一的 IP 地址。

　　2. IP 地址的划分

　　根据 TCP/IP 协议规定，IP 地址由 32bit 组成，它包括三个部分：地址类别、网络号和主机号（为方便划分网络，后面将"地址类别"和"网络号"合起来称作"网络号"），IP 地址的结构如图 4-10 所示。如何将这 32bit 的信息合理地分配给网络和主机作为编号，看似简单，意义却很大。因为各部分比特位数一旦确定，就等于确定了整个 Internet 中所能包含的网络数量以及各个网络所能容纳的主机数量。

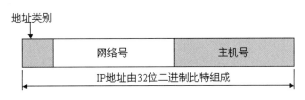

图 4-10　IP 地址的结构

　　由于 IP 地址是以 32 位二进制数的形式表示的，这种形式非常不适合阅读和记忆，为了便于用户阅读和理解 IP 地址，Internet 管理委员会采用了一种"点分十进制"表示方法来表示 IP 地址。也就是说，将 IP 地址分为 4 个字节（每个字节为 8bit），且每个字节用十进制表示，并用点号"."隔开，如图 4-11 所示。

　　由于互联网上的每个接口必须有唯一的 IP 地址，因此必须要有一个管理机构为接入互联网的网络分配 IP 地址，这个管理机构叫互联网络信息中心（Internet Network Information Centre，

InterNIC）。InterNIC 只分配网络号,主机号的分配由系统管理员来负责。

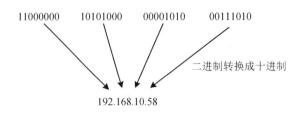

图 4-11　点分十进制的 IP 地址表示方法

3．IP 地址分类

TCP/IP 协议用 IP 地址在 IP 数据报中标识源地址和目的地址。由于源主机和目的主机都位于某个网络中,要寻找一个主机,首先要找到它所在的网络,所以 IP 地址结构由网络号（Net ID）和主机号（Host ID）两部分组成,分别标识一个网络和一个主机,网络号和主机号也可分别称作网络地址和主机地址。IP 地址是网络和主机的一种逻辑编号,由网络信息中心（NIC）来分配。若局域网不与 Internet 相连,则该网络可自定义它的 IP 地址。

IP 地址与网上设备并不一定是一对一的关系,网上不同的设备一定有不同的 IP 地址,但也可以分配几个 IP 地址给同一设备。例如路由器若同时接通几个网络,它就需要拥有所接各个网络的 IP 地址。

IP 协议规定：IP 地址的长度为四个字节（32 位）,其格式分为五种类型,如表 4-2 所示。

表 4-2　IP 地址分类

地址类	第一个 8 位位组的格式	可能的网络数目	网络中节点的最大数目	地址范围
A 类	0xxxxxxx	2^7-2	2^{24}-2	1.0.0.1～126.255.255.254
B 类	10xxxxxx	2^{14}	2^{16}-2	128.0.0.1～191.255.255.254
C 类	110xxxxx	2^{21}	2^8-2	192.0.0.1～223.255.255.254
D 类	1110xxxx	1110 后跟 28 比特的多路广播地址		224.0.0.1～239.255.255.254
E 类	11110xxx	11110 开始,为将来使用保留		240.0.0.1～247.255.255.254

A 类地址首位为 0,网络号占 8 位,主机号占 24 位,适用于大型网络；B 类地址前两位为 10,网络号占 16 位,主机号占 16 位,适用于中型网络；C 类地址前三位为 110,网络号占 24 位,主机号占 8 位,适用于小型网络；D 类地址前四位为 1110,用于多路广播；E 类地址前五位为 11110,为将来使用保留,通常不用于实际工作环境。

有一些 IP 地址具有专门用途或特殊意义。对于 IP 地址的分配、使用应遵循以下规则：

- 网络号必须是唯一的。
- 网络号的首字节不能是 127,此数保留给内部回送函数,用于诊断。
- 主机号对所属的网络号必须是唯一的。
- 主机号的各位不能全为 1,全为 1 用作广播地址。
- 主机号的各位不能全为 0,全为 0 表示本地网络。

4. 特殊地址

IP 地址空间中的某些地址已经为特殊目的而保留，且通常并不允许作为主机地址，这些特殊 IP 地址如表 4-3 所示，这些保留地址的使用规则如下：

● IP 地址的网络地址部分不能设置为"全部为 1"或"全部为 0"。

● IP 地址的子网部分不能设置为"全部为 1"或"全部为 0"。

● IP 地址的主机地址部分不能设置为"全部为 1"或"全部为 0"。

● 网络 127.x.x.x 不能作为网络地址。

表 4-3　特殊 IP 地址

网络部分	主机	地址类型	用途
Any	全 0	网络地址	代表一个网段
Any	全 1	广播地址	特定网段的所有节点
127	Any	回环地址	回环测试
全 0		所有网络	QuidWay 路由器，用于指定默认路由
全 1		广播地址	本网段所有节点

当 IP 地址中主机地址的所有位都设置为 0 时，它指示为一个网络，而不是哪个网络上的特定主机。这些类型的条目通常可以在路由选择表中找到，因为路由器控制网络之间的通信量，而不是单个主机之间的通信量。

在一个子网网络中，将主机位设置为 0 将代表特定的子网。同样，为这个子网分配的所有位不能全为 0，因为这将会代表上一级网络的网络地址。

最后，网络位不能全部都是 0，因为 0.0.0.0 是一个不合法的网络地址，而且用于代表"未知网络或地址"。

网络地址 127.x.x.x 已经分配给当地回路地址。这个地址的目的是提供对本地主机的网络配置的测试。这个地址提供了对协议堆栈的内部回路测试，这和使用主机的实际 IP 地址不同，它需要网络连接。

当 IP 地址中的所有位都设置为 1 时，产生的地址为 255.255.255.255，用于向本地网络中的所有主机发送广播消息。在网络层的这个配置由相应的硬件地址进行镜像，这个硬件地址也全部为 1。一般情况下，这个硬件地址会是 FFFFFFFFFFFF。通常路由器并不传递这些类型的广播，除非特殊的配置命令它们这样。

如果将 IP 地址中的所有主机位设置为 1，则这将解释为面向那个网络中的所有主机的广播，这也称为直接广播，可以通过路由器进行。如 132.100.255.255 或 200.200.150.255 就是面向所有主机广播地址的例子。

直接广播的另一种类型是将所有的子网地址位设置为 1。在这种情况下，广播将传播到网络内的所有子网。面向所有子网的广播很少在路由器中实现。

单播：是指设备与设备之间点对点的通信。单播通信时所用的 IP 地址是确定的某台设备的 IP 地址。

广播：是某一台设备对全网段的所有节点的一种通信模式。

组播：是一台设备对多台特定设备的通信模式。

4　Chapter

5. 私用地址

私用地址不需要注册，仅用于局域网内部，该地址在局域网内部是唯一的。当网络上的公用地址不足时，可以通过网络地址翻译（NAT），利用少量的公用地址把大量的配有私用地址的机器连接到公用网上。

下列地址作为私用地址：

10.0.0.1～10.255.255.254

172.16.0.1～172.31.255.254

192.168.0.1～192.168.255.254

4.5 IPv6

现有的互联网是在 IPv4 协议的基础上运行的，IPv6（IP Version 6）是下一版本的互联网协议，也可以说是下一代互联网协议。IPv4 采用 32 位地址长度，只有大约 43 亿个地址，在不久的将来将被分配完毕。而 IPv6 采用 128 位地址长度，几乎可以不受限制地提供地址。

4.5.1 IPv4 的局限性及其缺点

1. IP 地址空间危机

Internet 经历了核爆炸般的发展，在过去的 10 到 15 年间，连接到 Internet 的网络数量每隔不到一年的时间就会增加一倍。但即便是这样的发展速度，也并不足以导致 20 世纪 90 年代后期 IP 地址的短缺。IP 地址为 32 位长，经常以 4 个两位十六进制数字表示，也常常以 4 个 0 至 255 间的数字表示，数字间以小数点间隔。每个 IP 主机地址包括两部分：网络地址，用于指出该主机属于哪一个网络（属于同一个网络的主机使用同样的网络地址）；主机地址，它唯一地定义了网络上的主机。这种安排一方面是 IP 协议的长处所在，另一方面也导致了地址危机的产生。有很大一部分的 IP 地址没有被用于互联网上，而是被白白浪费掉了。

2. IP 性能议题

IP 协议有升级的必要，在这次升级中考虑了归纳大传输单元、最大包长度、IP 头的设计、检验和的使用、IP 选项的应用等议题。针对这些议题，已经提出了专门建议并已引入到 IPv6 中，这将有利于提高 IPv6 的性能，使 IPv6 成为网络持续高速发展的保障。

3. IP 安全性议题

很久以来人们认为安全性议题在网络协议栈的低层并不重要，应用安全性的责任仍交给应用层。在许多情况下，IPv4 设计只具备最少的安全性选项，而 IPv6 的设计者已在其中加入了安全性选项来强力支持 IP 的安全性。

4. 自动配置

随着工作和计算机对于移动性要求的与日俱增，IP 也必须做出一些改变以适应这种需求。针对这个问题，IPv4 已经有了一些改变，比如动态主机配置协议（DHCP）可以允许系统在启动甚至只在需要时才通过服务器获取其正确和完整的 IP 网络配置。只是这些改变仍然不够，而 IPv6 的设计者却充分考虑了这方面的需要，可以做得更好。

IPv4 的上述不足阻碍了因特网的发展，所以升级是近在眉睫的事情，尽管 IP 的升级会影响许多人和机构，但升级仍须执行，因为它会给用户、机构和网络管理员带来显著好处。

4.5.2　IPv6 改进

IPv6 的变化体现在五个重要方面：扩展地址、简化头格式、增强对于头扩展和选项的支持、流标记、身份验证和保密。

IPv6 的扩展地址意味着 IP 可以继续增长而无需考虑资源的匮乏，该地址结构对于提高路由效率有所帮助；包头的简化减少了路由器上所需的处理过程，从而提高了选路的效率；同时，改进对头扩展和选项的支持意味着可以在几乎不影响普通数据包和特殊包选路的前提下适应更多的特殊需求；流标记办法为更加高效地处理包流提供了一种机制，这种办法对于实时应用尤其有用；身份验证和保密方面的改进使得 IPv6 更加适用于那些要求对敏感信息和资源特别对待的商业应用。

1.　扩展地址

IPv6 的地址结构中除了把 32 位地址空间扩展到了 128 位外，还对 IP 主机可能获得的不同类型地址作了一些调整，IPv6 中取消了广播地址而代之以任意点播地址。IPv4 中用于指定一个网络接口的单播地址和用于指定由一个或多个主机侦听的组播地址基本不变。

2.　简化的包头

IPv6 中包括总长为 40 字节的 8 个字段（其中两个是源地址和目的地址）。它与 IPv4 包头的不同在于，IPv4 中包含至少 12 个不同字段，且长度在没有选项时为 20 字节，但在包含选项时可达 60 字节。IPv6 使用了固定格式的包头并减少了需要检查和处理的字段的数量，这将使得选路的效率更高。

3.　对头扩展和选项支持的改进

在 IPv4 中可以在 IP 头的尾部加入选项，与此不同，IPv6 中把选项加在单独的扩展头中。通过这种方法，选项头只有在必要的时候才需要检查和处理。

4.　流

在 IPv4 中，对所有包大致同等对待，这意味着每个包都是由中间路由器按照自己的方式来处理的。路由器并不跟踪任意两台主机间发送的包，因此不能"记住"如何对将来的包进行处理。IPv6 实现了流概念，流指的是从一个特定源发向一个特定（单播或者是组播）目的地的包序列，源点希望中间路由器对这些包进行特殊处理。

路由器需要对流进行跟踪并保持一定的信息，这些信息在流中的每个包中都是不变的，这种方法使路由器可以对流中的包进行高效处理。对流中包的处理可以与其他包不同，但无论如何，对于它们的处理更快，因为路由器无需对每个包头重新处理。

5.　身份验证和保密

IPv6 使用了两种安全性扩展：IP 身份验证头（AH）和 IP 封装安全性净荷（ESP）。

报文摘要功能通过对包的安全可靠性的检查和计算来提供身份验证功能。发送方计算报文摘要并把结果插入到身份验证头中，接收方根据收到的报文摘要重新进行计算，并把计算结果与 AH 头中的数值进行比较。如果两个数值相等，接收方可以确认数据在传输过程中没有被改变；如果不相等，接受方可以推测出数据或者是在传输过程中遭到了破坏，或者是被某些人进行了故意的修改。

使用 ESP 对 IP 进行隧道传输意味着对整个 IP 包进行加密，并由作为安全性网关操作的系统将其封装在另一 IP 包中。通过这种方法，被加密的 IP 包中的所有细节均被隐藏起来。这种技术是创建虚拟专用网（VPN）的基础，它允许各机构使用 Internet 作为其专用骨干网络来共享敏感信息。

4.5.3　IPv6 的地址结构

IPv6 的 IP 地址由 8 个地址节组成，每地址节包含 16 个地址位，用 4 个十六进制位书写，地址节与地址节间用冒号分隔，除了 128 位的地址空间，IPv6 还为点到点通信设计了一种分类结构的地址，这种地址称为可聚合全局单点广播地址。开头的 3 个地址位是地址类型前缀，用于区别其他地址类型，其后是 13 位 TLA ID、32 位 NLA ID、16 位 SLA ID 和 64 位主机接口 ID，分别用于标识分级结构中的顶级聚合体（Top Level Aggregator，TLA）、下级聚合体（Next Level Aggregator，NLA）、位置级聚合体（Site Level Aggregator，SLA）和主机接口。TLA 是与长途服务供应商和电话公司相互连接的公共网络接入点，它从国际互联网注册机构 IANA 处获取地址。NLA 通常是大型 ISP，它从 TLA 处申请获得地址，并为 SLA 分配地址。SLA 也可称为订户（Subscriber），它可以是一个机构或小型 ISP。SLA 负责属于它的订户分配地址，SLA 通常为其订户分配由连续地址组成的地址块，以便这些机构可以建立自己的地址分级结构以识别不同子网。IPv6 地址结构如图 4-12 所示。

128　　126	125　　113	112　　81	80　　65	64　　1
地址类别	TLA ID	NLA ID	SLA ID	主机接口 ID
3 位	13 位	32 位	16 位	64 位

图 4-12　IPv6 地址结构

IPv6 的地址长度是 IPv4 的 4 倍，表达起来的复杂程度也是 IPv4 地址的 4 倍。其基本的表达方式是：X: X: X: X: X: X: X: X，其中 X 是一个 4 位十六进制整数（16 位），共 128 位（16×8=128），下面是一些合法的 IPv6 地址。

CDCD:910A:2222:5498:8475:1111:3900:2020

1030:0:0:0:C9B4:FF12:48AA:1A2B

2000:0:0:0:0:0:0:1

请注意这些整数是十六进制整数，其中 A～F 分别表示的是十进制的 10～15。地址中的每个整数都必须表示出来，但左边的 0 可以不写。从上可以看出：IPv4 是"点分十进制地址格式"，而 IPv6 则是"冒分十六进制地址格式"。

上面是一种较标准的 IPv6 地址表达方式，另外还有两种更加清楚的易于使用的方式。

允许用"空隙"表示一长串的零，如上例中 2000:0:0:0:0:0:0:1 可表示为 2000::1。

两个冒号表示该地址可以扩展到一个完整的 128 位地址。在这种表示方法中，只有当 16 位组全部为 0 时才会被两个冒号取代，且两个冒号在地址中只能出现一次。

在 IPv6 和 IPv4 混合环境中可用第三种方法：IPv6 地址中的最低 32 位可以用于表示 IPv4 地址，该地址可以按照一种混合方式表达，即 X:X:X:X:X:X:d.d.d.d，其中 X 表示一个 4 位十六进制整数，而 d 表示一个 8 位十进制整数。

例如 0:0:0:0:0:0:10.0.0.1 就是一个合法的、基于 IPv6 环境的 IPv4 地址，该地址也可表示为::10.0.0.1。

4.5.4　IPv6 协议的使用

1. 手工简易配置 IPv6 协议

（1）在计算机上，依次单击"开始"→"控制面板"→"网络和 Internet"→"网络和共享中心"→"更改适配器设置"，打开"网络连接"窗口。

（2）右击"本地连接"图标，在弹出的快捷菜单中选择"属性"命令，打开"本地连接属性"对话框，如图 4-13 所示。

图 4-13　"本地连接 属性"对话框

（3）选择"本地连接 属性"对话框中的"Internet 协议版本 6（TCP/IPv6）"选项，再单击"属性"按钮（或双击"Internet 协议版本 6（TCP/IPv6）"选项），打开"Internet 协议版本 6（TCP/IPv6）属性"对话框，如图 4-14 所示。

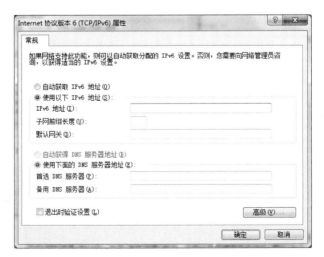

图 4-14　"Internet 协议版本 6（TCP/IPv6）属性"对话框

（4）填入 ISP 给定的 IPv6 地址，包括网关等信息。

2．使用程序配置 IPv6 协议

（1）选择"开始"→"运行"命令，在"运行"对话框中输入 cmd 命令，单击"确定"按钮，进入命令提示符模式，可以用 ping ::1 命令来验证 IPv6 协议是否正确安装，如图 4-15 所示。

图 4-15　验证 IPv6 协议是否正确安装

（2）选择"开始"→"运行"命令，在"运行"对话框中输入 netsh 命令，单击"确定"按钮，进入系统网络参数设置环境，如图 4-16 所示。

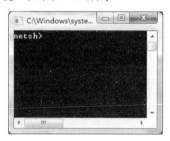

图 4-16　netsh 命令

（3）设置 IPv6 地址及默认网关。假如网络管理员分配给客户端的 IPv6 地址为 2010:da8:207::1010，默认网关为 2010:da8:207::1001，则

- 执行"interface ipv6 add address "本地连接" 2010:da8:207::1010"命令即可设置 IPv6 地址。
- 执行"interface ipv6 add route ::/0 "本地连接" 2010:da8:207::1001 publish= yes"命令即可设置 IPv6 默认网关，如图 4-17 所示。

图 4-17　使用程序配置 IPv6 协议

（4）查看"本地连接"的"Internet 协议版本 6（TCP/IPv6）"属性，可发现 IPv6 地址已经配置好，如图 4-18 所示。

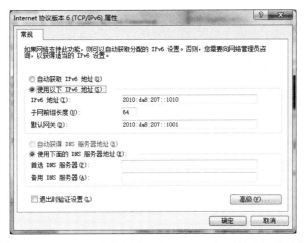

图 4-18　"Internet 协议版本 6（TCP/IPv6）属性"配置结果

4.6　TCP/IP 实用程序

TCP/IP 实用程序涉及对 TCP/IP 进行故障诊断和配置、文件传输和访问、远程登录等多个方面。针对不同系统，实用程序的名字、选项参数及显示输出可能有所不同，本节介绍的实用程序均基于 Windows 7 系统。

1．ping 命令的使用

ping 命令是利用回应请求/应答 ICMP 报文来测试目的主机或路由器的可达性的。

通过执行 ping 命令可获得如下信息：

● 监测网络的连通性，检验与远程计算机或本地计算机的连接。

● 确定是否有数据报被丢失、复制或重传。ping 命令在所发送的数据报中设置唯一的序列号（Sequence Number），以此检查其接收到应答报文的序列号。

● ping 命令在其所发送的数据报中设置时间戳（Timestamp），根据返回的时间戳信息可以计算数据包交换的时间，即 RTT（Round Trip Time）。

● ping 命令校验每一个收到的数据报，据此可以确定数据报是否损坏。

Ping 命令的语法格式如下：

ping [-t][-a][-n count][-l size][-f][-i TTL][-v TOS][-r count][-s count] [[-j host-list][-k host-list]][-w timeout] 目的 IP 地址

ping 命令各选项的含义如表 4-4 所示。

表 4-4　ping 命令各选项的含义

选项	含义
-t	连续地 ping 目的主机，直到手动停止（按 Ctrl+C）
-a	将 IP 地址解析为主机名
-n　count	发送回送请求 ICMP 报文的次数（默认值为 4）

选项		含义
-l	size	定义 echo 数据报的大小（默认值为 32B）
-f		不允许分片（默认为允许分片）
-i	TTL	指定生存周期
-v	TOS	指定要求的服务类型
-r	count	记录路由
-s	count	使用时间戳选项
-j	host-list	使用松散源路由选项
-k	host-list	使用严格源路由选项
-w	timeout	指定等待每个回送应答的超时时间（以 ms 为单位，默认值为 1000，即 1s）

（1）测试本机 TCP/IP 协议是否正确安装。

执行 ping 127.0.0.1 命令，如果能 ping 成功，说明 TCP/IP 协议已正确安装。127.0.0.1 是回送地址，它永远回送到本机。

（2）测试本机 IP 地址是否正确配置或者网卡是否正常工作。

执行"ping 本机 IP 地址"命令，如果能 ping 成功，说明本机 IP 地址配置正确，并且网卡工作正常。

（3）测试与网关之间的连通性。

执行"ping 网关 IP 地址"命令，如果能 ping 成功，说明本机到网关之间的物理线路是连通的。

（4）测试能否访问 Internet。

执行 ping 60.215.128.237 命令，如果能 ping 成功，说明本机能访问 Internet。其中，60.215.128.237 是在 Internet 上"新浪"的服务器的 IP 地址。

（5）测试 DNS 服务器是否正常工作。

执行 ping www.sina.com.cn 命令，如果能 ping 成功，如图 4-19 所示，说明 DNS 服务器工作正常，能把网址（www.sina.com.cn）正确解析为 IP 地址（60.215.128.237）；否则，说明主机的 DNS 未设置或设置有误等。

图 4-19　使用 ping 测试 DNS 服务器是否正常工作

4
Chapter

如果计算机打不开任何网页，可通过上述的 5 个步骤来诊断故障的位置，并采取相应的解决措施。

（6）连续发送 ping 探测报文。

Ping   -t   60.215.128.237

（7）使用自选数据长度的 ping 探测报文，如图 4-20 所示。

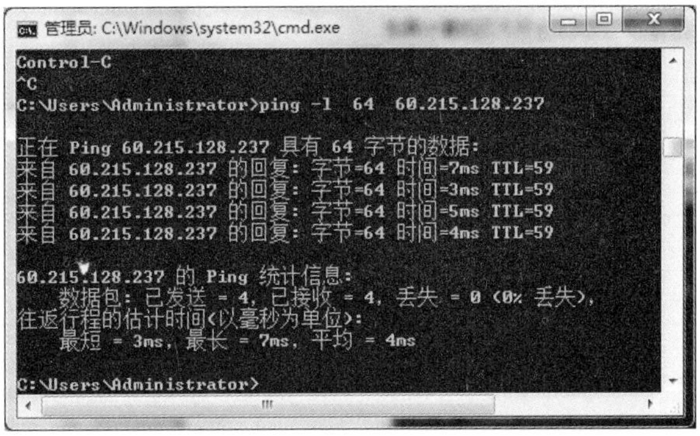

图 4-20   使用自选数据长度的 ping 探测报文

（8）修改 ping 命令的请求超时时间，如图 4-21 所示。

图 4-21   修改 ping 命令的请求超时时间

（9）不允许路由器对 ping 探测报文分片。

如果指定的探测报文的长度太长，同时又不允许分片，探测数据报就不可能到达目的地并返回应答，如图 4-22 所示。

图 4-22   不允许路由器对 ping 探测报文分片

2. ipconfig 命令的使用

ipconfig 命令可以查看主机当前的 TCP/IP 配置信息（如 IP 地址、网关、子网掩码等）、刷新动态主机配置协议（DHCP）和域名系统（DNS）设置。

ipconfig 命令的语法格式为：

ipconfig [/all] [/renew [Adapter]] [/release [Adapter]] [/flushdns] [/displaydns] [/registerdns] [/showclassid Adapter] [/setclassid Adapter [ClassID]]

ipconfig 命令各选项的含义如表 4-5 所示。

表 4-5　ipconfig 命令各选项的含义

选项	含义
/all	显示所有适配器的完整 TCP/IP 配置信息
/renew [adapter]	更新所有适配器或特定适配器的 DHCP 配置
/release [adapter]	发送 DHCP RELEASE 消息到 DHCP 服务器，以释放所有适配器或特定适配器的当前 DHCP 配置并丢弃 IP 地址配置
/flushdns	刷新并重设 DNS 客户解析缓存的内容
/displaydns	显示 DNS 客户解析缓存的内容，包括从 Local Hosts 文件预装载的记录，以及最近获得的针对由计算机解析的名称查询的资源记录
/registerdns	初始化计算机上配置的 DNS 名称和 IP 地址的手工动态注册
/showclassid adapter	显示指定适配器的 DHCP 类别 ID
/setclassid adapter [ClassID]	配置特定适配器的 DHCP 类别 ID
/?	在命令提示符下显示帮助信息

（1）要显示基本 TCP/IP 配置信息，可执行 ipconfig 命令。

使用不带参数的 ipconfig 可以显示所有适配器的 IP 地址、子网掩码和默认网关。

（2）要显示完整的 TCP/IP 配置信息（主机名、MAC 地址、IP 地址、子网掩码、默认网关、DNS 服务器等），可执行 ipconfig /all 命令，并把显示结果填入表 4-6 中。

表 4-6　TCP/IP 配置信息

选项	含义
主机名（Host Name）	
网卡的 MAC 地址（Physical Address）	
主机的 IP 地址（IP Address）	
子网掩码（Subnet Address）	
默认网关地址（Default Gateway）	
DNS 服务器（DNS Server）	

（3）仅更新"本地连接"适配器的由 DHCP 分配的 IP 地址配置，可执行 ipconfig /renew 命令。

（4）要在排除 DNS 的名称解析故障期间刷新 DNS 解析器缓存，可执行 ipconfig /flushdns 命令。

3. arp 命令的使用

arp 命令用于查看、添加和删除缓存中的 ARP 表项。

ARP 表可以包含动态（Dynamic）和静态（Static）表项，用于存储 IP 地址与 MAC 地址的映射关系。

动态表项随时间推移自动添加和删除，而静态表项则一直保留在高速缓存中，直到人为删除或重新启动计算机为止。

每个动态表项的潜在生命周期是 10min，新表项加入时定时器开始计时，如果某个表项添加后 2min 内没有被再次使用，则此表项过期并从 ARP 表中删除。如果某个表项始终在使用，则它的最长生命周期为 10min。

（1）显示高速缓存中的 ARP 表，如图 4-23 所示。

图 4-23　显示高速缓存中的 ARP 表

（2）添加 ARP 静态表项，如图 4-24 所示。

图 4-24　添加 ARP 静态表项

（3）删除 ARP 表项，如图 4-25 所示。

4. tracert 命令的使用

tracert（跟踪路由）是路由跟踪实用程序，用于获得 IP 数据报访问目标时从本地计算机到目的主机的路径信息。

图 4-25　删除 ARP 表项

tracert 命令的语法格式为：

tracert [-d] [-h MaximumHops] [-j HostList] [-w Timeout] [-R] [-S SrcAddr] [-4][-6] TargetName

tracert 命令各选项的含义如表 4-7 所示。

表 4-7　tracert 命令各选项的含义

选项	含义
-d	防止 tracert 试图将中间路由器的 IP 地址解析为它们的名称
-h MaximumHops	指定搜索目标（目的）的路径中"跳数"的最大值。默认"跳数"值为 30
-j HostList	指定"回显请求"消息将 IP 报头中的松散源路由选项与 HostList 中指定的中间目标集一起使用
-w Timeout	指定等待"ICMP 已超时"或"回显答复"消息（对应于要接收的给定"回显请求"消息）的时间（ms）
-R	指定 IPv6 路由扩展报头应用来将"回显请求"消息发送到本地主机，使用指定目标作为中间目标并测试反向路由
-S SrcAddr	指定在"回显请求"消息中使用的源地址。仅当跟踪 IPv6 地址时才使用该参数
-4	指定 tracert 只能将 IPv4 用于本跟踪
-6	指定 tracert 只能将 IPv6 用于本跟踪
TargetName	指定目标，可以是 IP 地址或主机名
-?	在命令提示符下显示帮助

（1）要跟踪名为 www.163.com 的主机的路径，执行 tracert www.163.com 命令，结果如图 4-26 所示。

（2）要跟踪名为 www.163.com 的主机的路径，并防止将每个 IP 地址解析为它的名称，执行 tracert -d www.163.com 命令，结果如图 4-27 所示。

5．netstat 命令的使用

netstat 命令可以显示当前活动的 TCP 连接、计算机侦听的端口、以太网统计信息、IP 路由表、IPv4 统计信息以及 IPv6 统计信息等。

netstat 命令的语法格式为：

netstat [-a] [-e] [-n] [-o] [-p Protocol] [-r] [-s] [Interval]

图 4-26　使用 tracert 跟踪主机的路径（1）

图 4-27　使用 tracert 跟踪主机的路径（2）

netstat 命令各选项的含义如表 4-8 所示。

表 4-8　netstat 命令各选项的含义

选项	含义
-a	显示所有活动的 TCP 连接以及计算机侦听的 TCP 和 UDP 端口
-e	显示以太网统计信息，如发送和接收的字节数、数据包数等
-n	显示活动的 TCP 连接，不过只以数字形式表示地址和端口号
-o	显示活动的 TCP 连接并包括每个连接的进程 ID（PID）。该选项可以与-a、-n 和-p 选项结合使用
-p Protocol	显示 Protocol 所指定的协议的连接
-r	显示 IP 路由表的内容。该选项与 route print 命令等价
-s	按协议显示统计信息
Interval	每隔 Interval 秒重新显示一次选定的消息。按 Ctrl+C 组合键停止重新显示统计信息。如果省略该选项，netstat 将只显示一次选定的信息
/?	在命令提示符下显示帮助

4
Chapter

（1）要显示所有活动的 TCP 连接以及计算机侦听的 TCP 和 UDP 端口，执行 netstat　–a 命令，结果如图 4-28 所示。

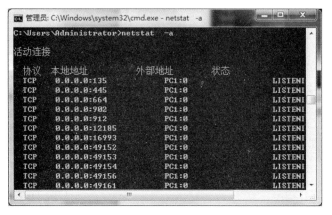

图 4-28　显示所有活动的 TCP 连接

（2）要显示以太网统计信息，如发送和接收的字节数、数据包数等，执行 netstat　–e　–s 命令，结果如图 4-29 所示。

图 4-29　显示以太网统计信息

4.7　习题

一、填空题

1．IP 地址由_____和_____组成。

2．Internet 传输层包含了两个重要协议：_____和_____。

3．在 Internet 传输层中，每一端口是用_____来描述的。

4．端口号是一个 16 位二进制数，约定_____以下的端口号被标准服务保留，取值大于_____的为自由端口。

5. _____是一种面向无连接的传输协议。

6. TCP 协议的全称是指_____，IP 协议全称是指_____。

7. TCP/IP 协议参考模型由_____、_____、_____、_____四层组成。

8. IPv4 地址由_____位二进制数组成，IPv6 地址由_____位二进制数组成。

9. 以太网利用_____协议获得目的主机 IP 地址与 MAC 地址的映射关系。

10. _____是用来判断任意两台计算机的 IP 地址是否属于同一网络的根据。

11. A 类 IP 地址的标准子网掩码是_____，写成二进制是_____。

12. 已知某主机的 IP 地址为 132.102.101.28，子网掩码为 255.255.255.0，那么该主机所在子网的网络地址是_____。

13. 只有两台计算机处于同一个_____的，才可以进行直接通信。

二、选择题

1. 为了保证连接的可靠建立，TCP 通常采用（　　）。
   A. 三次握手机制　　　　　　　　B. 窗口控制机制
   C. 自动重发机制　　　　　　　　D. 端口机制

2. 下列 IP 地址中（　　）是 C 类地址。
   A. 127.233.13.34　　　　　　　　B. 212.87.256.51
   C. 169.196.30.54　　　　　　　　D. 202.96.209.21

3. IP 地址 205.140.36.88 的（　　）部分表示主机号。
   A. 205　　　　　　B. 205.140　　　　　　C. 88　　　　　　D. 36.88

4. 以下（　　）表示网卡的物理地址（MAC 地址）。
   A. 192.168.63.251　　　　　　　B. 19-23-05-77-88
   C. 0001.1234.Fbc3　　　　　　　D. 50-78-4C-6F-03-8D

5. IP 地址 127.0.0.1 表示（　　）。
   A. 一个暂时未用的保留地址　　　B. 一个 B 类 IP 地址
   C. 一个本网络的广播地址　　　　D. 一个本机的 IP 地址

6. 在通常情况下，下列说法错误的是（　　）。
   A. 高速缓存区中的 ARP 表是由人工建立的
   B. 高速缓存区中的 ARP 表是由主机自动建立的
   C. 高速缓存区中的 ARP 表是动态的
   D. 高速缓存区中的 ARP 表保存了主机 IP 地址与物理地址的映射关系

三、问答题

1. IP 地址中的网络号与主机号各起了什么作用？

2. 为什么要推出 IPv6？IPv6 中的变化体现在哪几个方面？

3. TCP 的连接管理分为几个阶段？简述 TCP 连接建立的"三次握手"机制。

4. TCP 和 UDP 有何主要区别？TCP 和 UDP 的数据格式分别包含哪些信息？

4.8 拓展训练 使用网络命令排除故障

一、实训目的

- 了解 ARP、ICMP、NetBIOS、FTP 和 TELNET 等网络协议的功能。
- 熟悉各种常用网络命令的功能，了解如何利用网络命令检查和排除网络故障。
- 熟练掌握 Windows Server 2003 下常用网络命令的用法。

二、实训要求

- 利用 arp 工具检验 MAC 地址解析。
- 利用 hostname 工具查看主机名。
- 利用 ipconfig 工具检测网络配置。
- 利用 nbtstat 工具查看 NetBIOS 使用情况。
- 利用 netstat 工具查看协议统计信息。
- 利用 ping 工具检测网络连通性。
- 利用 telnet 工具进行远程管理。
- 利用 tracert 进行路由检测。
- 使用其他网络命令。

三、实训指导

1. 通过 ping 检测网络故障

正常情况下，当用 ping 命令来查找问题所在或检验网络运行情况时，需要使用许多 ping 命令，如果所有都运行正确，就可以相信基本的连通性和配置参数没有问题；如果某些 ping 命令出现运行故障，它也可以指明到何处去查找问题。下面就给出一个典型的检测顺序及可能出现的故障。

（1）ping 127.0.0.1，该命令被送到本地计算机的 IP 软件。如果没有收到回应，就表示 TCP/IP 的安装或运行存在某些最基本的问题。

（2）ping 本地 IP，如 ping 192.168.22.10，该命令被送到本地计算机所配置的 IP 地址，本地计算机始终都应该对该 ping 命令做出应答，如果没有收到应答，则表示本地配置或安装存在问题。出现此问题时，请断开网络电缆，然后重新发送该命令。如果网线断开后本命令正确，则有可能网络中的另一台计算机配置了与本机相同的 IP 地址。

（3）ping 局域网内其他 IP，如 ping 192.1 68.22.98，该命令经过网卡及网络电缆到达其他计算机，再返回。收到回送应答表明本地网络中的网卡和载体运行正确；如果没有收到回送应答，则表示子网掩码不正确，或网卡配置错误，或电缆系统有问题。

（4）ping 网关 IP，如 ping 192.168.22.254，该命令如果应答正确，表示网关正在运行。

（5）ping 远程 IP，如 ping 202.115.22.11，如果收到 4 个正确应答，表示成功使用默认网关。

（6）ping localhost，localhost 是操作系统的网络保留名，是 127.0.0.1 的别名，每台计算机都该能将该名字转换成该地址。如果没有做到，则表示主机文件（/Windows /host）中存在问题。

（7）ping 域名地址，如 ping www.sina.com.cn，对这个域名执行 ping 命令，计算机必须先将域名转换成 IP 地址，通常是通过 DNS 服务器。如果这里出现故障，则表示 DNS 服务器的 IP 地址配置不正确，或 DNS 服务器有故障。也可以利用该命令实现域名对 IP 地址的转换功能。

如果上面列出的所有 ping 命令都能正常运行，那么计算机进行本地和远程通信的功能基本上就可以放心了。事实上，在实际网络中，这些命令的成功并不表示所有的网络配置都没有问题，例如，某些子网掩码错误就可能无法用这些方法检测到。同样地，由于 ping 的目的主机可以自行设置是否对收到的 ping 包产生回应，因此当收不到返回数据包时，也不一定说明网络有问题。

2. 通过 ipconfig 命令查看网络配置

依次单击"开始"→"运行"命令，打开"运行"对话框，输入命令 cmd，打开命令行界面，在提示符下输入 ipconfig /all，仔细观察输出信息。

3. 通过 arp 命令查看 ARP 高速缓存中的信息

（1）在命令行界面的提示符下输入 arp –a，其输出信息列出了 ARP 缓存中的内容。

（2）输入命令 arp -s 192.168.22.98 00-1a-46-35-5d-50，实现 IP 地址与网卡地址的绑定。

4. 通过 tracert 命令检测故障

tracert 一般用来检测故障的位置，用户可以用 tracert IP 来查找从本地计算机到远方主机路径中哪个环节出了问题。虽然不能确定是什么问题，但它可以给出问题所在的地方。

（1）可以利用 tracert 工具来检查到达目标地址所经过的路由器的 IP 地址，图 4-30 就显示了到达 www.263.net 主机所经过的路径。

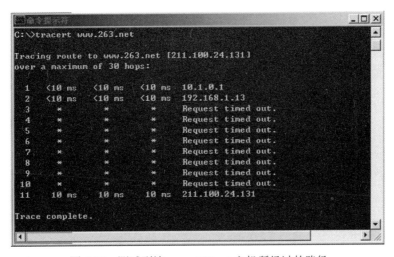

图 4-30　测试到达 www.263.net 主机所经过的路径

（2）与 tracert 工具的功能类似的还有 pathping 命令。pathping 命令是进行路由跟踪的工具，它首先检测路由结果，然后列出所有路由器之间转发数据包的信息，如图 4-31 所示。

请读者输入 tracert www.sina.com.cn，查看从源主机到目的主机所经过的路由器 IP 地址，仔细观察输出信息。

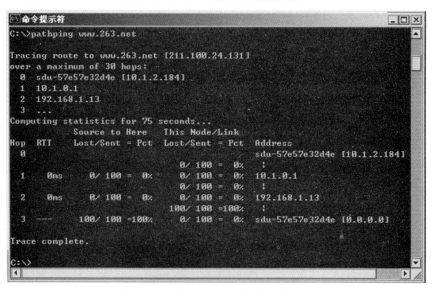

图 4-31　利用 pathping 命令跟踪路由

5. 通过 route 命令查看路由表信息

输入 route print 命令显示主机路由表中的当前项目，仔细观察输出结果。

6. 通过 nbtstat 命令查看本地计算机的名称列表和名称缓存

（1）nbtstat –n 命令用于显示本地计算机的名称列表。

（2）nbtstat –c 命令用于显示 NetBIOS 名字高速缓存的内容。NetBIOS 名字高速缓存存放与本计算机进行通信的最近的其他计算机的 NetBIOS 名字和 IP 地址对。仔细观察输出结果。

7. 通过 net view 命令显示计算机及其注释列表

net view 命令用于显示计算机及其注释列表。要查看 bobby 计算机上共享的资源列表，键入 net view bobby，结果将显示 bobby 计算机上可以访问的共享资源，如图 4-32 所示。

图 4-32　net view bobby 命令输出

8. 通过 net use 命令连接到网络资源

（1）使用 net use 命令可以连接到网络资源或断开连接，并查看当前到网络资源的连接。

（2）连接到 bobby 计算机的"招贴设计"共享资源，输入命令"net use \\bobby\招贴设计"，然后输入不带参数的 net use 命令，检查网络连接，仔细观察输出信息。

四、实训思考题

● 当用户使用 ping 命令来 ping 一目标主机时，若收不到该主机的应答，能否说明该主机工作不正常或到该主机的连接不通？为什么？

● ping 命令的返回结果有几种可能？分别代表何种含义？

● 若实验输出结果有与本节讲述的内容不同的地方，分析产生差异的原因。

● 解释 route print 命令显示的主机路由表中各表项的含义。还有什么命令也能够打印输出主机路由表？

第二篇
局域网基础与应用

5

局域网组网技术

本章学习目标

- 了解局域网的特点、组成
- 掌握局域网的参考模型
- 熟练掌握局域网介质访问控制方式
- 掌握以太网及快速以太网组网技术

5.1 局域网概述

局域网是 20 世纪 70 年代后迅速发展起来的计算机网络，其标准繁多，经过 30 多年的大浪淘沙，以太网逐渐占据了上风。

1. 局域网的发展和技术

虽然局域网（Local Area Network，LAN）的发展只有 20 多年的历史，但其发展速度很快，应用范围非常广泛，已经涵盖共享访问技术、交换技术、高速共享网络技术等多种技术。

共享访问技术意味着挂接在局域网上的所有设备共享一个通信介质（又称物理媒体），通常是同轴电缆（Coaxial Cable）、双绞电缆（Twisted Pair）或光缆（Optical Fiber）。计算机与网络的物理连接通过安装在计算机内的网络接口卡（Network Interface Card，NIC）实现。网络软件管理着网上各计算机之间的通信和资源共享。在共享访问的局域网中，数据以包的形式完成发送和接收。

交换技术是将传统媒介共享的网络分成一系列独立的网络，将大量的通信量分成许多小的通信支流。交换技术的一大特征是可以虚拟网络，通过在不同局域网之间建立高速交换式连接，从根本上消除了局域网物理拓扑结构造成的拥塞和瓶颈。

高速共享网络技术有光纤分布式数据接口（Fiber Distributed Data Interface，FDDI）、快速以太网（Fast Ethernet）技术、千兆位以太网（Gigabit Ethernet）技术和异步传输模式

（Asynchronous Transfer Mode，ATM）等。

2．局域网的特点

局域网的主要特点如下：

（1）地理范围一般不超过几千米，通常网络分布在一座办公大楼或集中的建筑群内，为单个组织所有。

（2）通信速率高，传输速率一般为 10～100Mbps，甚至到 1000Mbps，能支持计算机间高速通信。

（3）多采用分布式控制和广播式通信，可靠性高，误码率通常在 11^{-7}～11^{-12} 范围内。

（4）可采用多种通信介质，如同轴电缆、双绞电缆和光缆等。

（5）易于安装、组建与维护，节点的增删容易，具有较好的灵活性。

5.2　局域网的组成

在局域网的实际应用中，最重要的仍然是资源共享，包括高速的或贵重的外围设备的共享、信息共享、访问文件系统和数据库。局域网的组成包括网络服务器、工作站、网络设备和通信介质，网络操作系统（Network Operating System，NOS）和网络协议（Network Protocol）也是组成局域网不可缺少的部分。网络操作系统对整个网络的资源运行进行管理。

5.2.1　网络服务器

网上可以配置不同数量的服务器，有些服务器提供相同的服务，有些提供不同的服务。对于专用的服务器，其技术性能的优势主要体现在通信处理能力、内存容量、磁盘空间、系统容错能力、并发处理能力及高速缓存能力等方面。

从使用角度看，网络服务器可分为文件服务器、应用服务器、打印服务器等。

（1）文件服务器：能将大容量磁盘空间提供给网上用户使用，接收客户机提出的数据处理和文件存取请求，向客户机提供各种服务。文件服务器除了提供文件共享的功能外，一般还提供网络用户管理、网络资源管理、网络安全管理等多项基本的网络管理功能，因此，通常简称文件服务器为服务器。文件服务器主要有四项指标，包括存取速度、存储容量、安全措施和运行可靠性。

（2）应用服务器：根据在网络中用途的不同，应用服务器又可分为数据库服务器、通信服务器、万维网（Word Wide Web，WWW）服务器、电子邮件（E-mail）服务器等多种服务器。

（3）打印服务器：局域网提供了共享打印机的功能，如果将某个打印机通过打印服务器接到网上，网上任何一个客户机就能访问该打印机。打印服务器接收来自客户机的打印任务，按要求完成打印。

5.2.2　工作站

网络工作站是指连接到计算机网络上并运行应用程序来实现网络应用的计算机，它是数据处理的主要场所。用户通过工作站与网络交换信息、共享网络资源。根据工作站有无外部存储器，可将其分为无盘工作站和有盘工作站；根据应用环境的不同，可将其分为事务处理工作站和图形工作站；根据操作系统的不同，又可分为 DOS 工作站、Windows 工作站、UNIX 工作站和 Linux 工作站等多种工作站。

5.2.3 网络设备

网络设备是指用于网络通信的设备，包括网络接口卡、中继器（Repeater）、集线器（HUB）、网桥（Bridge）、交换机（Switch）、路由器（Router）、网关（Gateway）等多种用于网络互连的设备。

1. 网络接口卡

网络接口卡又称网络适配器（Adapter），简称"网卡"。它是组成局域网的主要器件，用于网络服务器或工作站与通信介质的连接。网卡的种类很多，根据其支持的网络标准可分为以太网卡、ATM 网卡、FDDI 网卡、快速以太网卡和千兆位以太网卡；根据网卡适用的主机总线类型可分为 ISA 网卡、PCI 网卡和 PCMCIA 网卡；根据网卡提供的电缆接口类型可分为 RJ-45 接口网卡、BNC 接口网卡、AUI 接口网卡和光纤接口网卡等。

2. 中继器

中继器又叫转发器，是两个网络在物理层上的连接，用于连接具有相同物理层协议的局域网，是局域网互连的最简单的设备。

连接局域网的传输介质有双绞线、同轴电缆和光纤。无论哪种传输介质，由于传输线路噪声的影响，承载信息的数字信号或模拟信号都只能传输有限的距离，也就是说单段网络中的电缆都有一个最大长度限制。而中继器的功能就是对接收信号进行再生和发送，从而增加信号传输的距离，此外再不执行任何操作。以太网常常利用中继器扩展总线的电缆长度，标准细缆以太网每段的长度最大为 185m，最多可有 5 段，因此增加中继器后，最大网络电缆长度可提高到 925m。

中继器的主要优点是安装简单、使用方便、价格相对低廉，不仅起到扩展网络距离的作用，还能将不同传输介质的网络连接在一起。但中继器不能提供网段间的隔离功能，通过中继器连接在一起的网络实质上是逻辑上的同一网络。

3. 集线器

集线器是一种特殊的中继器，它作为多个网络电缆段的中间转换设备将各个网段连接起来。集线器是局域网中计算机和服务器的连接设备，是局域网的星型连接点，每个工作站是用双绞线连接到集线器上，由集线器对工作站进行集中管理。数据从一个网络站发送到集线器上以后，就被中继到集线器中的其他所有端口，供网络上每一用户使用。

集线器可以分为无源集线器、有源集线器和智能集线器三种。其中智能集线器，还可以将网络管理、路径选择等网络功能集成于其中。但是随着网络交换技术的发展，集线器正逐步被交换机所取代。

4. 网桥

当局域网上的用户日益增多、工作站数量日益增加时，局域网上的信息量也将随着增加，这可能会引起局域网性能的下降，这是所有局域网共存的一个问题。在这种情况下，必须将网络进行分段，以减少每段网络上的用户量和信息量。将网络进行分段的设备就是网桥。

网桥的第二个适应场合就是用于互联两个相互独立而又有联系的局域网。例如，一个企业有人事处和财务处，虽然人事处和财务处同在一栋楼，但最好将两者各自连接成一个局域网，然后用网桥互联起来。

网桥是在数据链路层上连接两个网络,即网络的数据链路层不同而网络层相同时要用网桥连接。网桥在网络互连中起着数据接收、地址过滤与数据转发的作用,用来实现多个网络系统之间的数据交换。从原则上讲,不同类型的网络之间可以通过网桥连通,但具有不同高层协议的网络之间连通,是没办法进行互联的,所以实际上网桥只用于同类局域网之间的互联。

网桥能将一个较大的局域网分割成多个网段,或者将两个以上的局域网互联为一个逻辑局域网。而且,网桥这种互联设备操纵位于物理层之上的数据链路层,由于互联设备操纵层次越高,功能就越强,所以它显示出了一些智能特性。

（1）网桥的功能。

转换不同局域网存在许多问题,这需要网桥进行妥善处理,因而要求网桥的基本功能有:

- 网桥对所接收的信息帧只进行少量的包装,而不作任何修改。
- 网桥可以采用另外一种协议来转发信息。
- 网桥有足够大的缓冲空间,以满足高峰期的要求。
- 网桥必须具有寻址和路径选择的能力。

（2）网桥的分类。

根据网桥的产品特性,可以把网桥分为几类。

一种常用的分类方法是将网桥分为本地网桥和远程网桥。本地网桥在同一区域中为多个局域网段提供一个直接的连接,而远程网桥则通过电信线路,将分布在不同区域的局域网段互联起来。

另一种分类方法则是根据网桥的不同转化策略来进行划分,可分为透明网桥、源路由网桥和翻译网桥。

（3）网桥和中继器的比较。

网桥的存储和转发功能与中继器相比有其优点:

- 使用网桥进行互联克服了物理限制,这意味着构成局域网的数据站总数和网段数很容易扩充。
- 网桥纳入存储和转发功能可使其适应于连接使用不同协议的两个局域网,因而构成一个不同的局域网混连的混和网络环境。
- 网桥的中继功能仅仅依赖于帧的地址,因而对高层协议完全透明。
- 网桥将一个较大的局域网分成段,有利于改善可靠性、可用性和安全性。

5. 路由器

随着网络规模的扩大,特别是形成大规模广域网环境时,网桥在路径选择、拥塞控制及网络管理方面远远不能满足要求,路由器则加强了这些方面的功能。

路由器是网络层上的连接,即不同网络与网络之间的连接。图 5-1 所示为路由器的工作示意图。

路由器在网络层对信息帧进行存储转发,不仅可以在局域网段之间的冗余路径中进行选择,而且可以将相差很大的数据分组连接到局域网。

路由器是目前网络互联设备中应用最为广泛的一种,无论是局域网与骨干网的互连,还是骨干网与广域网的互联,或者是两个广域网之间的互联,都离不开路由器。尤其是 Internet 网铺天盖地似地扩展,更使得路由器的地位日益提高。

由于路由器的复杂性,它要比网桥的传送速度慢,因此更适合大型的、复杂的网间连接。

路由器和网桥的最大区别是：网桥与高层协议无关，它把几个物理网络连接起来，提供给用户的仍然是一个逻辑网络，用户根本不知道网桥的存在；而路由器则利用网际协议将网络分成几个逻辑子网。

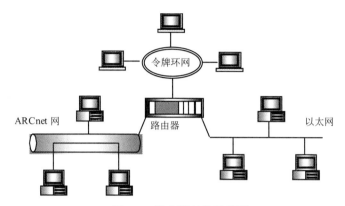

图 5-1　路由器工作示意图

作为连接通信子网的中转设备，路由器的主要工作是接收来自一端的报文分组，根据目的地址和当时的网络情况，找出正确的路径，发往另一个通信子网。路径的选择是路由器的主要任务，路径选择包括两种基本的活动：一是最佳路径的判定；二是网间信息包的传送，信息包的传送一般又称为"交换"。

6.　网关（协议转换器）

若要使两个完全不同的网络连接在一起，一般要使用网关。用路由器连接的网络需要相同的协议，而网关允许某层上有不同的协议。网关为互联网络双方高层的每一端提供一种协议转换服务，能在高层协议不同的情况下提供协议转换能力。网关连接的异构网如图 5-2 所示。

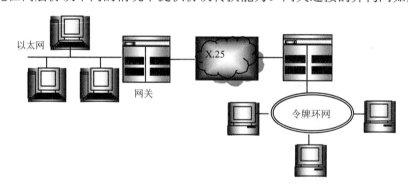

图 5-2　网关连接示意图

如果要连接多个不同类型的网络，实现不同的功能，则需要多种类型的网关。

（1）电子邮件网关：通过这种网关可以从一种类型的系统向另一种类型的系统传输数据。例如，电子邮件网关可以允许使用 Eudora 电子邮件的人与使用 GroupWise 电子邮件的人相互通信。

（2）IBM 主机网关：通过这种网关，可以在一台 PC 机与 IBM 大型机之间建立通信和管理通信。

（3）Internet 网关：这种网关允许并管理局域网和 Internet 间的接入。Internet 网关可以限制某些局域网用户访问 Internet，反之亦然。

（4）局域网网关：通过这种网关，运行不同协议或运行于 OSI 模型不同层上的局域网网段间可以相互通信。路由器甚至只用一台服务器就可以充当局域网网关。局域网网关也包括远程访问服务器，它允许远程用户通过拨号方式接入局域网。

5.2.4　通信介质

通信介质是网络中信息传输的载体，是网络通信的物质基础之一。在局域网中，常用的通信介质有同轴电缆、双绞电缆和光缆，有的场合还采用无线介质（Wireless Medium），如微波、激光、红外线和无线电等。

（1）同轴电缆：由中心导体、绝缘层、导体网和护套层组成。按带宽（Bandwidth）分为两类：基带同轴电缆，用于直接传输离散变化的数字信号，阻抗为 50Ω；宽带同轴电缆，用于传输连续变化的模拟信号，阻抗为 75Ω。

（2）双绞电缆：由若干对双绞线（2 对或 4 对）外包缠护套组成。两根绝缘的金属导线扭在一起而成双绞线，线对扭在一起可减少相互间的电磁干扰。双绞电缆分为屏蔽双绞电缆（STP）和非屏蔽双绞电缆（UTP）。电子工业协会（Electronic Industries Association，EIA）为双绞电缆定义了多种质量级别，计算机网络常用的是第五类。

（3）光缆：由光纤芯、包层和护套层组成。光缆又称光纤电缆或光纤，其传输速率高，抗干扰能力强，信号衰减极小。根据光源不同，可将光缆分为单模光纤（Single-mode Fiber）电缆和多模光纤（Multimode Fiber）电缆。

（4）无线介质：分为微波、激光、红外线和无线电等多种形式，它们无需架设或铺埋通信介质。

选择通信介质时要考虑的因素很多，但首先应当确定主要因素，选择时可考虑的主要因素有：

- 网络拓扑结构（Network Topology）与连接方式。
- 网络覆盖的地理范围与节点间距。
- 支持的数据类型与通信容量。
- 环境因素与可靠性。

5.3　局域网体系结构

局域网技术从 20 世纪 80 年代开始迅速发展，各种局域网产品层出不穷，但是不同设备生产商其产品互不兼容，给网络系统的维护和扩充带来了很大困难。电气电子工程师协会（IEEE）下设的 IEEE 802 委员会根据局域网介质访问控制方法适用的传输介质、拓扑结构、性能及实现难易等因素，为局域网制定了一系列的标准，称为 IEEE 802 标准。

5.3.1　局域网的参考模型

由于 ISO 的开放系统互连参考模型（OSI）是针对广域网设计的，因而 OSI 的数据链路层可以很好地解决广域网中通信子网的交换节点之间的点到点通信问题。但是，当将 OSI 模型应用于局域网时就会出现一个问题：该模型的数据链路层不具备解决局域网中各站点争用共享通信介质的能力。为了解决这个问题，同时又保持与 OSI 模型的一致性，在将 OSI 模型应用于局域网时，就将数据链路层划分为两个子层：逻辑链路控制（Logical Link Control，LLC）子层和介质访问控制（Medium Access Control，MAC）子层。MAC 子层处理局域网中各站点对通信介质的争用问题，对于不同的网络拓扑结构可以采用不同的 MAC 方法。LLC 子层屏蔽各种 MAC 子层的具体实现，将其改造成为统一的 LLC 界面，从而向网络层提供一致的服务。图 5-3 描述了 IEEE 802 模型与 OSI 模型的对应关系。

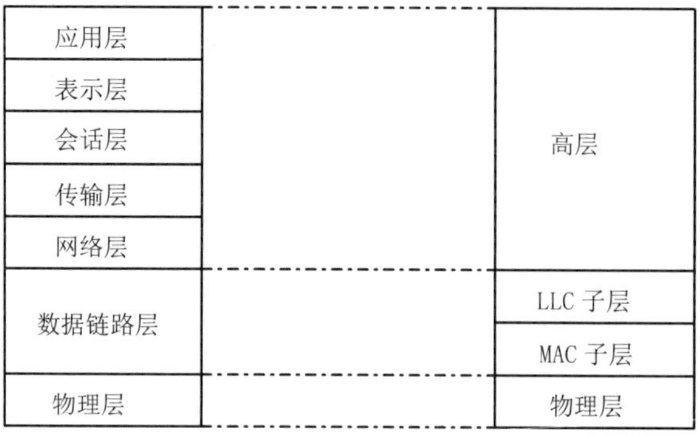

图 5-3　IEEE 802 模型与 OSI 模型的对应关系

1. MAC 子层（介质访问控制子层）

MAC 子层是数据链路层的一个功能子层，位于数据链路层的下半部分，它与物理层相邻。MAC 子层为不同的物理介质定义了介质访问控制标准，其主要功能如下：

- 传送数据时，将传送的数据组装成 MAC 帧，帧中包括地址和差错检测字段。
- 接收数据时，将接收的数据分解成 MAC 帧，并进行地址识别和差错检测字段。
- 管理和控制对局域网传输介质的访问。

2. LLC 子层（逻辑链路控制子层）

该层位于数据链路层的上半部分，在 MAC 层的支持下向网络层提供服务，可运行于所有802 局域网和城域网协议之上。LLC 子层与传输介质无关，它独立于介质访问控制方法，隐蔽了各种 802 网络之间的差别，并向网络层提供一个统一的格式和接口。

LLC 子层的功能包括差错控制、流量控制和顺序控制，并为网络层提供面向连接和无连接的两类服务。

5.3.2　IEEE 802 标准

IEEE 802 标准已被美国国家标准协会（ANSI）接受为美国国家标准，随后又被国际标准化组织（ISO）采纳为国际标准，称为 ISO 802 标准。

IEEE 802 委员会认为，由于局域网只是一个计算机通信网，而且不存在路由选择问题，因此它不需要网络层，有最低的两个层次就可以，但与此同时，由于局域网的种类繁多，其介质访问控制方法也各不相同，因此有必要将局域网分解为更小而且更容易管理的子层。同时，因为用户需求各异，不可能使用一种单一的技术就能满足所有的需求，因此局域网技术中存在多种传输介质和多种网络拓扑，相应地介质访问控制方法就有多种，IEEE 802 委员会决定把几个建议都制定为标准，而不是仅形成一个标准。

IEEE 802 标准系列间的关系如图 5-4 所示。根据网络发展的需要，新的协议还在不断地被补充进 IEEE 802 标准。IEEE 802 局域网标准包括：

（1）IEEE 802.1：综述和体系结构。它除了定义 IEEE 802 标准和 OSI 参考模型高层的接口外，还解决寻址、网际互连和网络管理等方面的问题。

（2）IEEE 802.2：逻辑链路控制，定义 LLC 子层为网络层提供的服务。对于所有的 MAC 规范，LLC 是共同的。

（3）IEEE 802.3：载波侦听多路访问/冲突检测（Carrier Sense Multiple Access with Collision Detection，CSMA/CD）控制方法和物理层规范。

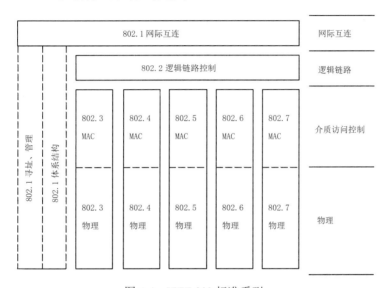

图 5-4　IEEE 802 标准系列

（4）IEEE 802.4：令牌总线（Token Bus）访问控制方法和物理层规范。

（5）IEEE 802.5：令牌环（Token Ring）访问控制方法和物理层规范。

（6）IEEE 802.6：城市区域网（Metropolitan Area Network，MAN）访问控制方法和物理层规范。

（7）IEEE 802.7：时隙环（Slotted Ring）访问控制方法和物理层规范。

5.4　局域网介质访问控制方式

局域网使用的是广播信道，即众多用户共享通信媒体，为了保证每个用户不发生冲突、能正常通信，关键问题是如何解决对信道争用。解决信道争用的协议称为介质访问控制协议（Medium Access Control，MAC），是数据链路层协议的一部分。

局域网常用的介质访问控制协议有载波侦听多路访问/冲突检测（CSMA/CD）、令牌环访问控制和令牌总线访问控制。采用 CSMA/CD 的以太网已是局域网的主流。

5.4.1　载波侦听多路访问/冲突检测法

载波侦听多路访问/冲突检测是一种适合于总线结构的具有信道检测功能的分布式介质访

问控制方法。最初的以太网是基于总线拓扑结构的，使用的是粗同轴电缆，所有站点共享总线，每个站点根据数据帧的目的地址决定是丢弃还是处理该帧。

总线上只能有一台计算机发送数据，否则数据信号在信道中会叠加，相互干扰，产生数据冲突，使发出数据无效。由于站点都是随机发送数据的，如果没有一个协议来规范，所有站点都来争用同一个信道，必然会发生冲突。

载波侦听多路访问/冲突检测（CSMA/CD）正是解决这种冲突的协议。该协议实际上可分为"载波侦听"和"冲突检测"。

1. 工作过程

CSMA/CD 又被称为"先听后讲，边听边讲"，其具体工作过程概括如下：

（1）先侦听信道，如果信道空闲则发送信息。

（2）如果信道忙，则继续侦听，直到信道空闲时立即发送。

（3）发送信息后进行冲突检测，如发生冲突，立即停止发送，并向总线发出一串阻塞信号（连续几个字节全 1），通知总线上各站点冲突已发生，使各站点重新开始侦听与竞争。

（4）已发出信息的站点收到阻塞信号后，等待一段随机时间，重新进入侦听发送阶段。

CSMA/CD 发送过程的流程图如图 5-5 所示。

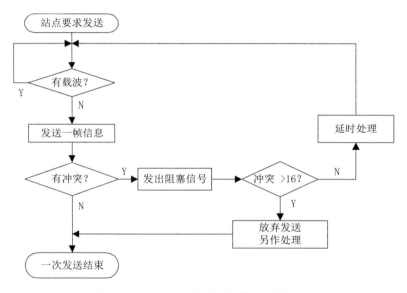

图 5-5　CSMA/CD 发送过程的流程图

2. 二进制指数后退算法

实际上，当一个站开始发送信息时，检测到本次发送有无冲突的时间很短，它不超过该站点与距离该站点最远站点信息传输时延的 2 倍。假设 A 站点与距离 A 站最远 B 站点的传输时延为 T（如图 5-6 所示），那么 2T 就作为一个时间单位。若该站点在信息发送后 2T 时间内无冲突，则该站点取得使用信道的权利。可见，要检测是否冲突，每个站点发送的最小信息长度必须大于 2T。

在标准以太网中，2T 取 51.2μs。对 10Mbps 的传输速率，在 51.2μs 的时间内可以发送 512bit，即 64 字节数据。因此以太网发送数据，如果发送 64 字节还没发生冲突，那么后续的数据将不会发生冲突。为了保证每一个站点都能检测到冲突，以太网规定最短的数据帧为 64 字节。接收到的小于 64 字节的帧都是由于发生冲突后站点停止发送的数据片，是无效的，应该丢弃。反过来说，如果以太网的帧小于 64 字节，那么有可能某个站点数据发送完毕后，没有检测到冲突，但冲突实际已经发生。

图 5-6　传输延时示意图

为了检测冲突，在每个站点的网络接口单元（NIU）中设置有相应电路，当有冲突发生时，该站点延迟一个随机时间（2T×随机数），再重新侦听。与延迟相应的随机数一般取（0，M）之间，$M=2^{\min(10,N)}$，其中 N 为已检测到的冲突次数，冲突大于 16，则放弃发送，另作处理。这种延迟算法称为二进制指数后退算法。该算法有下面三种不同的存在方式：

（1）非-坚持 CSMA。

若信道空闲，则立即发送。若信道忙，则继续侦听，直至检测到信道是空闲的，立即发送。如果有冲突，则等待一随机量的时间，重复前面的步骤。

（2）1-坚持 CSMA。

若信道忙，则不侦听，隔一段时间间隔后再侦听。若信道空闲，则立即发送。由于在信道忙时放弃侦听，就减少了再次冲突的机会，但会使网络的平均延迟时间增加。

（3）P-坚持 CSMA。

若信道空闲，则以 P 的概率发送，而以（1-P）的概率延迟一个时间单位再侦听。一个时间单位通常等于最大传播时延的 2 倍。若信道忙，则续续侦听直至信道空闲并重复前面步骤。P-坚持 CSMA 算法是一种既能像非坚持 CSMA 算法那样减少冲突，又能像坚持 CSMA 算法那样减少信道空闲时间的折中方案，最重要的是选择好概率 P。

由于采用冲突检测的机制，站点间只能采用半双工的通信方式。同时，当网络中的站点增多，网络流量增加时，各站点间的冲突概率增加，网络性能变差，会造成网络拥塞。

5.4.2　令牌环访问控制方式

令牌环是一种适用于环形网络的分布式介质访问控制方式，已由 IEEE 802 委员会建议成为局域网控制协议标准之一，即 IEEE 802.5 标准。

在令牌环网中，令牌也叫通行证，它具有特殊的格式和标记。令牌有"忙（Busy）"和"空闲（Free）"两种状态。

具有广播特性的令牌环访问控制方式，还能使多个站点接收同一个信息帧，同时具有对发送站点自动应答的功能，其访问控制过程如图 5-7 所示。

在令牌环网络中使用一个称为"令牌（Token）"的控制标志，令牌是一个二进制数的特殊帧，有"忙"和"空闲"两种状态。当无信息在环上传递时，令牌处于"空闲"状态，它沿环从一个工作站到另一个工作站不停地进行传递，如图 5-8（a）所示，站点 A 等待空闲令牌到达。

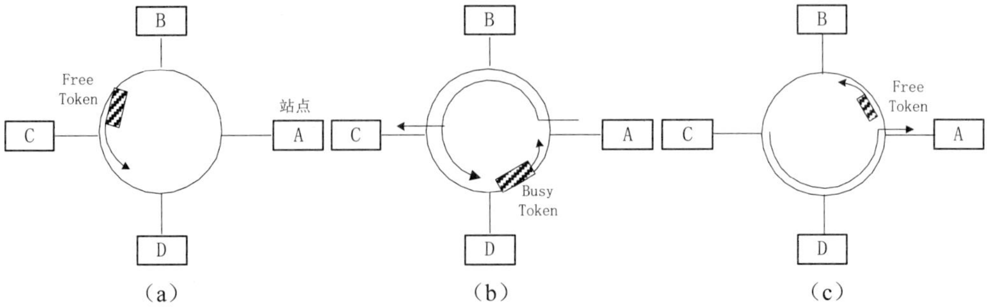

图 5-7 令牌环控制方式工作原理

当某个工作站准备发送信息时，则必须等待，直到检测并捕获到经过该站的"空闲"令牌为止。然后，将令牌的控制标志从"空闲"状态改为"忙"状态，并将信息帧附带在令牌帧后面一起发送，信息帧中含源地址、目的地址和要发送的数据，如图 5-8（b）所示，站点 A 发送信息帧。

其他的工作站随时检测经过本站的帧，当发送的帧的目的地址与本站地址相符时，就接收该帧，待复制完毕再转发此帧，直到该帧沿环一周返回发送站，并收到接收站指向发送站的肯定应答信息时，才将发送的帧信息进行清除，并将令牌标志改为"空闲"状态，继续插入环中，如图 5-8（c）所示，信息帧循环一周又回到了站点 A。

当另一个新的工作站需要发送数据时，按前述过程，检测到令牌，修改状态，把信息装配成帧，进行新一轮的发送。

令牌环网实时性较强，适合负载较重的网络；以太网实时性差，适合负载较轻的网络。

5.5 以太网技术

局域网发展到现在，已占据绝对地位，特别是万兆以太网（10Gbps）的出现，使以太网的工作范围扩展到城域网，甚至广域网，实现了端到端的以太网的连接。

5.5.1 以太网的 MAC 帧格式

总线局域网的 MAC 子层的帧结构有两种标准：一种是 IEEE 802.3 标准；另一种是 DIX Ethernet v2 标准，如图 5-8 所示，帧结构都由 5 个字段组成，但个别字段的意义存在差别。

字节	6	6	2	46～1500	4
IEEE 802.3 MAC 帧	目的地址	源地址	数据长度	数据和填充	FCS

Ethernet v2 MAC 帧	目的地址	源地址	类型	数据和填充	FCS

图 5-8 总线局域网 MAC 子层的帧结构

- 目的地址：目的计算机的 MAC 地址。
- 源地址：本计算机的 MAC 地址。

- 类型：2 字节，高层协议标识，表明上层使用何种协议。如类型值为 0x0800 时，高层使用 IP。上层协议不同，以太网帧的长度范围也有变化。
- 数据：46～1500 字节，上层传下来的数据。46 字节是以太网帧的最小字节 64 字节减去前后的固定字段字节之和 18 而得到的。
- 填充：保证帧长不少于 64 字节。当上层数据小于 46 字，会自动添加字节。
- FCS：帧校验序列，这是一个 32 位的循环冗余码（CRC32）。

5.5.2 以太网的组网技术

以太网（Ethernet）是由美国施乐（Xerox）公司和斯坦福（Stanford）大学联合开发并于 1975 年提出的，目的是为了把办公室工作站与昂贵的计算机资源连接起来，以便能在工作站上分享计算机资源和其他硬件设备。

1983 年 IEEE 802 委员会公布的 802.3 局域网络协议（CSMA/CD），基本上和 Ethernet 技术规范一致，于是，Ethernet 技术规范成为世界上第一个局域网的工业标准。

Ethernet 的主要技术规范：

- 拓扑结构：总线型。
- 介质访问控制方式：CSMA/CD。
- 传输速率：10Mbps。
- 传输介质：同轴电缆（50Ω）或双绞线。
- 最大工作站数：1024 个。
- 最大传输距离：2.5km（采用中继器）。
- 报文长度：64～1518 Byte（不计报文前的同步序列）。

以太网通常使用四种传输介质：粗缆、细缆、双绞线和光纤。使用粗缆的标准以太网（10BASE-5）已很少用，此处不再作主要介绍。

1. 细缆以太网（10BASE-2）

10BASE-2 以太网采用 0.2 英寸 50Ω 的同轴电缆作为传输介质，传输速率为 10Mbps。10BASE-2 使用网卡自带的内部收发器（MAU）和 BNC 接口，采用 T 形接头就可将两端的工作站通过细缆连接起来，组网开销低，连接方便，其连接示意图如图 5-9 所示。

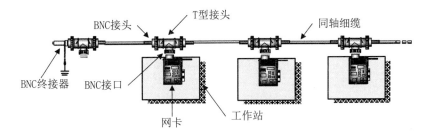

图 5-9　10BASE-2 以太网连接

2. 双绞线以太网（10BASE-T）

10BASE-T 以太网是使用非屏蔽双绞线电缆来连接的传输速率为 10Mbps 的以太网，其连接示意图如图 5-10 所示。

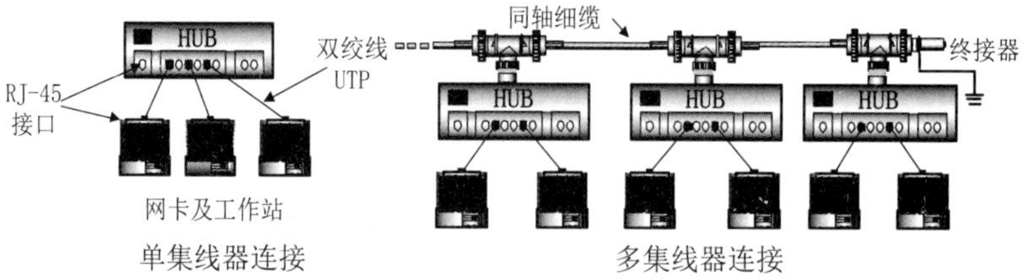

图 5-10　10BASE-T 以太网连接

5.5.3　快速以太网

1. 快速以太网（100BASE-T）简介

快速以太网是在传统以太网基础上发展起来的，因此它不仅保持相同的以太帧格式，而且还保留了用于以太网的 CSMA/CD 介质访问控制方式。由于快速以太网的速率比普通以太网提高了 10 倍，所以快速以太网中的桥接器、路由器和交换机都与普通以太网不同，它们具有更快的速度和更小的延时。

快速以太网具有以下特点：

- 协议采用与 10BASE-T 相似的层次结构，其中 LLC 子层完全相同，但在 MAC 子层与物理层之间采用了介质无关接口。
- 数据帧格式与 10BASE-T 相同，包括最小帧长为 64 字节，最大帧长 1518 字节。
- 介质访问控制方式仍然是 CSMA/CD。
- 传输介质采用 UTP 和光纤，传输速率为 100Mbps。
- 拓扑结构为星型结构，网络节点间最大距离为 205m。

2. 快速以太网分类

快速以太网标准分为：100BASE-TX、100BASE-FX 和 100BASE-T4 三个子类，如表 5-1 所示。

表 5-1　快速以太网标准

名称	线缆	最大距离	优点
100BASE-T4	双绞线	100m	可以使用三类双绞线
100BASE-TX	双绞线	100m	全双工、五类双绞线
100BASE-FX	光纤	200m	全双工、长距离

3. 快速以太网接线规则

快速以太网对 MAC 层的接口有所拓展，它的接线规则也有相应变化，如图 5-11 所示。

- 站点距离中心节点的 UTP 最大长度依然是 100m。
- 增加了 I 级和 II 级中继器规范。

在 10Mbps 标准以太网中对所有介质采用同一中继器定义。100Mbps 以太网定义了 I 级和 II 级两类中继器，两类中继器靠传输延时来划分，延时 0.7μs 的为 I 级中继器，在 0.46μs 以下的为 II 级中继器。

在一条链路上只能使用一个 I 级中继器，两端的链路为 100m。最多可以使用两个 II 级中继器，可以用两段 100m 的链路和 5m 的中继器间的链路。两个站点间或站点与交换机间的最大距离为 205m。

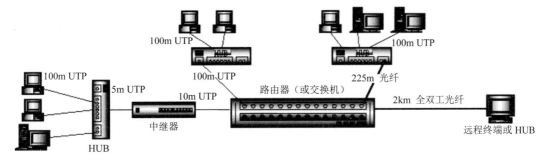

图 5-11　快速以太网接线规则

当采用光纤布线时，交换机与中继器（集线器）连接，如果采用半双工通信，两者之间光纤的最大距离为 225m；如果采用全双工通信，站点到交换机间的距离可以达到 2000m 或更长。

快速以太网仍然是基于载波侦听多路访问/冲突检测（CSMA/CD）技术，当网络负载较重时，会造成效率低下。

5.5.4　千兆位以太网

千兆位以太网技术有两个标准：IEEE 802.3z 和 IEEE 802.3ab。IEEE 802.3z 制定了光纤和短程铜线连接方案的标准；IEEE 802.3ab 制定了五类双绞线上较长距离连接方案的标准。

1．IEEE 802.3z

（1）1000BASE-SX。

1000BASE-SX 只支持多模光纤，可以采用直径 62.5μm 和 50μm 的多模光纤，工作波长为 770nm～860nm，传输距离为 550m 左右。

（2）1000BASE-LX。

1000BASE-LX 既可以使用多模光纤，也可以使用单模光纤。

多模光纤采用直径为 62.5μm 和 50μm、工作波长为 1270nm～1355nm、传输距离为 550m 左右的光纤。

单模光纤采用直径为 9μm 和 10μm、工作波长为 1270nm～860nm、传输距离为 5km 左右的光纤。

（3）1000BASE-CX。

1000BASE-CX 采用 150Ω 屏蔽双绞线（STP），传输距离为 25m。

2．IEEE 802.3ab

IEEE 802.3ab 工作组负责制定基于 UTP 的半双工链路的千兆以太网标准。IEEE 802.3ab 定义了基于五类 UTP 的 1000BASE-T 标准，是 100BASE-T 的自然扩展，与 10BASE-T、100BASE-T 完全兼容，其目的是在五类 UTP 上以 1000Mbps 速率传输 100m，保护用户在五类 UTP 布线上的投资。

1000BASE-T 的其他一些重要规范使其成为一种价格低廉、不易被破坏并具有良好性能的技术。

（1）它支持以太网 MAC，而且可以后向兼容 10/100Mbps 以太网技术。

（2）很多的 1000BASE-T 产品都支持 100/1000Mbps 自动协商功能，1000BASE-T 因此可以直接在快速以太网中通过升级实现。

（3）1000BASE-T 是一种高性能技术，它每传送 100 亿比特，其中错误位不会超过 1 个（误码率低于 11^{-10}，这与 100BASE-T 的误码率相当）。

5.5.5　10Gbps 以太网

2002 年 6 月正式发布了 IEEE 802.3ae 10Gbps 标准，将 802.3 协议扩展到 10Gbps 的工作速度，并扩展以太网的应用空间，使之能够包括 WAN 链接。

1. 万兆位以太网标准的目标

- 保留 IEEE 802.3 帧格式不变。
- 保留 IEEE 802.3 最小/最大帧长不变。
- 只支持全双工运行模式。
- 不需要进行冲突检测，不再使用 CSMA/CD 协议。
- 仅使用光缆作为传输介质。
- 可提供 10Gbps 的城域网或局域网数据传输速率，也可以支持 10.59Gbps 的广域网数据传输速率（支持 SONET/SDH）

2. IEEE 802.3ae 标准的分类

（1）10GBASE-SR Serial：850nm 短距离模块（现有多模光纤上最长传输距离 85m，新型 2000MHz/km 多模光纤上最长传输距离 300m）。

（2）10GBASE-LR Serial：1310nm 长距离模块（单模光纤上最长传输距离 10km）。

（3）10GBASE-ER Serial：1550nm 超长距离模块（单模光纤上最长传输距离 40km）

5.6　习题

一、填空题

1. 局域网是一种在_____地理范围内以实现_____和信息交换为目的，由计算机和数据通信设备连接而成的计算机网。

2. 局域网拓扑结构一般比较规则，常用的有星型、_____、_____、_____。

3. 从局域网媒体访问控制方法的角度讲，可以把局域网划分为_____网和_____网两大类。

4. CSMA/CD 技术包含_____和冲突检测两个方面的内容，该技术只用于总线型网络拓扑结构。

5. 载波侦听多路访问技术是为了减少_____。它是在源站点发送报文之前，首先侦听信道是否_____，如果侦听到信道上有载波信号，则_____发送报文。

6. 千兆以太网标准是现行_____标准的扩展，经过修改的 MAC 子层仍然使用_____协议。

二、选择题

1．在共享式的网络环境中，由于公共传输介质为多个节点所共享，因此有可能出现（　　）。

    A．拥塞　　　　　　　B．泄密　　　　　　C．冲突　　　　　　D．交换

2．采用 CSMA/CD 通信协议的网络为（　　）。

    A．令牌网　　　　　　B．以太网　　　　　C．因特网　　　　　D．广域网

3．以太网的拓扑结构是（　　）。

    A．星型　　　　　　　B．总线型　　　　　C．环型　　　　　　D．树型

4．与以太网相比，令牌环网的最大优点是（　　）。

    A．价格低廉　　　　　B．易于维护　　　　C．高效可靠　　　　D．实时性

5．IEEE 802 工程标准中的 802.3 协议是（　　）。

    A．局域网的载波侦听多路访问标准　　　　B．局域网的令牌环网标准

    C．局域网的令牌总线标准　　　　　　　　D．局域网的互连标准

6．IEEE 802 为局域网规定的标准只对应于 OSI 参考模型的（　　）。

    A．第一层　　　　　　　　　　　　　　　B．第二层

    C．第一层和第二层　　　　　　　　　　　D．第二层和第三层

三、简答题

1．什么叫计算机局域网？它有哪些主要特点？局域网的组成包括哪几个部分？

2．局域网可以采用哪些通信介质？简述几种常见局域网拓扑结构的优缺点。

3．局域网参考模型各层功能是什么？与 OSI/RM 参考模型有哪些不同？

4．以太网采用何种介质访问控制技术？简述其原理。

5．简述千兆以太网与万兆以太网的应用领域。

5.7　拓展训练　组建小型共享式对等网

一、实训目的

- 掌握用交换机组建小型交换式对等网的方法。
- 掌握 Windows 7 对等网建设过程中的相关配置。
- 了解判断 Windows 7 对等网是否导通的几种方法。
- 掌握 Windows 7 对等网中文件夹共享的设置方法和使用。
- 掌握 Windows 7 对等网中映射网络驱动器的设置方法。

二、实训内容

组建小型共享式对等网的步骤如下（如果将集线器换成交换机则组建交换式对等网）：

1．硬件连接

（1）如图 5-12 所示，将 3 条直通双绞线的两端分别插入每台计算机网卡的 RJ-45 接口和集线器的 RJ-45 接口中，检查网卡和集线器的相应指示灯是否亮起，判断网络是否正常连通。

（2）将打印机连接到 PC1。

2．TCP/IP 协议配置

（1）配置 PC1 的 IP 地址为 192.168.1.10，子网掩码为 255.255.255.0；配置 PC2 的 IP 地址为 192.168.1.20，子网掩码为 255.255.255.0；配置 PC3 的 IP 地址为 192.168.1.30，子网掩码为 255.255.255.0。

（2）在 PC1、PC2 和 PC3 之间用 ping 命令测试网络的连通性。

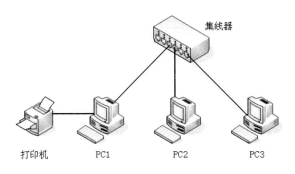

图 5-12　组建办公室对等网络的网络拓扑图

3．设置计算机名和工作组名

（1）依次单击"开始"→"控制面板"→"系统和安全"→"系统"→"高级系统设置"→"计算机名"，打开"系统属性"对话框，选择"计算机名"选项卡，如图 5-13 所示。

（2）单击"更改"按钮，打开"计算机名/域更改"对话框，如图 5-14 所示。

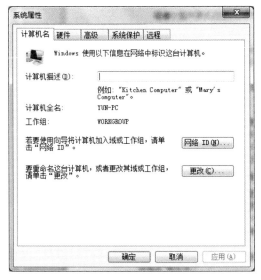

图 5-13　"系统属性"对话框

图 5-14　"计算机名/域更改"对话框

（3）在"计算机名"文本框中输入 PC1 作为本机名，选中"工作组"单选按钮，并设置工作组名为 SMILE。

（4）单击"确定"按钮后，系统会提示重启计算机，重启后，修改后的"计算机名"和"工作组名"就生效了。

4．安装共享服务

（1）依次单击"开始"→"控制面板"→"网络和 Internet"→"网络和共享中心"→"更改适配器设置"项，打开"网络连接"窗口。

（2）右击"本地连接"图标，在弹出的快捷菜单中选择"属性"命令，打开"Local Area Connection 属性"（本地连接 属性）对话框，如图 5-15 所示。

图 5-15　"本地连接 属性"对话框

（3）如果如图 5-15 所示，"Microsoft 网络的文件和打印机共享"前的复选框内有对钩，则说明共享服务安装正确。否则，请选中"Microsoft 网络的文件和打印机共享"前的复选框。

（4）单击"确定"按钮，重启系统后设置生效。

5．设置有权限共享的用户

（1）单击"开始"菜单，右击"计算机"，在弹出的快捷菜单中选择"管理"，打开"计算机管理"窗口，如图 5-16 所示。

图 5-16　"计算机管理"窗口

（2）在图 5-16 中，依次展开"本地用户和组"→"用户"，右击"用户"项，在弹出的快捷菜单中，选择"新用户"命令，打开"新用户"对话框，如图 5-17 所示。

图 5-17　"新用户"对话框

（3）在图 5-17 中，依次输入用户名、密码等信息，然后单击"创建"按钮，创建新用户 shareuser。

6.　设置文件夹共享

（1）右击某一需要共享的文件夹，在弹出的快捷菜单中依次选择"共享"→"特定用户"命令，如图 5-18 所示。

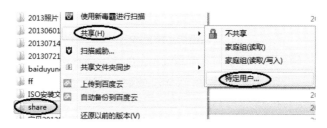

图 5-18　设置文件夹共享

（2）在打开的"文件共享"窗口中，单击下拉箭头按钮 ，在下拉列表中选择能够访问共享文件夹 share 的用户 shareuser，如图 5-19 所示。

图 5-19　"文件共享"窗口

（3）单击"共享"按钮，完成文件夹共享的设置，如图 5-20 所示。

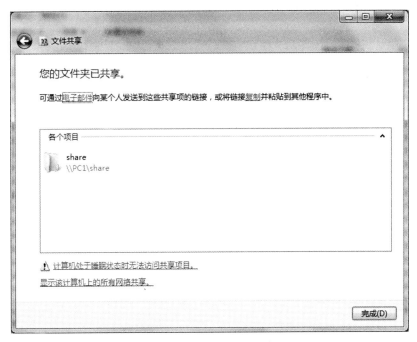

图 5-20　完成文件夹共享

7.　设置打印机共享

（1）单击"开始"→"设备和打印机"，打开"设备和打印机"窗口，如图 5-21 所示。

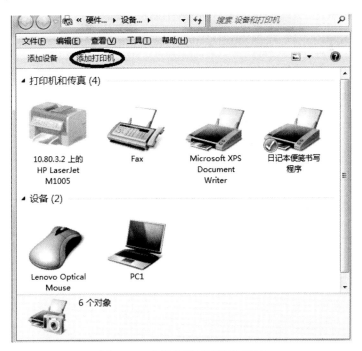

图 5-21　"设备和打印机"窗口

（2）执行"添加打印机"命令，打开如图 5-22 所示的"添加打印机"对话框，本对话框可供选择要安装的打印机的类型。

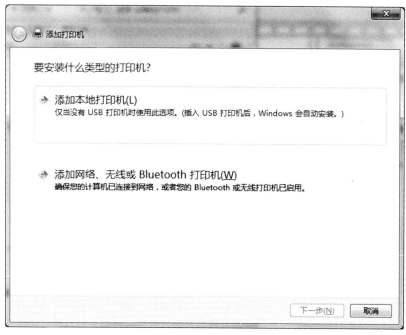

图 5-22　"添加打印机"对话框（1）

（3）选择"添加本地打印机"命令，打开如图 5-23 所示的"添加打印机"对话框，本对话框提供打印机端口的选项。

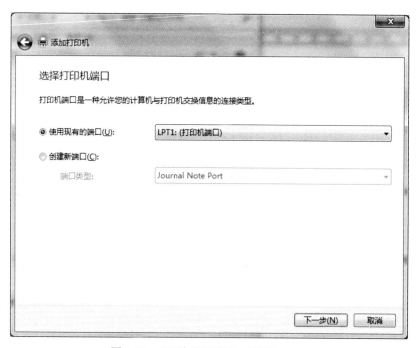

图 5-23　"添加打印机"对话框（2）

（4）单击"下一步"按钮，选择打印机的生产厂商和打印机型号，如图 5-24 所示。

图 5-24　"添加打印机"对话框（3）

（5）单击"下一步"按钮，在打开的对话框中键入打印机名称，如图 5-25 所示。

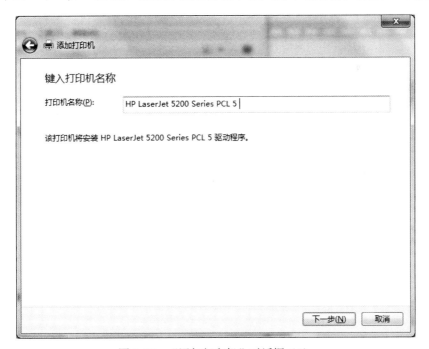

图 5-25　"添加打印机"对话框（4）

（6）单击"下一步"按钮，选择"共享此打印机以便网络中的其他用户可以找到并使用它"单选按钮，共享该打印机，如图 5-26 所示。

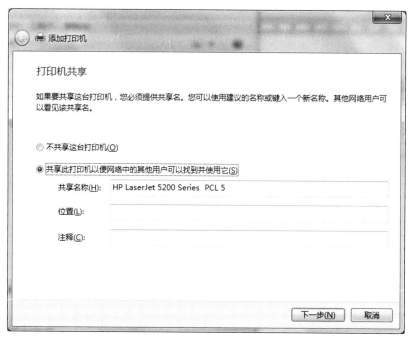

图 5-26　"添加打印机"对话框（5）

（7）单击"下一步"按钮，设置默认打印机，如图 5-27 所示。单击"完成"按钮，完成打印机安装。

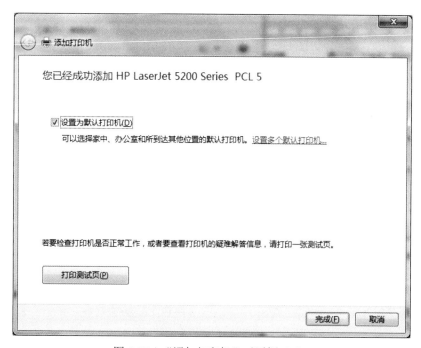

图 5-27　"添加打印机"对话框（6）

8. 使用共享文件夹

（1）在其他计算机（如 PC2）中，在资源管理器或 IE 浏览器的地址栏中输入共享文件所在的计算机名或 IP 地址，如输入\\192.168.1.10 或\\PC1，输入用户名和密码，即可访问共享资源了（如共享文件夹 share），如图 5-28 所示。

图 5-28　"使用共享文件夹"窗口

（2）右击共享文件夹 share 图标，在弹出的快捷菜单中选择"映射网络驱动器"命令，打开"映射网络驱动器"对话框，如图 5-29 所示。

图 5-29　"映射网络驱动器"对话框

（3）单击"完成"按钮，完成映射网络驱动器操作。双击打开"计算机"项，这时可以看到共享文件夹已被映射成了 Z 驱动器，如图 5-30 所示。

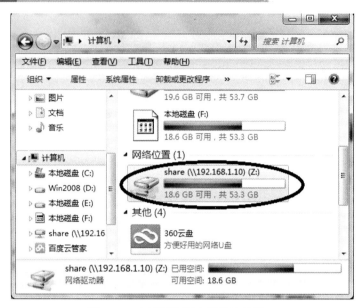

图 5-30　映射网络驱动器的结果窗口

9．使用共享打印机

（1）在 PC2 或 PC3 中，单击"开始"→"设备和打印机"，打开"设备和打印机"窗口。

（2）单击"添加打印机"按钮，打开如图 5-31 所示的选择要安装的打印机类型的"添加打印机"对话框。

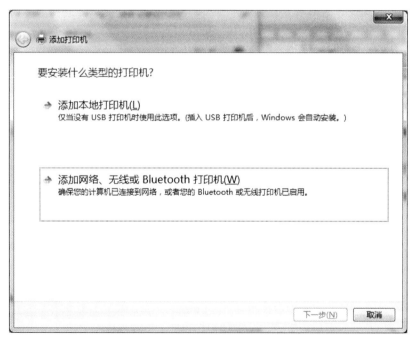

图 5-31　"添加打印机"对话框（7）

（3）执行"添加网络、无线或 Bluetooth 打印机"命令，打开如图 5-32 所示的"添加打印机"对话框。

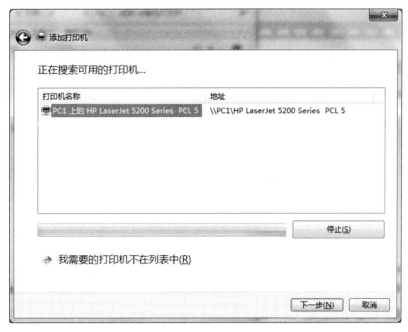

图 5-32　"添加打印机"对话框（8）

（4）一般网络上共享的打印机会被自动搜索，如果没有搜索到，请单击"我需要的打印机不在列表中"，打开图 5-33 所示的"添加打印机"对话框，选中"按名称选择共享打印机"单选按钮，输入 UNC 方式的共享打印机，本例中输入："\\192.168.1.10\HP LaserJet 5200 Series PLC 5"，其中 HP LaserJet 5200 Series PLC 5 为共享打印机名称，如图 5-33 所示。

图 5-33　"添加打印机"对话框（9）

（5）单击"下一步"按钮继续，最后单击"完成"按钮，完成网络共享打印机的安装。

提示：也可以在 PC2 或 PC3 上，使用 UNC 路径（\\192.168.1.10）列出 PC1 上的共享资源，包括共享打印机资源，然后在共享打印机上单击右键，在弹出的快捷菜单中单击"连接"进行网络共享打印机的安装。

三、实训思考题

- 如何组建对等网络？
- 对等网有何特点？
- 如何测试对等网是否建设成功？
- 如果超过三台计算机组成对等网，该增加何种设备？
- 如何实现文件、打印机等的资源共享？

6

交换与虚拟局域网

本章学习目标

- 了解交换式以太网的特点
- 掌握以太网交换机的工作过程和数据传输方式
- 掌握以太网交换机的通信过滤、地址学习和生成树协议
- 掌握 VLAN 的组网方法和特点

6.1 交换式以太网的提出

1. 共享式以太网存在的主要问题

（1）覆盖的地理范围有限。按照 CSMD/CD 的有关规定，以太网覆盖的地理范围随网络速度的增加而减小。一旦网络速率固定下来，网络的覆盖范围也就固定下来。因此，只要两个节点处于同一个以太网中，它们之间的最大距离就不能超过这一固定值，不管他们之间的连接跨越一个集线器还是多个集线器，如果超过这个值，网络通信就会出现问题。

（2）网络总带宽容量固定。共享式以太网的固定带宽容量被网络上的所有节点共同拥有，随机占用。网络中的节点越多，每个节点平均可以使用的带宽越窄，网络的响应速度也会越慢。随着网络中节点数的增加，冲突和碰撞必然加大，相应的带宽浪费也会越大。

（3）不能支持多种速率。由于以太网共享传输介质，因此网络中的设备必须保持相同的传输速率，否则一个设备发送的信息，另一个设备不可能收到。单一的共享式以太网不可能提供多种速率的设备支持。

2. 交换的提出

通常，人们利用"分段"的方法解决共享式以太网存在的问题。所谓的"分段"，就是将一个大型的以太网分割成两个或多个小型的以太网，每个段（分割后的每个小以太网）使用 CSMD/CD 介质访问控制方法维持段内用户的通信。段与段之间通过一种"交换"设备进行沟通，这种交换设备可以将在一段接收到的信息经过简单的处理转发给另一段。

在实际应用中，如果通过四个集线器级联部门1、部门2和部门3组成大型以太网。尽管部门1、部门2和部门3都通过各自的集线器组网，但由于使用共享集线器连接三个部门的网络，因此，所构成的网络仍然属于一个大的以太网。这样，每台计算机发送的信息将在全网流动，即使访问的是本部门的服务器也是如此。

通常，部门内部计算机之间的相互访问是最频繁的。为了限制部门内部信息在全网流动，可以使每个部门组成一个小的以太网，部门内部仍可使用集线器，但部门之间通过交换设备相互连接，如图6-1所示。通过分段，既可以保证部门内部信息不会流至其他部门，又能保证部门之间的信息交互。以太网节点的减少使冲突和碰撞的几率更小，网络的效率更高。而分段之后，各段可按需选择自己的网络速率，组成性能价格比更高的网络。

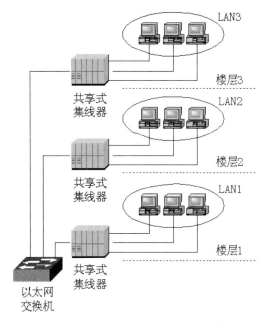

图 6-1　交换机将共享式以太网分段

交换设备有多种类型，局域网交换机、路由器等都可以作为交换设备。交换机工作于数据链路层，用于连接较为相似的网络（例如：以太网－以太网），而路由器工作于互联层，可以实现异型网络的互连（例如：以太网－帧中继）。

6.2　以太网交换机的工作原理

典型的局域网交换机是以太网交换机。以太网交换机可以通过交换机端口之间的多个并发连接，实现多节点之间数据的并发传输。这种并发数据传输方式与共享式以太网在某一时刻只允许一个节点占用共享信道的方式完全不同。

交换在通信中是至关重要的，无论是广域网还是局域网在组网时都离不开交换机。与广域网分组交换机相比，局域网交换机应该称为交换器，但习惯上都称为交换机。局域网上的交换机又包括ATM交换机、以太网交换机、FDDI交换机和令牌环交换机。

局域网交换机又分为两层交换机和三层交换机，这里主要讨论两层交换机，对三层交换机只作一般介绍。

1. 交换机的功能

在用集线器组成的网络中，由于集线器是物理层设备，只是使网络连接的范围得到了扩大，但是整个网络仍然在一个冲突域中，或者说形成了一个大的网段。当一个站点发送信息时，其他站点不能再发送信息，而只能接收信息。当站点增加到一定数量时，增加了信息碰撞的机会，网络的性能将会急剧下降。

交换机是一种智能设备，交换机工作在物理层和 MAC 子层。交换机遵循着网桥的工作原理。交换机可以把一个网段分为多个网段，把冲突限制在一些细分的网段之内，这就无形中增加了网络的带宽，使得每个网段之内都可获得一个碰撞域，细分网段之后就可以得到多个碰撞域。同时交换机又可以在不同的网段之间进行 MAC 帧的转发，即连接了各个网段，使各个网段之间可以进行访问。由此看来：交换机通过细分网段，提高了网络的带宽；通过在网段间发帧，又可以扩大以太网的范围。有时称交换机（或网桥）为数据链路层设备，所以说，交换机是一种真正意义上的以太网连接设备。通过交换机，可以把一些工作站连接起来，还可以把一些网段连接起来，同时又增加了网络的整个带宽。

交换机已经成为局域网组网技术中的关键设备，处于网络的核心地位，是在网络组建时首先必须考虑的问题。

2. 交换机的工作原理

（1）交换机的基本原理。交换机可以看作是一个多端口网桥，有的端口连接着一台工作站，有的端口连接着多个工作站组成的网段。当在各端口之间需要通信时，可以形成一个临时的独立通道，同一时刻可以有多条通道同时通信，当通信结束时再断开形成的通道。端口上可以连着工作站，也可以连接着一个网段。通道是通过查找 MAC 地址表在源和目的端口间形成的，地址表是站点与交换机通过自学习的过程逐渐形成的。

（2）交换机的组成。交换机的组成主要包括控制逻辑、交换机构和输入输出端口。当一个 MAC 帧输入后，控制逻辑启动查表功能，在 MAC 地址表中，根据输入帧的目的地址找到相应的端口号，然后控制逻辑启动交换阵列的交叉连接，并在相应的端口使 MAC 帧输出。

（3）交换机构的实现。实现交换机构的方法有多种，最初是采用由普通的 CPU 运行软件，对存储在存储器中的帧进行处理的方式；其次是由 VLSI 芯片构成交换矩阵，用专用的 ASIC 芯片进行控制的方式，ASIC 专用芯片对于交换机结构的形式起到了非常大的作用；还有的交换机构采用时分复用的总线方式，这种方式比较适合于交换机堆叠；而采用共享型存储器结构的方式适于制作厢体型交换机的交换模块。

（4）交换机的结构。交换机的结构一般类似于 PC 机，各功能模块以插件方式插入到作为母板的总线扩展槽中，形成整体的交换机设备。而厢体模块型交换机则把控制逻辑、阵列等部件合成交换引擎，再把交换引擎、端口模块和电源模块组合成厢体模块式交换机。为了提高可靠性，在厢体中还配置了冗余的交换引擎和电源模块等。

（5）交换机的交换方式。如何对进入端口的帧进行转发，有三种方式。第一种是存储转发交换方式，对于进入的帧全部存入缓存中，然后进行链路差错检验，再根据目的地址进行转发，这种交换方式可以有效地提高链路质量，但存储转发增加了转发延时；第二种是直通交换方式，输入端口接收到帧开始 6 个字节的目的地址后，立即将帧转发出去，此方式延时小，适合于链路质量高的场合；第三种是碎片丢弃交换方式，帧输入后，首先按照规则检查是否为碎片，若不是，再根据目的地址进行转发。有些交换机采用了两种方法相结合的方式，例如默认为第二种交换方式，当检测到传输错误超过某一个上限时改为第一种交换方式。

3. 交换机分类

（1）按照交换机的速率分类，基本上可以分为 10Mbps、10/100Mbps 自适应和 1Gbps 交换机。低档的交换机一般只提供单一速率端口，高档的交换机一般提供多种速率端口。另外，大多数交换机除基本端口以外还提供 1～2 个上联端口。

（2）按照可扩性分类，可以分为单体交换机和可堆叠交换机。单体交换机可以通过级联方式扩大连网范围;可堆叠交换机通过堆叠接口用专用堆叠线可以把至多 5 台这样的交换机堆叠在一起，形成一个具有较多端口的交换机。

（3）按照端口可扩展性分，可以分为固定端口交换机、可扩展端口交换机和厢体模块式交换机。

固定端口交换机的端口数和端口类型都是固定不变的，这类交换机一般都是工作组级交换机连接，还提供了一个 100Mbps 的上联端口。而 Cisco Catalyst 2924M XL 型交换机除上述端口外还增加一个 100Mbps 多模光纤接口。

可扩展端口交换机的配置比较灵活，除了基本端口外，还提供了一些扩展插槽。如果未插入扩展卡，扩展槽装着空面板挡板，如果需要，可以插入扩展卡。例如 Cisco Catalyst 2924M XL 型交换机，主要部分是 24 个 10/100Mbps 自适应的 RJ-45 端口，上部有两个扩展槽，其中一个可以插入 100Mbps 扩展卡，带有 100Mbps 多模光纤 SC 接口，还可以插入 1Gbps 扩展卡，但光纤接口在单模和多模之间可选，灵活性非常大。

箱体模块式交换机又称机架式交换机，主体结构是一个内置电源和多个插槽主板的机箱。除基本交换模块以外在插槽中可以插入扩展的交换模块，还可以插入冗余电源模块、网管模块和多层交换模块等。箱体模块式交换机的优点是功能强大、可靠性高、配置灵活，可以提供一系列的扩展模块，包括千兆以太网、FDDI、ATM、快速以太网、令牌环模块等。一般作为大型局域网、园区网的核心交换机。

（4）按照交换机所处的地位可以分为企业级交换机、部门级交换机和工作组交换机。这种分类方法没有严格的依据，一般从应用规模来看，支持 500 个信息点以上的网络使用的交换机为企业级交换机;支持 300 个信息点以下的网络使用的交换机为部门交换机;支持 100 个信息点以下的网络使用的交换机为工作组级交换机。企业级一般都采用三层交换的箱体模块式交换机。按照地位，有时又把交换机分为核心层交换机、汇聚层交换机和接入层交换机。具有同一含义的另一种说法是主干交换机、楼宇交换机和边缘交换机。

交换机之间的连接不允许形成环路，否则会产生数据帧的循环传输，无端地浪费带宽，人们称这种环形连接为拓扑环。但拓扑环往往又是解决冗余连接的好方法。为了解决冗余连接的拓扑环问题，有些交换机采用了生成树算法，既解决了冗余连接问题，又不会形成拓扑环。生成树算法可以保证各台交换机能够形成完全可靠的冗余连接，又不会形成数据帧的循环，只有支持生成树算法的交换机才能具备这样的功能。

4. 三层交换机

交换机微分了以太网的冲突域，增加了网络带宽，但整个网络仍处于同一个广播域，还将消耗大量的带宽。通过 VLAN 技术，可以对以太网微分广播域，限制了广播信息在网络中的传播，但是 VLAN 之间的通信也不能进行。实际上，每一个虚拟局域网都可以看作是一个网段，也可以看作是不同的局域网。不同的局域网之间如果要通信必须通过路由器设备。路由器是一种网络互连设备，在网络的第三层对不同的网络，包括局域网、广域网，当然也包括VLAN进行互联，形成了一个互联网。

人们自然想到利用路由器实现 VLAN 之间的通信。但是如果用路由器设备，势必要在局域网中添加路由器端口，这样带来了两个问题：一个问题是路由器端口的费用都是非常高的，将增加局域网的投资；另一个问题是路由器对 IP 分组的转发是通过软件方式的，会降低局域网的速度。为了解决局域网 VLAN 之间的通信，一些网络设备公司对交换机设备重新进行考虑，提出三层交换的技术。

三层交换的基本思想是使交换机具有路由功能，这样的交换机称为路由交换机。从另一个角度考虑，也可以使路由器具有交换功能，这样的路由器称为交换路由器，又称为标记交换路由器。标记交换机路由器对进入的 IP 分组（第三层）进行分析，可以分为两类：一类是短信息流，可以在路由器转发到下一个路由器；另一类是长信息流，长信息流都是到同一目的地的分组，对这样的分组打上一个标记，然后根据帧的 MAC 地址，形成一个转发表，按照标记在第二层进行交换，由于交换是通过硬件进行，帧的转发速度快，因此提高了交换路由器的转发速度。

实现三层交换有多种方式，包括标记交换、IP 交换、IP 导航等，但基本思想都是相似的。人们把用三层交换技术实现交换功能的交换机称为三层交换机。三层交换机把路由模块与交换模块放在同一个交换总线上，使之结合得更加紧密，同时对实现路由功能的软件进行优化，通过第二层交换实现了第三层的路由功能。

交换式以太网建立在以太网基础之上。利用以太网交换机组网，既可以将计算机直接连到交换机的端口上，也可以将他们连入一个网段，然后将这个网段连接到交换机的端口。如果将计算机直接连到交换机的端口，那么它将独享该端口提供的带宽，如果计算机通过以太网连入交换机，那么该以太网上的所有计算机共享交换机端口提供的带宽。

6.3　以太网交换机的工作过程

典型的交换机结构与工作过程如图 6-2 所示。图中的交换机有 6 个端口，其中端口 1、5、6 分别连接了节点 A、节点 D 和节点 E，节点 B 和节点 C 通过共享式以太网连入交换机的端口 4。于是，交换机端口/MAC 地址映射表就可以根据以上端口与节点 MAC 地址的对应关系建立起来。

当节点 A 需要向节点 D 发送信息时，节点 A 首先将目的 MAC 地址指向节点 D 的帧发往交换机端口 1；交换机接收该帧，并在检测到其目的 MAC 地址后，在交换机的端口/MAC 地址映射表中查找节点 D 所连接的端口号；一旦查到节点 D 所连接的端口号 5，交换机在端口 1 与端口 5 之间建立连接，将信息转发到端口 5。与此同时，节点 E 需要向节点 B 发送信息，于是，交换机的端口 6 与端口 4 也建立一条连接，并将端口 6 接收到的信息转发至端口 4。

这样，交换机在端口 1 至端口 5 和端口 6 至端口 4 之间建立了两条并发的连接。节点 A 和节点 E 可以同时发送消息，节点 D 和接入交换机端口 4 的以太网可以同时接收信息。根据需要，交换机的各端口之间可以建立多条并发连接。交换机利用这些并发连接，对通过交换机的数据信息进行转发和交换。

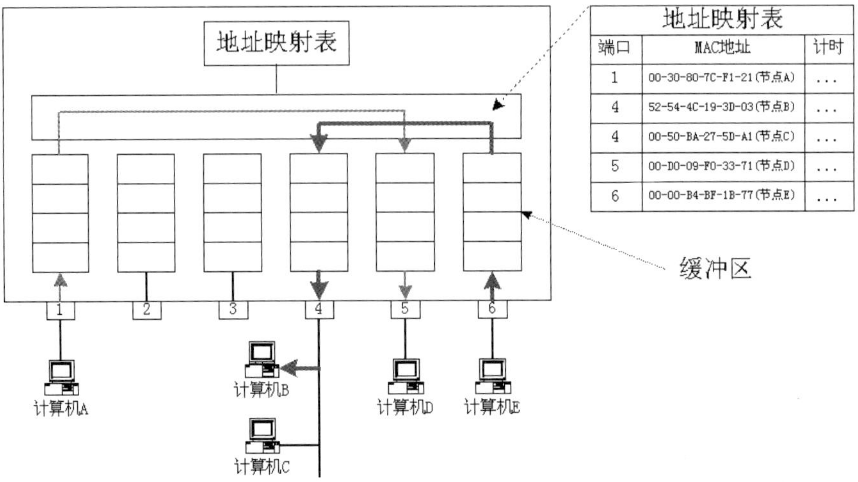

图 6-2　交换机的结构与工作过程

6.3.1　数据转发方式

以太网交换机的数据交换与转发方式可以分为直接交换、存储转发交换和改进的直接交换三类。

1.　直接交换

在直接交换方式中，交换机边接收边检测，一旦检测到目的地址字段，就立即将该数据转发出去，而不管数据是否出错，出错检测任务由节点主机完成。这种交换方式的优点是交换延迟时间短，缺点是缺乏差错检测能力，不支持不同输入输出速率的端口之间的数据转发。

2.　存储转发交换

在存储转发方式中，交换机首先要完整地接收站点发送的数据，并对数据进行差错检测，如接收数据是正确的，再根据目的地址确定输出端口号，将数据转发出去。这种交换方式的优点是具有差错检测能力，并能支持不同输入输出速率端口之间的数据转发，缺点是交换延迟时间相对较长。

3.　改进的直接交换

改进的直接交换方式将直接交换与存储转发交换结合起来，在接收到数据的前 64 字节之后，判断数据的头部字段是否正确，如果正确则转发出去。这种方法对于短数据来说，交换延迟与直接交换方式比较接近；而对于长数据来说，由于它只对数据前部的主要字段进行差错检测，因此交换延迟将会明显减少。

6.3.2　地址学习

以太网交换机利用端口/MAC 地址映射表进行信息的交换，因此，这个地址映射表的建立和维护显得相当重要，一旦地址映射表出现问题，就可能造成信息转发错误。那么，交换机中的地址映射表是怎样建立和维护的呢？

这里有两个问题需要解决，一是交换机如何知道哪台计算机连接到哪个端口，二是当计算机在交换机的端口之间移动时，交换机如何维护地址映射表。显然，通过人工建立交换机的地址映射表是不切实际的，交换机应该自动建立地址映射表。通常，以太网交换机利用"地址学习"法来动态建立和维护端口地址映射表，以太网交换机的地址学习是通过读取帧的源地址并记录帧进入交换机的端口进行的。当得到 MAC 地址与端口的对应关系后，交换机就将该对应关系添加到地址映射表，如果该项已经存在，交换机将更新该表项。因此，在以太网交换机中，地址是动态学习的，只要这个节点发送信息，交换机就能捕获到它的 MAC 地址与其所在端口的对应关系。

在每次添加或更新端口号/MAC 地址映射表的表项时，添加或更改的表项被赋予一个计时器，这使得该端口与 MAC 地址的对应关系能存储一段时间。如果在计时器溢出前没有再次捕获到该端口与 MAC 地址的对应关系，该表项将被交换机删除。通过移走过时的或已经不使用的表项，交换机维护了一个精确且有用的端口号/MAC 地址映射表。

6.3.3 通信过滤

交换机建立起端口/MAC 地址映射表之后，它就可以对通过的信息进行过滤了。以太网交换机在地址学习的同时还检查每个帧，并基于帧中的目的地址做出是否转发或转发到何处的决定。

图 6-3 左部分显示了两个以太网和两台计算机通过以太网交换机相互连接的示意图。通过一段时间的地址学习，交换机形成了图 6-3 右部分所示的端口/MAC 地址映射表。

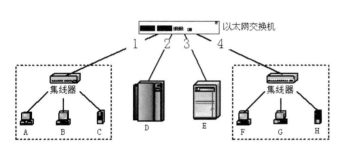

地址映射表		
端口	MAC 地址	计时
1	00-30-80-7C-F1-21(A)	...
1	52-54-4C-19-3D-03(B)	...
1	00-50-BA-27-5D-A1(C)	...
2	00-D0-09-F0-33-71(D)	...
4	00-00-B4-BF-1B-77(F)	...
4	00-E0-4C-49-21-25(H)	...

图 6-3 交换机的通信过滤

假设站点 A 需要向站点 C 发送数据，因为站点 A 通过集线器连接到交换机的端口 1，所以交换机从端口 1 读入数据，并通过地址映射表决定将该数据转发到哪个端口。通过搜索地址映射表，交换机发现站点 C 与端口 1 相连，与发送的源站点处于同一端口，遇到这种情况，交换机不再转发，简单地将数据抛弃，数据信息被限制在本地流动。

以太网交换机隔离了本地信息，从而避免了网络上不必要的数据流动。这是交换机通信过滤的主要优点，也是它与集线器截然不同的地方。集线器需要在所有端口上重复所有的信号，每个集线器相连的网段都将听到局域网上的所有信息流。而交换机所连的网段只听到发给他们的信息流，减少了局域网上总的通信负载，因此提供了更多的带宽。

但是，如果站点 A 需要向站点 G 发送信息，交换机在端口 1 读取信息后检索地址映射表，结果发现站点 G 在地址映射表中并不存在。在这种情况下，为了保证信息能够到达正确的目的地，交换机将向除端口 1 之外的所有端口转发信息。当然，一旦站点 G 发送信息，交换机就会捕获到它与端口的连接关系，并将得到的结果存储到地址映射表中。

6.3.4 生成树协议

集线器可以按照水平或树型结构进行级联，但是，集线器的级联绝不能出现环路，否则发送的数据将在网络中无休止地循环，造成整个网络的瘫痪。那么具有环路的交换机级联网络是否可以正常工作呢？答案是肯定的。

实际上，以太网交换机除了按照上面所描述的转发机制对信息进行转发外，还执行生成树协议（Spanning Tree Protocol，STP）。生成树协议 STP 计算无环路的最佳路径，当发现环路时，可以相互交换信息，并利用这些信息将网络中的某些环路断开，从而维护一个无环路的网络，以保证整个局域网在逻辑上形成一种树型结构，产生一个生成树。交换机按照这种逻辑结构转发信息，保证网络上发送的信息不会绕环旋转。

6.4   虚拟局域网

在 IEEE 802.1Q 标准中对虚拟局域网（Virtual LAN，VLAN）是这样定义的：VLAN 是由一些局域网网段构成的与物理位置无关的逻辑组，而这些网段具有某些共同的需求，每一个 VLAN 的帧都有一个明确的标识符，指明发送这个帧的工作站是属于哪一个 VLAN。

利用以太网交换机可以很方便地实现虚拟局域网。这里要指出，虚拟局域网其实只是局域网给用户提供的一种服务，而并不是一种新型局域网。

图 6-4 给出的是使用了三个交换机的虚拟局域网的网络拓扑。

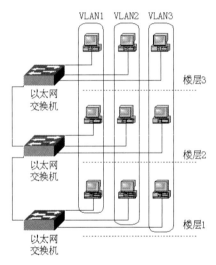

图 6-4   虚拟局域网的网络拓扑

从图 6-4 可看出，每一个 VLAN 的工作站可处在不同的局域网中，也可以不在同一楼层中。

利用交换机可以很方便地将这 9 个工作站划分为三个虚拟局域网：VLAN1、VLAN2 和 VLAN3。在虚拟局域网上的每一个站都可以听到同一虚拟局域网上的其他成员所发出的广播信息，而听不到不同虚拟局域网上的成员的广播信息。这样，虚拟局域网限制了接收广播信息的工作站数，使得网络不会因传播过多的广播信息（即所谓的"广播风暴"）而引起性能恶化。在共享传输媒体的局域网中，网络总带宽的绝大部分都是由广播帧消耗的。

6.4.1   共享式以太网与 VLAN

在传统的局域网中，通常一个工作组是在同一个网段上，每个网段可以是一个逻辑工作组。多个逻辑工作组之间通过交换机（或路由器）等互连设备交换数据，如图 6-5（a）所示。如果一个逻辑工作组的站点仅仅需要转移到另一个逻辑工作组（如从 LAN1 移动到 LAN3），就需要将该计算机从一个集线器（如 1 楼的集线器）撤出，连接到另一个集线器（如 LAN3）；如果仅仅需要物理位置的移动（如从 1 楼移动到 3 楼），那么，为了保证该站点仍然隶属于原来的逻辑工作组 LAN1，它必须连接至 1 楼的集线器，即使它连入 3 楼的集线器更方便。在某些情况下，移动站点的物理位置或逻辑工作组甚至需要重新布线。因此，逻辑工作组的组成受到了站点所在网段物理位置的限制。

虚拟局域网 VLAN 建立在局域网交换机之上，它以软件方式实现逻辑工作组的划分与管理。因此，逻辑工作组的站点组成不受物理位置的限制，如图 6-5（b）所示。同一逻辑工作组的成员可以不必连接在同一个物理网段上。只要以太网交换机是互联的，他们既可以连接在同一个局域网交换机上，也可以连接在不同的局域网交换机上。当一个站点从一个逻辑工作组转移到另一个逻辑工作组时，只需要通过软件设定，而不需要改变它在网络中的物理位置，当一个站点从一个物理位置移动到另一个物理位置时（例如 3 楼的计算机需要移动到 1 楼）只要将该计算机接入另一台交换机（例如 1 楼的交换机），通过交换机软件设置，这台计算机还可以是原工作组的一员。同一个逻辑工作组的站点可以分布在不同的物理网段上，但它们之间的通信就像在同一个物理段上一样。

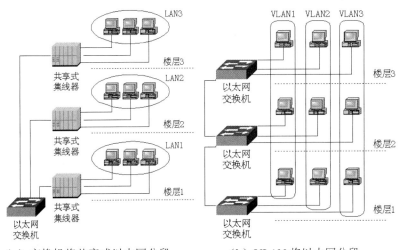

（a）交换机将共享式以太网分段　　　（b）VLAN 将以太网分段

图 6-5　共享式以太网与 VLAN

6.4.2　VLAN 的组网方法

VLAN 的划分可以根据功能、部门或应用而无须考虑用户的物理位置。以太网交换机的每个端口都可以分配给一个 VLAN，处于同一个 VLAN 的端口共享广播域（一个站点发送希望所有站点接收的广播信息，同一 VLAN 中的所有站点都可以听到），处于不同 VLAN 的端口不共享广播域，这将全面提高网络的性能。

VLAN 的组网方法包括静态 VLAN 和动态 VLAN 两种。

1. 静态 VLAN

静态 VLAN 就是静态地将以太网交换机上的一些端口划分给一个 VLAN，这些端口一直保持这种配置关系直到人工改变它们。

在图 6-6 所示的 VLAN 配置中，以太网交换机端口 1、2、6 和 7 组成 VLAN1，端口 3、4、5 组成 VLAN2。

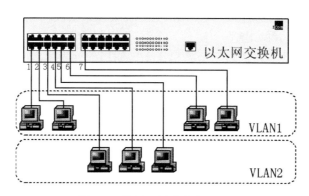

图 6-6　按端口划分静态 VLAN

尽管静态 VLAN 需要网络管理员通过配置交换机软件来改变其成员的隶属关系，但它们有良好的安全性，配置简单也可以直接监控，因此很受网络管理人员的欢迎。特别是站点设备位置相对稳定时，应用静态 VLAN 是一种最佳选择。

2. 动态 VLAN

所谓的动态 VLAN 是指交换机上 VLAN 端口是动态分配的。通常，动态分配的原则以 MAC 地址、逻辑地址或数据包的协议类型为基础，动态 VLAN 可以跨越多台交换机，如图 6-7 所示。

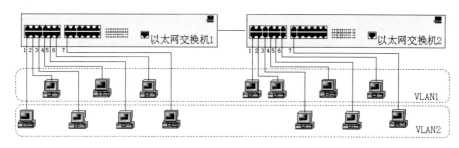

图 6-7　动态 VLAN 划分示意图

虚拟局域网既可以在单台交换机中实现，也可以跨越多台交换机。在图 6-7 中，VLAN 的配置跨越两台交换机。以太网交换机 1 的端口 2、4、6 和以太网交换机 2 的端口 1、2、4、6 组成 VLAN1，以太网交换机 1 的端口 1、3、5、7 和以太网交换机 2 的端口 3、5、7 组成 VLAN2。

如果以 MAC 地址为基础分配 VLAN，网络管理员可以通过指定具有那些 MAC 地址的计算机属于哪一个 VLAN 进行配置（例如 MAC 地址为 00-03-0D-60-1B-5E 的计算机属于 VLAN1），不管这些计算机连接到哪个交换机的端口。这样，如果计算机从一个位置移动到另一个位置，连接的端口发生变化，只要计算机的 MAC 地址不变（计算机使用的网卡不变），它仍将属于原 VLAN 的成员，无须重新配置。

6.4.3　VLAN 的优点

1.　减少网络管理开销

在有些情况下，部门重组和人员流动不但需要重新布线，而且需要重新配置网络设备。VLAN 为控制这些改变和减少网络设备的重新配置提供了一个有效的方法。当 VLAN 的站点从一个位置移到另一个位置时，只要它们还在同一个 VLAN 中并且仍可以连接到交换机端口，则这些站点本身就不用改变。位置的改变只要简单地将站点插到另一个交换机端口并对该端口进行配置就可以。

2.　控制广播活动

广播在每个网络中都存在。广播的频率依赖于网络应用类型、服务器类型、逻辑段数目及网络资源的使用方法。

大量的广播可以形成广播风暴，致使整个网络瘫痪，因此必须采取一些措施来预防广播带来的问题。尽管以太网交换机可以利用端口/MAC 地址映射表来减少网络流量，但却不能控制广播数据包在所有端口的传播。VLAN 的使用在保持了交换机良好性能的同时，也可以保护网络免受潜在广播风暴的危害。

一个 VLAN 中的广播流量不会传输到该 VLAN 之外，邻近的端口和 VLAN 也不会收到其他 VLAN 产生的任何广播信息。VLAN 越小，VLAN 中受广播活动影响的用户就越少。这种配置方式大大地减少了广播流量，弥补了局域网受广播风暴影响的弱点。

3.　提供较好的网络安全性

传统的共享式以太网的非常严重的安全问题是它很容易被穿透。因为网上任一节点都需要侦听共享信道上的所有信息，所以通过插接到集线器的一个活动端口，用户就可以获得该段内所有流动的信息。网络规模越大，安全性就越差。

提高安全性的一个经济实惠和易于管理的技术就是利用 VLAN 将局域网分成多个广播域。因为一个 VLAN 上的信息流（不论是单播信息流还是广播信息流）就不会流入另一个 VLAN，从而就可以提高网络的安全性。

6.5　组建虚拟局域网

合理地使用交换机可以使网络的运营效率更高、速度更快。

6.5.1　交换式以太网组网

交换式以太网的组网需要使用以太网交换机，尽管它们内部的工作机理相差甚远，但它们都具有 RJ-45 端口，计算机与集线器的这些共同点，使交换式以太网的组网更加容易。

由于交换机的端口速率可以不同，所以 10/100Mbps 自适应交换机有更大的灵活性。它既可以连接装有 10M 网卡的计算机，也可以连接装有 100M 网卡的计算机。

因为计算机通过 UTP 电缆直接连入以太网交换机端口，所以将前面组装的共享式以太网中的集线器换成交换机，UTP 电缆、计算机、网卡等其他组件完全不变，就可以简单地组成一个实验性的交换式网络。又因为交换机的一个端口可以连接一个网段，所以也可以将以前组装的共享式以太网作为一个整体连入交换机的一个端口，组成交换式以太网，与集线器的级联相同。在集线器与交换机的级联中同样需要考虑使用什么样的端口级联，使用直通 UTP 电缆还是交叉 UTP 电缆等问题。

6.5.2 在 Cisco 2950 交换机上划分 VLAN

以图 6-8 为例，在 Cisco 2950 交换机上划分 VLAN，VLAN1 的 IP 地址为 192.16.1.1 和 192.168.1.2，VLAN2 的 IP 地址为 192.168.1.3，其步骤如下所示。

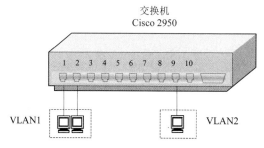

图 6-8　简单的交换式以太网组网

1. 线缆连接及属性设置

通过终端控制台查看和修改交换机的配置需要一台 PC 机或一台简易的终端，但是该 PC 机或简易终端应该能够仿真 VT100 终端。实际上，Windows Server 2003 中的"超级终端"软件就可以对 VT100 终端进行仿真。

PC 机或终端需要一条电缆进行连接，通常该电缆与交换机一起发售。电缆的一端与以太网交换机的控制台端口相连，另一端与 PC 机或终端的串行口（DB9 口或 DB25 口）相连。

如果利用 PC 机作为控制终端使用，在连接完毕后可以通过以下步骤进行设置。

（1）启动 Windows Server 2003 操作系统，依次单击"开始"→"程序"→"附件"→"通信"→"超级终端"，启动超级终端程序。

（2）选择连接以太网交换机使用的串行口，并将该串行口设置为 9600 波特、8 个数据位、1 个停止位、无奇偶校验和硬件流量控制。

（3）单击"回车"键，系统将收到以太网交换机的回送信息。

2. 查看端口/MAC 地址映射表

超级终端与以太网交换机连通后，就可以查看和配置交换机了。Cisco 交换机的配置命令是分级的，不同级别的管理员可以使用不同的命令集。首先看一看以太网交换机的端口/MAC 地址映射表。

（1）键入 enable 命令并输入相应的口令，以太网交换机将送回另一种命令提示符。

（2）键入 show mac-address-table 命令，交换机返回当前存储的端口/MAC 地址映射表。

观察端口/MAC 地址映射表，看一看计算机连的端口与该表给出的结果是否一致。如果某台计算机没有在该表中列出，可以在该计算机上使用 ping 命令检测网上其他计算机，然后再使用 show mac-address-table 命令显示交换机的端口/MAC 地址映射表。如果没有差错，表中应该出现这台计算机的 MAC 地址。

查看端口/MAC 地址映射表是最简单、最基本的一种操作。

3. 查看交换机的 VLAN 配置

查看交换机的 VLAN 配置可以使用 show vlan 命令。交换机返回的信息显示了当前交换机配置的 VLAN 个数、VLAN 编号、VLAN 名字、VLAN 状态以及每个 VLAN 所包含的端口号。

4. 添加 VLAN

（1）利用 vlan database 命令进入交换机的 VLAN 数据库维护模式。

（2）利用 vlan 1 name VLAN1 通知交换机需要建立一个编号为 1、名字为 VLAN1 的虚拟网络。

（3）使用 exit 退出 VLAN 数据库维护模式。

同样方式添加 VLAN2。

添加 VLAN 之后，可以使用 show vlan 命令再次查看交换机的 VLAN 配置，确认新的 VLAN 已经添加成功。

5. 为 VLAN 分配端口

以太网交换机通过把某些端口分配给一个特定的 VLAN 来建立静态虚拟网。将某一端口（例如端口 1）分配给某一个 VLAN 的过程如下：

（1）使用 configure terminal 命令进入配置终端模式。

（2）使用 interface fa 0/1 命令通知交换机配置的端口号为 1。

（3）使用 switchport mode access 和 switchport access vlan1 1 命令把交换机的端口 1 分配给 VLAN1。

（4）执行 exit 命令退出配置终端模式。

同样，将端口 2 分配给 VLAN1，将端口 9 分配给 VLAN2。

6. 验证 VLAN 的通信性能

利用 show vlan 命令显示交换机的 VLAN 配置信息，端口 1、端口 2 和端口 9 将分别出现在 VLAN1 和 VLAN2 中。

确认端口 1 和端口 2 已分配给 VLAN1 后，可以用与端口 1 相连的计算机去 ping 与端口 2 相连的计算机，观察有什么结果，然后用与端口 1 相连的计算机去 ping 与端口 9 相连的计算机，再观察有什么结果，为什么？试着分析一下原因。

7. 删除 VLAN

当一个 VLAN 的存在没有任何意义时，可以将它删除，删除 VLAN 的步骤如下：

（1）利用 vlan database 命令进入 VLAN 数据库管理模式。

（2）执行 no vlan 2 命令将 VLAN1 从数据库中删除。

（3）使用 exit 命令退出 VLAN 数据管理模式。

注意：在一个 VLAN 被删除后，原来分配给这个 VLAN 的端口将处于非激活状态，它们不会自动分配给其他 VLAN。只有把它们再次分配给另一个 VLAN 才能激活它们。

6.6　习题

一、填空题

1. 以太网交换机的数据转发方式可以分为＿＿＿＿、＿＿＿＿和＿＿＿＿三类。

2. 交换式以太网有_____、_____、_____和_____四项功能。

3. 交换式局域网的核心设备是_____。

4. 动态 VLAN 分配原则以_____、_____或_____为基础。

二、选择题

1. 以太网交换机中的端口/MAC 地址映射表（　　　）。
   A. 是由交换机的生产商建立的
   B. 是交换机在数据转发过程中通过学习动态建立的
   C. 是由网络管理员建立的
   D. 是由网络用户利用特殊的命令建立的

2. 下面说法中错误的是（　　　）。
   A. 以太网交换机可以对通过的信息进行过滤
   B. 在交换式以太网中可以划分 VLAN
   C. 以太网交换机中端口的速率可能不同
   D. 利用多个以太网交换机组成的局域网不能出现环路

3. 具有 24 个 10M 端口的交换机的总带宽可以达到（　　　）。
   A. 10M   B. 100M   C. 240M   D. 10/24 M

4. 具有 5 个 10M 端口的集线器的总带宽可以达到（　　　）。
   A. 50M   B. 10M   C. 2M   D. 5M

5. 在交换式以太网中，下列描述正确的是（　　　）。
   A. 连接于两个端口的两台计算机同时发送，仍会发生冲突。
   B. 计算机的发送和接受仍采用 CSMA/CD 方式。
   C. 当交换机的端口数增多时，交换机的系统总吞吐率下降。
   D. 交换式以太网消除信息传输的回路。

6. 能完成 VLAN 之间数据传递的设备是（　　　）。
   A. 中继器   B. 交换器
   C. 集线器   D. 路由器

7. 对于用交换机互连的没有划分 VLAN 的交换式以太网，哪种描述是错误的？（　　　）
   A. 交换机将信息帧只发送给目的端口。
   B. 交换机中所有端口属于一个冲突域。
   C. 交换机中所有端口属于一个广播域。
   D. 交换机各端口可以并发工作。

8. 对于已经划分了 VLAN 后的交换式以太网，下列哪种说法是错误的？（　　　）
   A. 交换机的每个端口自己是一个冲突域。
   B. 位于一个 VLAN 的各端口属于一个冲突域。
   C. 位于一个 VLAN 的各端口属于一个广播域。
   D. 属于不同 VLAN 的各端口的计算机之间，不用路由器不能连通。

三、根据要求完成表格

网络设备	工作于 OSI 参考模型的哪一层
中继器	
集线器	
二层交换机	
三层交换机	
路由器	
网关	
调制解调器	

四、问答题

1. 请简述共享以太网和交换以太网的区别。
2. 请简述以太网交换机的工作过程。
3. 什么是虚拟局域网？

6.7 拓展训练

拓展训练1 交换机的了解与基本配置

一、实训目的

- 熟悉 Cisco Catalyst 2950 交换机的开机界面和软硬件情况。
- 掌握对 2950 交换机进行基本的设置。
- 了解 2950 交换机的端口及其编号。

二、实训内容

1. 通过 Console 口连接到交换机上，观察交换机的启动过程和默认配置。
2. 了解交换机启动过程所提供的软硬件信息。
3. 对交换机进行一些简单的基本配置。

三、实训拓扑图

实训拓扑如图 6-9 所示。

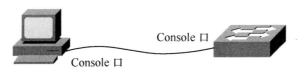

Console 口

Console 口

图 6-9 实训拓扑图

四、实训步骤

开始实验之前，建议在删除各交换机的初始配置后再重新启动交换机，这样可以防止由残留的配置所带来的问题。

连接好相关电缆，将 PC 机设置好超级终端，检查硬件连接没有问题之后，接通 2950 交换机的电源，实验开始。

（1）启动 2950 交换机。

1）查看 2950 交换机的启动信息。

```
C2950 Boot Loader （CALHOUN-HBOOT-M）Version 12.1（0.0.34）EA2, CISCO DEVELOPMENT TEST VERSION
                                                    —Boot 程序版本
Compiled Wed 07-Nov-01 20:59 by antonino
WS-C2950G-24 starting...                              —硬件平台
《以下内容略，请读者仔细查看》
……………………………
Press RETURN to get started!
```

其中较为重要的内容已经在前面进行了注释。启动过程提供了非常丰富的信息，我们可以利用这些信息对 2950 交换机的硬件结构和软件加载过程有直观的认识。在产品验货时，有关部件号、序列号、版本号等信息也非常有用。

2）2950 交换机的默认配置。

```
switch>enable
switch#
switch#show running-config
Building configuration...
<以下内容省略……>
```

（2）2950 交换机的基本配置。

在默认配置下，2950 交换机就可以进行工作了，但为了方便管理和使用，首先应该对它进行基本的配置。

1）首先进行的配置是 enable 口令和主机名。应该指出的是，通常在配置中，enable password 和 enable secret 两者只配置一个即可。

```
switch#conf t
Enter configuration commands, one per line.  End with CNTL/Z.
switch（config）#hostname C2950
C2950（config）#enable password cisco1
C2950（config）#enable secret cisco
```

2）默认配置下，所有接口处于可用状态，并且都属于 VLAN1。对 vlan 1 接口的配置是基本配置的重点。VLAN1 是管理 VLAN（有的书又称它为 native VLAN），vlan 1 接口属于 VLAN1，是交换机上的管理接口，此接口上的 IP 地址将用于对此交换机的管理，如 Telnet、HTTP、SNMP 等。

```
C2950（config）#interface vlan 1
C2950（config-if）#ip address 192.168.1.1 255.255.255.0
C2950（config-if）#no shutdown
```

有时为便于通信和管理，还需要配置默认网关、域名、域名服务器等。

3）show version 命令可以显示本交换机的硬件、软件、接口、部件号、序列号等信息，这些信息与开机启动时所显示的基本相同，但要注意最后的"设置寄存器"的值。

Configuration register is 0xF

【问题】设置寄存器有何作用？此处值 0xF 表示什么意思？

4）show interface vlan 1 可以列出此接口的配置和统计信息。

C2950#show　int　vlan 1

（3）配置 2950 交换机的端口属性。

2950 交换机的端口属性默认地支持一般网络环境下的正常工作，在某些情况下需要对其端口属性进行配置，主要配置对象有速率、双工和端口描述等。

1）设置端口速率为 100Mbps、全双工，端口描述为 to_PC。

```
C2950#conf t
Enter configration command, one per line.  End with Ctrl/Z.
C2950（config）#interface fa 0/1
C2950（config-if）#speed ?
10      Force 10Mbps operation
100     Force 100Mbps operation
auto    Enable AUTO speed operation
C2950（config-if）#speed 100
C2950（config-if）#duplex ?
auto    Enable AUTO duplex operation
full      Enable full-duplex operation
half     Enable half-duplex operation
C2950（config-if）#duplex full
C2950（config-if）#description to_PC
C2950（config-if）#^Z
```

2）show interface 命令可以查看到配置的结果。show inteface fa 0/1 status 命令以简捷的方式显示了我们通常较为关心的项目，如端口名称、端口状态、所属 VLAN、全双工属性和速率等。其中端口名称处显示的即为端口描述语句所设定的字段。show inteface fa 0/1 description 命令专门显示了端口描述，同时也显示了相应的端口和协议状态信息。

C2950#show　interface　fa 0/1 status

五、实训问题参考答案

设置寄存器的目的是指定交换机从何处获得启动配置文件。0xF 表明是从 NVRAM 获得。

拓展训练 2　配置 VLAN Trunking 和 VLAN

一、实训目的

● 进一步了解和掌握 VLAN 的基本概念，掌握按端口划分 VLAN 的配置。
● 掌握通过 VLAN Trunking 配置跨交换机的 VLAN。
● 掌握配置 VTP 的方法。

二、实训内容

1. 将交换机 A 的 VTP 配置成 Server 模式，交换机 B 为 Client 模式，两者同一 VTP，域名为 Test。

2．在交换机 A 上配置 VLAN。

3．通过实验验证当在两者之间配置 Trunk 后，交换机 B 自动获得了与交换机 A 同样的 VLAN 配置。

三、实训拓扑图

用交叉网线把 C2950A 交换机的 Fast Ethernet0/24 端口和 C2950B 交换机的 Fast Ethernet 0/24 端口连接起来，如图 6-10 所示。

图 6-10　实训拓扑图

四、实训步骤

（1）配置 C2950A 交换机的 VTP 和 VLAN。

1）电缆连接完成后，在超级终端正常开启的情况下，接通 2950 交换机的电源，实验开始。

在 2950 系列交换机上配置 VTP 和 VLAN 的方法有两种，我们使用 vlan database 命令配置 VTP 和 VLAN。

2）使用 vlan database 命令进入 VLAN 配置模式，在 VLAN 配置模式下，设置 VTP 的一系列属性，把 C2950A 交换机设置成 VTP Server 模式（默认配置），VTP 域名为 Test。

```
C2950A#vlan database
C2950A（vlan）#vtp Server
Setting device to VTP Server mode.
C2950A（vlan）#vtp domain Test
Changing VTP domain name from exp to Test .
```

3）定义 V10、V20、V30 和 V40 等 4 个 VLAN。

```
C2950A（vlan）#vlan 10 name V10
C2950A（vlan）#vlan 20 name V20
C2950A（vlan）#vlan 30 name V30
C2950A（vlan）#vlan 40 name V40
```

每增加一个 VLAN，交换机便显示增加 VLAN 信息。

4）show vtp status 命令显示 VTP 相关的配置和状态信息，主要应当关注 VTP 模式、域名、VLAN 数量等信息。

```
C2950A#show  vtp  status
```

5）show vtp counters 命令列出 VTP 的统计信息。各种 VTP 相关包的收发情况表明，因为 C2950A 交换机与 C2950B 交换机暂时还没有进行 VTP 信息的传输，所以各项数值均为 0。

```
C2950A#show  vtp  counters
```

6）把端口分配给相应的 VLAN，并将端口设置为静态 VLAN 访问模式。

在接口配置模式下用 switchport access vlan 和 switchport mode access 命令（只用后一条命令也可以）。

```
C2950A（config）#interface   fa 0/1
C2950A（config-if）#switchport mode access
C2950A（config-if）#switchport access vlan 10
```

```
C2950A（config-if）#int fa 0/2
C2950A（config-if）#switchport mode access
C2950A（config-if）#switchport access vlan 20
C2950A（config-if）#int fa 0/3
C2950A（config-if）#switchport mode access
C2950A（config-if）#switchport access vlan 30
C2950A（config-if）#int fa 0/4
C2950A（config-if）#switchport mode access
C2950A（config-if）#switchport access vlan 40
```

（2）配置 C2950B 交换机的 VTP。

配置 C2950B 交换机的 VTP 属性，域名设为 Test，模式为 Client。

```
C2950B#vlan database
C2950B（vlan）#vtp domain Test
Changing VTP domain name from exp to Test .
C2950B（vlan）#vtp Client
Setting device to VTP Client mode.
```

（3）配置和监测两个交换机之间的 VLAN Trunking。

1）将交换机 A 的 24 口配置成 Trunk 模式。

```
C2950A（config）#interface fa 0/24
C2950A（config-if）#switchport mode trunk
```

2）将交换机 B 的 24 口也配置成 Trunk 模式。

```
C2950B（config）#interface fa 0/24
C2950B（config-if）#switchport mode trunk
```

3）用 show interface fa 0/24 switchport 查看 Fa0/24 端口上的交换端口属性，我们关心的是几个与 Trunk 相关的信息。它们是：运行方式为 Trunk，封装格式为 802.1Q，Trunk 中允许所有 VLAN 传输等。

```
C2950B#sh int fa 0/24 switchport
Name: Fa0/24
Switchport: Enabled
Administrative Mode: trunk
Operational Mode: trunk
Administrative Trunking Encapsulation: dot1q
Operational Trunking Encapsulation: dot1q
Negotiation of Trunking: On
Access Mode VLAN: 1 （default）
Trunking Native Mode VLAN: 1 （default）
Trunking VLANs Enabled: ALL
Pruning VLANs Enabled: 2-1001
    Protected: false
    Voice VLAN: none （Inactive）
Appliance trust: none
```

（4）查看 C2950B 交换机的 VTP 和 VLAN 信息。

完成两台交换机之间的 Trunk 配置后，在 C2950B 上发出命令查看 VTP 和 VLAN 信息。

```
C2950B#show vtp status
VTP Version                    : 2
Configuration Revision         : 2
Maximum VLANs supported locally : 250
```

```
Number of existing VLANs        : 9
VTP Operating Mode              : Client
VTP Domain Name                 : Test
VTP Pruning Mode                : Disabled
VTP V2 Mode                     : Disabled
VTP Traps Generation            : Disabled
MD5 digest                      : 0x74 0x33 0x77 0x65 0xB1 0x89 0xD3 0xE9
Configuration last modified by 0.0.0.0 at 3-1-93 00:20:23
Local updater ID is 0.0.0.0   （no valid interface found）
C2950B#sh vlan brief
VLAN Name                       Status    Ports
---- -------------------------------- --------- -------------------------------
1    default                          active    Fa0/1, Fa0/2, Fa0/3, Fa0/4
                                                Fa0/5, Fa0/6, Fa0/7, Fa0/8
                                                Fa0/9, Fa0/10, Fa0/11, Fa0/12
                                                Fa0/13, Fa0/14, Fa0/15, Fa0/16
                                                Fa0/17, Fa0/18, Fa0/19, Fa0/20
                                                Fa0/21, Fa0/22, Fa0/23, Fa0/24
                                                Gi0/1, Gi0/2
10   V10                              active
20   V20                              active
30   V30                              active
40   V40                              active
1002 fddi-default                     active
1003 token-ring-default               active
1004 fddinet-default                  active
1005 trnet-default                    active
```

可以看到 C2950B 交换机已经自动获得 C2950A 交换机上的 VLAN 配置。

注意：虽然交换机可以通过 VTP 学到 VLAN 配置信息，但交换机端口的划分是学不到的，而且每台交换机上端口的划分方式各不一样，需要分别配置。

若为交换机 A 的 vlan1 配置好地址，在交换机 B 上对交换机 A 的 vlan1 接口用 ping 命令验证两台交换机的连通情况，输出结果也将表明 C2950A 和 C2950B 之间在 IP 层是连通的，同时再次验证了 Trunking 的工作是正常的。

五、实训思考题

在配置 VLAN Trunking 前，交换机 B 能否从交换机 A 学到 VLAN 配置？

提示：不可以。VLAN 信息的传播必须通过 Trunk 链路，所以只有配置好 Trunk 链路后，VLAN 信息才能从交换机 A 传播到交换机 B。

7

无线局域网

本章学习目标

- 熟练掌握无线网络的基本概念
- 掌握无线局域网的标准
- 熟练掌握无线局域网的接入设备应用
- 掌握无线局域网的配置方式
- 掌握如何组建 Ad-Hoc 模式无线局域网
- 掌握如何组建 Infrastructure 模式无线局域网

7.1 无线局域网基础

无线局域网（Wireless Local Area Network，WLAN）是计算机网络与无线通信技术结合的产物。

WLAN 利用电磁波在空气中发送和接收数据，无需线缆介质。一般情况下 WLAN 指利用微波扩频通信技术进行联网，是在各主机和设备之间采用无线连接和通信的局域网络。它不受电缆束缚，可移动，能解决因布线困难、电缆接插件松动、短路等带来的问题，省却了一般局域网中布线和变更线路费时、费力的麻烦，大幅度地降低了网络的造价。WLAN 既可满足各类便携机的入网要求，也可实现计算机局域联网、远端接入、图文传真、电子邮件等多种功能，为用户提供了方便。

作为传统有线网络的一种补充和延伸，无线局域网把个人从办公桌边解放了出来，使他们可以随时随地获取信息，提高了员工的办公效率。

无线局域网具有以下特点：

- 安装便捷。无线局域网最大的优势就是免去或减少了网络布线的工作量。
- 使用灵活。无线局域网建成后，在无线网络的信号覆盖区域内任何一个位置都可以接入网络。

- 经济节约。一旦网络的发展超出了设计规划，又要花费较多费用进行网络改造，无线局域网可以避免或减少以上情况的发生。
- 易于扩展。无线局域网能胜任从只有几个用户的小型局域网到上千个用户的大型网络，并且能够提供像"漫游（Roaming）"等有线网络无法提供的特性。

7.2　无线局域网标准

目前支持无线网络的技术标准主要有 IEEE 802.11x 系列标准、家庭网络技术、蓝牙技术等。

1. IEEE 802.11x 系列标准

IEEE 802.11 标准是第一代无线局域网标准之一。该标准定义了物理层和介质访问控制 MAC 协议规范，物理层定义了数据传输的信号特征和调制方法，定义了两个射频（RF）传输方法和一个红外线传输方法。IEEE 802.11 标准速率最高只能达到 2Mbps，此后这一标准逐渐完善，形成 IEEE 8.2.11x 系列标准。

802.11（后续文中描述 IEEE 802.11x 系列标准时，有时会省略 IEEE）标准规定了在物理层上允许三种传输技术：红外线、跳频扩频和直接序列扩频。红外无线数据传输技术主要有三种：定向光束红外传输、全方位红外传输和漫反射红外传输。

目前，最普遍的无线局域网技术是扩展频谱（简称扩频）技术。扩频通信是将数据基带信号频谱扩展几倍到几十倍，以牺牲通信带宽为代价来提高无线通信系统的抗干扰性和安全性。扩频的第一种方法是跳频（Frequency Hopping），第二种方法是直接序列（Direct Sequence）扩频，这两种方法都被无线局域网所采用。

（1）跳频通信。

在跳频方案中，发送信号频率按固定的间隔从一个频谱跳到另一个频谱。接收器与发送器同步跳动，从而正确地接收信息。而那些可能的入侵者只能得到一些无法理解的标记。发送器以固定的间隔一次变换一个发送频率。802.11 标准规定每 300ms 的间隔变换一次发送频率。发送频率变换的顺序由一个伪随机码决定，发送器和接收器使用相同变换的顺序序列。数据传输可以选用频移键控（FSK）或二进制相位键控（PSK）方法。

（2）直接序列扩频。

在直接序列扩频方案中，输入数据信号进入一个通道编码器（Channel Encoded）并产生一个接近某中央频谱的较窄带宽的模拟信号。这个信号将用一系列看似随机的数字（伪随机序列）来进行调制，调制的结果大大地拓宽了要传输信号的带宽，因此称为扩频通信。在接收端，使用同样的数字序列来恢复原信号，信号再进入通道解码器来还原传送的数据。

802.11b 即 Wi-Fi（Wireless Fidelity，无线相容认证），它利用 2.4GHz 的频段。2.4GHz 的 ISM（Industrial Scientific Medical）频段为世界上绝大多数国家通用，因此 802.11b 得到了最为广泛的应用。802.11b 的最大数据传输速率为 11Mbps，无须直线传播。在动态速率转换时，如果无线信号变差，可将数据传输速率降低为 5.5Mbps、2Mbps 或 1Mbps。支持的范围是在室外为 300m，在办公环境中最长为 100m。802.11b 是所有 WLAN 标准演进的基石，未来许多的系统大都需要与 802.11b 向后兼容。

802.11a（Wi-Fi5）标准是 802.11b 标准的后续标准，它工作在 5GHz 频段，传输速率可达 54Mbps。由于 802.11a 工作在 5GHz 频段，因此它与 802.11、802.11b 标准不兼容。

802.11g 是为了更高地提高传输速率而制订的标准，它采用 2.4GHz 频段，使用 CCK（补码键控）技术，与 802.11b（Wi-Fi）向后兼容，同时它又通过采用 OFDM（正交频分复用）技术支持高达 54Mbps 的数据流。

802.11n 可以将 WLAN 的传输速率由目前 802.11a 及 802.11g 提供的 54Mbps 提高到 300Mbps，甚至达到 600Mbps。得益于将 MIMO（多入多出）与 OFDM 技术相结合而应用的 MIMO OFDM 技术，提高了无线传输质量，也使传输速率得到极大提升。和以往的 802.11 标准不同，802.11n 协议为双频工作模式（包含 2.4GHz 和 5GHz 两个工作频段），这样 802.11n 保证了与以往的 802.11b、802.11a 和 802.11g 标准兼容。

2. 家庭网络（Home RF）技术

Home RF（Home Radio Frequency）技术是一种专门为家庭用户设计的小型无线局域网技术。它是 IEEE 802.11 与 Dect（数字无绳电话）标准的结合，旨在降低语音数据成本。Home RF 在进行数据通信时，采用 IEEE 802.11 标准中的 TCP/IP 传输协议；进行语音通信时，则采用数字增强型无绳通信标准。

Home RF 的工作频率为 2.4GHz，原来最大数据传输速率为 2Mbps。2000 年 8 月，美国联邦通信委员会（FCC）批准了 Home RF 的传输速率可以提高到 8～11Mbps。Home RF 可以实现最多 5 个设备之间的互联。

3. 蓝牙技术

蓝牙（Bluetooth）技术实际上是一种短距离无线数字通信的技术标准，工作在 2.4GHz 频段，最高数据传输速度为 1Mbps（有效传输速度为 721kbps），传输距离为 10cm～10m，通过增加发射功率可达到 100m。

蓝牙技术主要应用于手机、笔记本电脑等数字终端设备之间的通信和这些设备与 Internet 的连接。

7.3 无线网络接入设备

1. 无线网卡

无线网卡可提供与有线网卡一样丰富的系统接口，包括 PCI、PCMCIA、USB、Cardbus 和 MINI-PCI 等，如图 7-1 到图 7-4 所示。在有线局域网中，网卡是网络操作系统与网线之间的接口；在无线局域网中，它们是操作系统与天线之间的接口，用来创建透明的网络连接。

图 7-1　PCI 接口无线网卡（台式机）　　　图 7-2　PCMCIA 接口无线网卡（笔记本）

图 7-3　USB 接口无线网卡（台式机和笔记本）　　图 7-4　MINI-PCI 接口无线网卡（笔记本）

2. 接入点

接入点（Access Point，AP）的作用相当于局域网集线器，它在无线局域网和有线网络之间接收、缓冲存储和传输数据，以支持一组无线用户设备。接入点通常是通过标准以太网线连接到有线网络上，并通过天线与无线设备进行通信。在有多个接入点时，用户可以在接入点之间漫游切换。接入点的有效范围是 20～500m。根据技术、配置和使用情况，一个接入点可以支持 15～250 个用户，通过添加更多的接入点，可以比较轻松地扩充无线局域网，从而减少网络拥塞并扩大网络的覆盖范围。

室内无线 AP 如图 7-5 所示，室外无线 AP 如图 7-6 所示。

图 7-5　室内无线 AP　　　　　　　　　　　图 7-6　室外无线 AP

3. 无线路由器

无线路由器（Wireless Router）集成了无线 AP 和宽带路由器的功能，它不仅具备 AP 的无线接入功能，通常还支持 DHCP、防火墙、WEP 加密等功能，而且还包括了网络地址转换（NAT）功能，可支持局域网用户的网络连接共享。

绝大多数的无线宽带路由器都拥有 1 个 WAN 口和 4 个 LAN 口，可作为有线宽带路由器使用，如图 7-7 所示。

图 7-7　无线路由器

4. 天线

在无线网络中，天线可以起到增强无线信号的作用，可以把它理解为无线信号的放大器。

天线对空间的不同方向具有不同的辐射或接收能力，根据方向性的不同，可将天线分为全向天线和定向天线两种。

（1）全向天线。

全向天线，即在水平方向图上表现为 360°都均匀辐射，也就是平常所说的无方向性。一般情况下波瓣宽度越小，增益越大。全向天线在通信系统中的特点是应用距离近、覆盖范围大、价格便宜，增益一般在 9dB 以下，图 7-8 所示为全向天线。

（2）定向天线。

定向天线（Directional antenna）是指在某一个或某几个特定方向上发射及接收电磁波特别强，而在其他的方向上发射及接收电磁波则为零或极小的一种天线，图 7-9 所示为定向天线。采用定向发射天线的目的是增加辐射功率的有效利用率，增加保密性；采用定向接收天线的主要目的是增加抗干扰能力。

图 7-8　全向天线

图 7-9　定向天线

（3）天线的选购与安装。

天线的选购：如果需要满足多个站点，并且这些站点是分布在 AP 的不同方向时，需要采用全向天线；如果集中在一个方向，建议采用定向天线。另外还要考虑天线的接头形式是否和 AP 匹配、天线的增益大小等是否符合需求。

天线的安装：对于室外天线，天线与无线 AP 之间需要增加防雷设备；定向天线要注意天线的正面朝向远端站点的方向；天线应该安装在尽可能高的位置；天线和站点之间尽可能满足视距（肉眼可见，中间避开障碍）。

7.4　无线局域网的配置方式

1．Ad-Hoc 模式（无线对等模式）

这种应用包含多个无线终端和一个服务器，均配有无线网卡，但不连接到接入点和有线网络，而是通过无线网卡进行相互通信。它主要被用来在没有基础设施的地方快速而轻松地建立无线局域网，如图 7-10 所示。

2．Infrastructure 模式（基础结构模式）

该模式是目前最常见的一种架构，这种架构包含一个接入点和多个无线终端，接入点通过电缆连线与有线网络连接，通过无线电波与无线终端连接，可以实现无线终端之间的通信，以及无线终端与有线网络之间的通信。通过对这种模式进行复制，可以实现多个接入点相连接的更大的无线网络，如图 7-11 所示。

7

Chapter

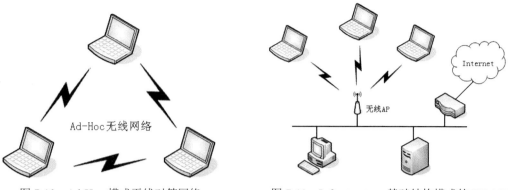

图 7-10　Ad-Hoc 模式无线对等网络　　　图 7-11　Infrastructure 基础结构模式的 WLAN

7.5　组建 Ad–Hoc 模式无线对等网络

Ad-Hoc 模式无线对等网络的拓扑图如图 7-12 所示。

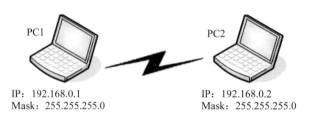

图 7-12　Ad-Hoc 模式无线对等网络拓扑图

组建 Ad-Hoc 模式无线对等网络的操作步骤如下：

1. 安装无线网卡及其驱动程序

（1）安装无线网卡硬件。把 USB 接口的无线网卡插入 PC1 的 USB 接口中。

（2）安装无线网卡驱动程序。安装好无线网卡硬件后，Windows 7 操作系统会自动识别到新硬件，提示开始安装驱动程序。安装无线网卡驱动程序的方法和安装有线网卡驱动程序的方法类似，在这里不再赘述。

（3）无线网卡安装成功后，在桌面任务栏上会出现无线网络连接图标 。

（4）同理，在 PC2 上安装无线网卡及其驱动程序。

2. 配置 PC1 的无线网络

（1）在第一台计算机上，将原来的无线网络连接 TP-LINK 断开。单击右下角的无线网络连接图标，在弹出的快捷菜单中单击 TP-LINK 连接，展开该连接，然后单击该连接下的"断开"按钮，如图 7-13 所示。

（2）依次单击"开始"→"控制面板"→"网络和 Internet" →"网络和共享中心"，打开"网络和共享中心"窗口，如图 7-14 所示。

（3）选择"设置新的连接网络"命令，打开"设置连接或网络"窗口，如图 7-15 所示。

图 7-13　断开 TP-LINK 连接 　　　　　　　图 7-14　"网络和共享中心"窗口

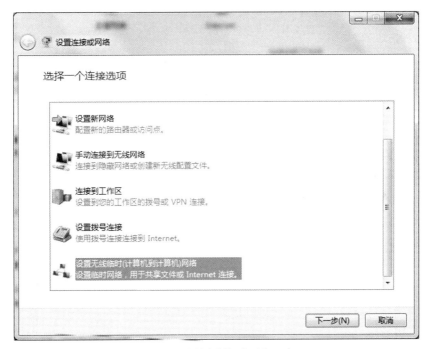

图 7-15　"设置连接或网络"窗口

（4）选择"设置无线临时（计算机到计算机）网络"命令，打开"设置临时网络"窗口，如图 7-16 所示。

（5）设置完成，单击"下一步"按钮，弹出"设置临时网络"窗口，显示设置的无线网络名称和密码（不显示），如图 7-17 所示。

（6）单击"关闭"按钮，完成第一台笔记本的无线临时网络的设置。单击右下角刚刚设置完成的无线连接 Temp，会发现该连接处于"断开"状态，如图 7-18 所示。

7
Chapter

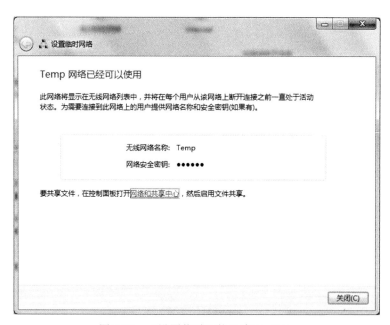

图 7-16　"设置临时网络"窗口（1）

图 7-17　"设置临时网络"窗口（2）

3．配置 PC2 的无线网络

（1）在第二台计算机上，单击右下角的无线网络连接图标，在弹出的快捷菜单中单击 Temp 连接，展开该连接，然后单击该连接下的"连接"按钮，如图 7-19 所示。

（2）显示输入密码对话框，在该对话框中输入在第一台计算机上设置的 Temp 无线连接的密码，如图 7-20 所示。

（3）单击"确定"按钮，完成 PC1 和 PC2 的无线对等网络的连接。

图 7-18　Temp 连接等待用户加入

图 7-19　等待连接 Temp 网络

图 7-20　输入 Temp 无线连接的密码

（4）这时查看 PC2 的无线连接，发现前面的"等待用户"，已经变成了"已连接"，如图 7-21 所示。

图 7-21　"等待用户"变成了"已连接"

4．配置 PC1 和 PC2 的无线网络的 TCP/IP 协议

（1）在 PC1 的"网络和共享中心"界面，单击"更改适配器设置"按钮，打开"网络连

接"窗口，在"无线网络连接（Wireless Network Connection）"上单击右键，如图 7-22 所示。

图 7-22 "网络连接"窗口

（2）在弹出的快捷菜单中，选择"属性"，打开"无线网络连接"的属性对话框。在此配置无线网卡的 IP 地址为 192.168.0.1，子网掩码为 255.255.255.0。

（3）类似地配置 PC2 上的无线网卡的 IP 地址为 192.168.0.2，子网掩码为 255.255.255.0。

5．连通性测试

（1）测试与 PC2 的连通性。在 PC1 中，运行 ping 192.168.0.2 命令，如图 7-23 所示，该结果表明与 PC2 连通良好。

（2）测试与 PC1 的连通性。在 PC2 中，运行 ping 192.168.0.1 命令，测试与 PC1 的连通性。

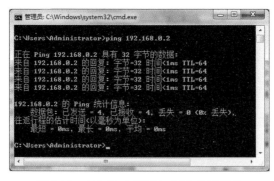

图 7-23 在 PC1 上测试与 PC2 的连通性

至此，无线对等网络配置完成。

说明：

● PC2 中的无线网络名（SSID）和网络密钥必须要与 PC1 一样。

● 如果无线网络连接不通，尝试关闭防火墙。

● 如果 PC1 通过有线接入互联网，PC2 想通过 PC1 无线共享上网，需设置 PC2 无线网卡的"默认网关"和"首选 DNS 服务器"为 PC1 无线网卡的 IP 地址（192.168.0.1），并在 PC1 的有线网络连接属性的"共享"选项卡中，设置已接入互联网的有线网卡为"允许其他网络用户通过此计算机的 Internet 连接来连接"。

7.6　组建 Infrastructure 模式无线局域网

Infrastructure 模式无线局域网络的拓扑图如图 7-24 所示。

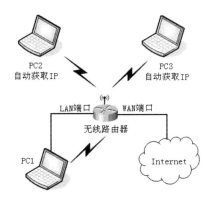

图 7-24　Infrastructure 模式无线局域网络拓扑图

组建 Infrastructure 模式无线局域网的操作步骤如下：

1．配置无线路由器

（1）把连接外网（如 Internet）的直通网线接入无线路由器的 WAN 端口；把另一条直通网线的一端接入无线路由器的 LAN 端口，另一端接入 PC1 的有线网卡端口，如图 7-24 所示。

图 7-25　无线路由器登录界面

（2）设置 PC1 有线网卡的 IP 地址为 192.168.1.10，子网掩码为 255.255.255.0，默认网关为 192.168.1.1。再在 IE 地址栏中输入 192.168.1.1，打开无线路由器登录界面，输入用户名为 admin，密码为 admin，如图 7-25 所示，单击"确定"按钮进入路由器设置界面。

（3）进入设置界面以后，通常都会弹出一个设置向导窗口，如图 7-26 所示。对于有一定经验的用户，可选中"下次登录不再自动弹出向导"复选框，单击"退出向导"按钮，进入设置界面进行各项参数的详细设置。

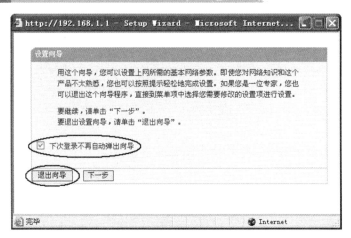

图 7-26　"设置向导"窗口

（4）在设置界面中，选择左侧向导菜单中的"网络参数"→"LAN 口设置"命令后，在右侧的"LAN 口设置"界面中可设置 LAN 口的 IP 地址，一般默认为 192.168.1.1，如图 7-27 所示。

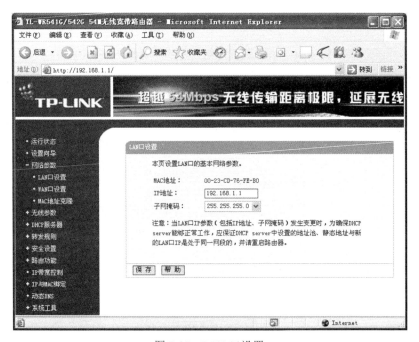

图 7-27　LAN 口设置

（5）设置 WAN 口的连接类型，如图 7-28 所示。对于家庭用户而言，一般是通过 ADSL 拨号接入互联网的，需选择 PPPoE 连接类型。输入服务商提供的上网账号和上网口令（密码），最后单击"保存"按钮。

（6）选择左侧向导菜单中的"DHCP 服务器"→"DHCP 服务"命令，在右侧的"DHCP"服务界面中选中"启用"单选按钮，设置 IP 地址池的开始地址为 192.168.1.100，结束地址为 192.168.1.199，网关为 192.168.1.1。还可设置主 DNS 服务器和备用 DNS 服务器的 IP 地址，如中国电信的 DNS 服务器为 60.191.134.196 或 60.191.134.206，如图 7-29 所示。特别注意，是否设置 DNS 服务器请以向 ISP 咨询，有时 DNS 不需要自行设置。

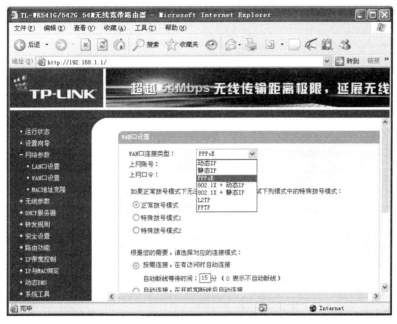

图 7-28　"WAN 口设置"窗口

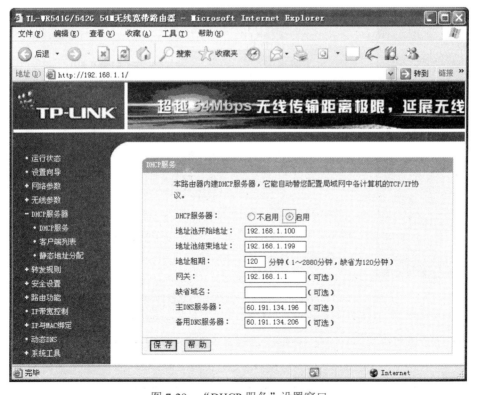

图 7-29　"DHCP 服务"设置窗口

（7）选择左侧向导菜单中的"无线参数"→"基本设置"命令，设置无线网络的 SSID 号为 TP_Link、频段为 13、模式为 54Mbps（802.11g）。选中"开启无线功能""允许 SSID 广播"和"开启安全设置"复选框，选择安全类型为 WEP，安全选项为"自动选择"，密钥格式为"16 进制"，密钥 1 的密钥类型为"64 位"，密钥 1 的内容为 2013102911，如图 7-30 所示，单击"保存"按钮。

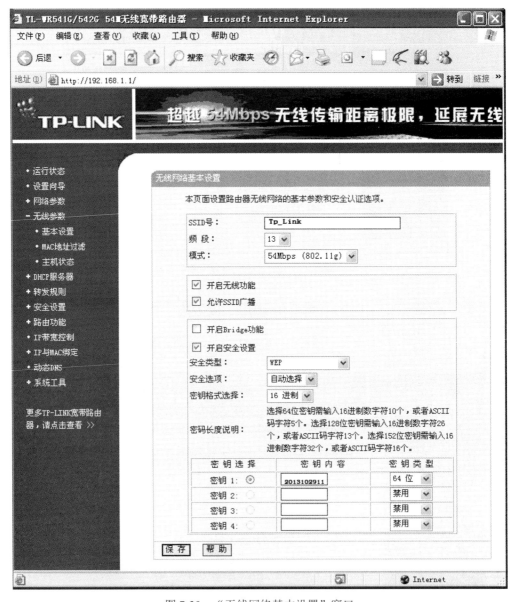

图 7-30　"无线网络基本设置"窗口

说明：选择密钥类型时，选择 64 位密钥时需输入十六进制字符 10 个，或者 ASCII 字符 5 个；选择 128 位密钥时需输入十六进制字符 26 个，或者 ASCII 码字符 13 个；选择 152 位密钥时需输入十六进制字符 32 个，或者 ASCII 码字符 16 个。

（8）选择左侧向导菜单中的"运行状态"命令，可查看无线路由器的当前状态（包括版本信息、LAN 口状态、WAN 口状态、无线状态、WAN 口流量统计等状态信息），如图 7-31 所示。

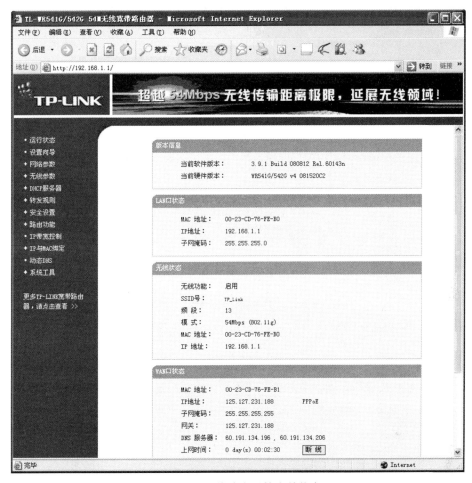

图 7-31 无线路由器的当前状态

（9）至此，无线路由器的设置基本完成，重新启动路由器，使以上设置生效，然后拔除 PC1 到无线路由器之间的直通线。

下面设置 PC1、PC2、PC3 的无线网络。

2. 配置 PC1 的无线网络

特别说明：在 Windows 7 的计算机中，能够自动搜索到当前可用的无线网络。通常情况下，单击 Windows 7 右下角的无线连接图标，在弹出的快捷菜单中单击 TP-Link 连接，展开该连接，然后单击该连接下的"连接"按钮，按要求输入密钥就可以了。但对于隐藏的无线连接可采用下述的步骤。

（1）在 PC1 上安装无线网卡和相应的驱动程序后，设置该无线网卡自动获得 IP 地址。

（2）依次单击"开始"→"控制面板"→"网络和 Internet"→"网络和共享中心"，打开"网络和共享中心"窗口，如图 7-32 所示。

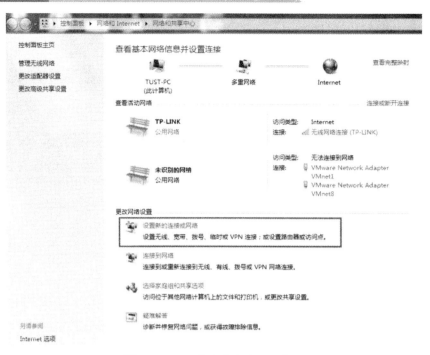

Chapter 7

图 7-32　"网络和共享中心"窗口

（3）单击"设置新的连接或网络"打开"设置连接或网络"窗口，如图 7-33 所示。

图 7-33　"设置连接或网络"窗口

（4）单击"手动连接到无线网络"，打开"手动连接到无线网络"窗口，如图 7-34 所示。设置网络名（SSID）为 TP_Link，并选中"即使此网络未广播也连接"复选框。选择安全类型（数据加密方式）为 WEP，在"安全密钥"文本框中输入密钥，如 2013102911。

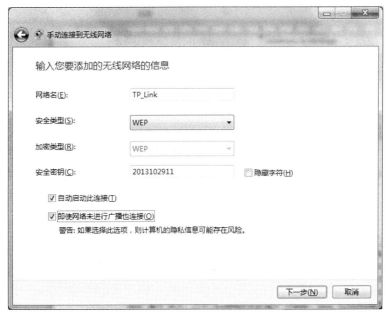

图 7-34　"手动连接到无线网络"窗口

说明：网络名（SSID）和安全密钥的设置必须与无线路由器中的设置一致。

（5）设置完成，单击"下一步"按钮，弹出设置完成对话框，显示成功添加了 TP_Link 连接。单击"更改连接设置"，打开"TP_Link 无线网络属性"对话框，单击"连接"或"安全"选项卡，可以查看设置的详细信息，如图 7-35 所示。

图 7-35　TP_Link 网络属性

（6）依次单击"确定"按钮。待桌面任务栏上的无线网络连接图标由 ▂▄▅ 变为 ▂▄▅ ，表示该计算机已接入无线网络。

3. 配置 PC2、PC3 的无线网络

（1）在 PC2 上，重复上述步骤 1～步骤 6，完成 PC2 无线网络的设置。

（2）在 PC3 上，重复上述步骤 1～步骤 6，完成 PC3 无线网络的设置。

4. 连通性测试

（1）在 PC1、PC2 和 PC3 上运行 ipconfig 命令，查看并记录 PC1、PC2 和 PC3 的无线网卡的 IP 地址。

PC1 无线网卡的 IP 地址：_____。

PC2 无线网卡的 IP 地址：_____。

PC3 无线网卡的 IP 地址：_____。

（2）在 PC1 上，依次运行"ping PC2 无线网卡的 IP 地址"和"ping PC3 无线网卡的 IP 地址"命令，测试与 PC2 和 PC3 的连通性。

（3）在 PC2 上，依次运行"ping PC1 无线网卡的 IP 地址"和"ping PC3 无线网卡的 IP 地址"命令，测试与 PC1 和 PC3 的连通性。

（4）在 PC3 上，依次运行"ping PC1 无线网卡的 IP 地址"和"ping PC2 无线网卡的 IP 地址"命令，测试与 PC1 和 PC2 的连通性。

7.7 习题

一、填空题

1. 在无线局域网中，_____是最早发布的基本标准，_____和_____标准的传输速率都达到了 54Mbps，_____和_____标准是工作在免费频段上的。

2. 在无线网络中，除了 WLAN 外，其他的还有_____和_____等几种无线网络技术。

3. 无线局域网 WLAN（Wireless Local Area Network）是计算机网络与_____结合的产物。

4. 无线局域网 WLAN 的全称是_____。

5. 无线局域网的配置方式有两种，分别是_____和_____。

二、选择题

1. IEEE 802.11 标准定义了（   ）。
   A．无线局域网技术规范　　　　　　　　B．电缆调制解调器技术规范
   C．光纤局域网技术规范　　　　　　　　D．宽带网络技术规范

2. IEEE 802.11 使用的传输技术为（   ）。
   A．红外、跳频扩频与蓝牙　　　　　　　B．跳频扩频、直接序列扩频与蓝牙
   C．红外、直接序列扩频与蓝牙　　　　　D．红外、跳频扩频与直接序列扩频

3. IEEE 802.11b 定义了使用跳频扩频技术的无线局域网标准，传输速率为 1Mbps、2Mbps、5.5Mbps 与（   ）。
   A．10Mbps　　　　　B．11Mbps　　　　　C．20Mbps　　　　　D．54Mbps

4. 红外局域网的数据传输有三种基本的技术：定向光束传输、全反射传输与（   ）。

A．直接序列扩频传输   B．跳频传输

C．漫反射传输   D．码分多路复用传输

5．无线局域网需要实现移动节点的（   ）功能。

     A．物理层和数据链路层   B．物理层、数据链路层和网络层

     C．物理层和网络层   D．数据链路层和网络层

6．关于 Ad-Hoc 网络的描述中，错误的是（   ）。

     A．没有固定的路由器   B．需要基站

     C．具有动态搜索能力   D．适用于紧急救援等场合

7．IEEE 802.11 技术和蓝牙技术可以共同使用的无线通信频点是（   ）。

     A．800Hz   B．2.4GHz   C．5GHz   D．10GHz

8．下面关于无线局域网的描述中，错误的是（   ）。

     A．采用无线电波作为传输介质   B．可以作为传统局域网的补充

     C．可以支持 1Gbps 的传输速率   D．协议标准是 IEEE 802.11

9．无线局域网中使用的 SSID 是（   ）。

     A．无线局域网的设备名称   B．无线局域网的标识符号

     C．无线局域网的入网口令   D．无线局域网的加密符号

三、简答题

1．简述无线局域网的物理层有哪些标准。

2．无线局域网的网络结构有哪些？

3．常用的无线局域网有哪些？它们分别有什么功能？

4．在无线局域网和有线局域网的连接中，无线 AP 提供什么样的功能？

7.8 拓展训练

拓展训练 1   组建 Ad-Hoc 模式无线对等网

一、实训目的

● 熟悉无线网卡的安装。

● 组建 Ad-Hoc 模式无线对等网络，熟悉无线网络安装配置过程。

二、实训内容

1．安装无线网卡及其驱动程序。

2．配置 PC1 的无线网络。

3．配置 PC2 的无线网络。

4．配置 PC1 和 PC2 的 TCP/IP 协议。

5．测试连通性。

三、实训环境要求

网络拓扑图参考图 7-12。

- 装有 Windows 7 操作系统的 PC 机两台。
- 无线网卡两块（USB 接口，TP-LINK TL-WN322G+）。

拓展训练 2　组建 Infrastructure 模式无线局域网

一、实训目的

- 熟悉无线路由器的设置方法，组建以无线路由器为中心的无线局域网。
- 熟悉以无线路由器为中心的无线网络客户端的设置方法。

二、实训内容

1．配置无线路由器。
2．配置 PC1 的无线网络。
3．配置 PC2、PC3 的无线网络。
4．测试连通性。

三、实训环境要求

网络拓扑图参考图 7-24。

- 装有 Windows XP 操作系统的 PC 机三台。
- 无线网卡三块（USB 接口，TP-LINK TL-WN322G+）。
- 无线路由器一台（TP-LINK TL-WR541G+）。
- 直通网线两根。

8

局域网互连

本章学习目标

- 熟练掌握子网的划分
- 掌握 CIDR（无类别域间路由）的应用
- 掌握路由选择的基本原理
- 掌握路由选择算法
- 掌握常用的路由选择协议 RIP 和 OSPF
- 掌握路由器的基本配置

8.1 划分子网

出于对管理、性能和安全方面的考虑，许多单位把单一网络划分为多个物理网络，并使用路由器将它们连接起来。

1. 子网掩码

关于 IP 地址，在 A 类地址中，每个网络可以容纳 16777214 台主机，B 类地址中，每个网络可以容纳 65534 台主机，在网络设计中一个网络内部不可能有这么多机器。另一方面我们知道 IPv4 面临 IP 地址资源短缺的问题，在这种情况下，可以采取划分子网的办法来有效地利用 IP 资源。所谓划分子网是指从主机位借出一部分来做网络位，借以增加网络数目，减少每个网络内的主机数目。

引入子网机制以后，就需要用到子网掩码。子网掩码定义了构成 IP 地址的 32 位中的多少位用于定义网络。子网掩码中的二进制位构成了一个过滤器，它仅仅能够通过应该解释为网络地址的 IP 地址的那一部分，完成这个任务的过程称为按位求与。按位求与是一个逻辑运算，它对地址中的每一位和相应的掩码位进行与（AND）运算。AND 运算的规则是：

x   AND   1 = x   x   AND   0 = 0

IP 地址和其子网掩码相与后，得到该 IP 地址的网络号。比如 172.10.33.2/20（表明子网掩码中 1 的个数为 20），IP 地址转换为二进制是 10101100.00001010.00100001.00000010。子网掩码为 255.255.240.0，转换成二进制是 11111111.11111111.11110000.00000000。IP 地址与子网掩码做与运算，得到 10101100.00001010.00100000.00000000，即 172.10.32.0，可以得到该 IP 所在的网络号为 172.10.32.0。

2．划分子网的原因

出于对管理、性能和安全方面的考虑，许多单位把单一网络划分为多个物理网络，并使用路由器将它们连接起来。子网划分（subneting）技术能够使单个网络地址横跨几个物理网络，这些物理网络统称为子网。

另外，使用路由器的隔离作用还可以将网络分为内外两个子网，并限制外部网络用户对内部网络的访问，提高内部子网的安全性。

划分子网的原因有很多，主要包括以下几个方面：

（1）充分使用地址。

由于 A 类网或 B 类网的地址空间太大，造成在不使用路由设备的单一网络中无法使用全部地址，比如，对于一个 B 类网络的 IP 地址 172.17.0.0，可以有 $2^{16}-2$ 个主机，这么多的主机在单一的网络下是不能工作的。因此，为了能更有效地使用地址空间，有必要把可用地址分配给更多较小的网络。

（2）划分管理职责。

划分子网还可以更易于管理网络。当一个网络被划分为多个子网时，每个子网就变得更易于控制。每个子网的用户、计算机及其子网资源可以让不同的管理员进行管理，减轻了单人管理大型网络的负担。

（3）提高网络性能。

在一个网络中，随着网络用户数的增长、主机数的增加，网络通信也将变得非常繁忙。而繁忙的网络通信很容易导致冲突、丢失数据包以及数据包重传，降低主机之间的通信效率。而如果将一个大型的网络划分为若干个子网，并通过路由器将其连接起来，就可以减少网络拥塞。这些路由器就像一堵墙把子网隔离开，使本地的通信不会转发到其他子网中，使同一子网中主机之间进行广播和通信，只能在各自的子网中进行。

3．划分的方法

要创建子网，必须扩展地址的路由选择部分。Internet 把网络当成完整的网络来"了解"，识别拥有 8、16、24 个路由选择位（网络号）的 A、B、C 类地址。子网字段表示的是附加的路由选择位，所以在组织内的路由器可在整个网络的内部辨认出不同的区域或子网。

子网掩码与 IP 地址使用一样的地址结构，即每个子网掩码是 32 位长，并且被分成了四个 8 比特字节。子网掩码的网络和子网络部分全为 1，主机部分全为 0。默认情况下，B 类网络的子网掩码是 255.255.0.0。如果为建立子网借用 8 比特，子网掩码因为包括 8 个额外的 1 比特而变成 255.255.255.0（子网划分走 8 位）。该子网掩码结合 B 类地址 130.5.2.144，路由器知道要把分组发送到网络 130.5.2.0 而不是网络 130.5.0.0。

因为一个 B 类网络地址的主机字段中含有两个 8 比特字节，所以总共有 14 位可以被借来创建子网。一个 C 类网络地址的主机部分只含有一个 8 比特字节，所以在 C 类网络中只有 6 位可以被借来创建子网。图 8-1 所示是 B 类网络划分子网情况。

子网字段总是直接跟在网络号后面，也就是说，被借的位必须是默认主机字段的前 N 位。这个 N 是新子网字段的长度。

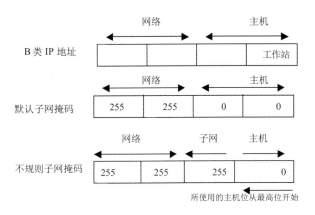

图 8-1 B 类网络划分子网

4. 子网掩码与子网的关系

（1）计算子网掩码和 IP 地址。

从主机地址借位，应当注意到每次当你借用一位时，所创建出来的附加子网数量。在借位时不能只借 1 比特，至少要借 2 比特。从主机字段借 2 比特可以创建 2（2^2-2）个子网，借 n 比特可以创建 2^n-2 个子网。

（2）计算每个子网中的主机数。

当每次从主机字段借走一位时，用于主机数量的位就少一位，相应可用的主机数量也随之减少。比如，对于主机字段 n 位的 IP 地址而言，如果从主机字段借走一位，那么可用主机的数量就变为 2^{n-1}-2（原主机数量为 2^n-2）。

设想把一个 C 类网络划分成子网。如果从 8 比特的主机字段借 2 位，主机字段减少到 6 比特。如果把剩下 6 比特位中 0 和 1 的所有可能的排列组合写出来，就会发现每个子网中主机总数减少到了 64（2^6）个，可用主机数减少到 62（2^6-2）个。

另一种用以计算子网掩码和网络数量的公式是：

可用子网数（N）等于 2 的借用子网位数（n）次幂减去 2：

$$2^n-2=N$$

可用主机数（M）等于 2 的剩余部分位数（m）次幂减去 2：

$$2^m-2=M$$

5. 例题

【例题】某企业网络号为 10.0.0.0，下属有三个部门，希望划分三个子网，请问如何划分？

根据公式 2^n-2≥3 得出 n 的值为 3。即要从主机位中借用三位作为网络位才可以至少划分出三个子网，其具体划分如下：

10.0.0.0 中的 10 本身就是网络位，不用改变，而是将紧跟在后面的主机位中的前三位划为网络位。

因为默认子网掩码的二进制表示为 11111111.00000000.00000000.00000000，所以按要求划分子网后，该网络的子网掩码变为（二进制表示）：

11111111.11100000.00000000.00000000

即新的子网掩码为 255.224.0.0。在新的子网掩码中，网络位所对应的原网络位不动，新加的三个网络位的改变就是新划分的子网，可划分的子网的网络号可以是：

10.001/00000.0.0，10.010/00000.0.0，10.011/00000.0.0

10.100/00000.0.0，10.101/00000.0.0，10.110/00000.0.0

其中 10.0.0.0 与 10.224.0.0 不能够用来作为子网，所以新划分的网络最多有 6 个子网。

10.0.0.0 与 10.255.255.255 是所有子网的网络号与广播地址，即新形成的逻辑子网都从属于原来的网络。划分前后的详细信息如表 8-1 所示。

表 8-1　子网划分示例

	划分前	划分后
可用网络数	1	6
子网掩码	11111111.00000000.00000000.00000000 255.0.0.0	11111111.11100000.00000000.00000000 255.224.0.0
网络号	10.0.0.0	（10.0.0.0 整个网络的网络号） 10.32.0.0　　　　10.64.0.0　　　　10.96.0.0 10.128.0.0　　　10.160.0.0　　　10.192.0.0
广播地址	10.255.255.255	（10.255.255.255 整个网络的广播地址） 10.63.255.255　　　　10.95.255.255 10.127.255.255　　　10.159.255.255 10.191.255.255　　　10.223.255.255
网络主机范围 （主机数）	10.0.0.1～10.255.255.254	10.32.0.1～10.63.255.254 10.64.0.1～10.95.255.254 10.96.0.1～10.127.255.254 10.128.0.1～10.159.255.254 10.160.0.1～10.191.255.254 10.192.0.1～10.223.255.254

8.2　无类别域间路由（CIDR）

1. 无类别域间路由（CIDR）概念

现在网络界很少采用所谓的传统 IP 寻址方法，更为常见的是 ISP 采用的无类别域间路由（CIDR）。

无类别域间路由（CIDR）技术有时也被称为超网，它把划分子网的概念向相反的方向做了扩展：通过借用前三个字节的几位可以把多个连续的 C 类地址集聚在一起。换句话说，就像所有到达某个 B 类地址的数据都将发给某个路由器一样，所有到达某一块 C 类地址的数据都将被选路至某个路由器上。

称作无类别域间路由的原因在于它使得路由器可以忽略网络类别（C 类）地址，并可以在决定如何转发数据报时向前再多看几位。另外一个与子网划分不同的特点在于，对于外部网络来说子网掩码是不可见的；而超网路径的使用主要是为了减少路由器上的路由表项数。例如，一个 ISP 可以获得一块 256 个 C 类地址。这可以认为与 B 类地址相同。有了超网后，路由器可设定为包含地址块的前 16 位，然后把地址块作为有 8 位超网的一条路由来处理，而不再是为其中包含的每个 C 类地址处理最多可能 256 条路由。由于 ISP 经常负责为客户的网络提供路由，于是他们获得的通常就是这种地址块，从而所有发往其客户网络的数据可以由 ISP 的路由器以任何一种方式选择路径。

视网络规模而定，包括 IPv4 地址的 32 位地址空间被分成了五类。每类地址包括两个部分：第一部分识别网络，第二部分用来识别该网络上某个机器的地址。它们采用点分十进制记法表示，有四组数字，每组代表八位，中间用句点隔开。譬如说 xxx.xxx.xxx.yyy，其中 x 表示网络地址，y 表示该站的号码。分配给用来识别网络的比特越多，该网络所能支持的站数就越少，反之亦然。

处在最上端的是 A 类网络，专门留给那些节点数最多的网络，准确地说，是 16777214 个节点，A 类网络只有 126 个；B 类网络则针对中等规模的网络，但按今天的标准来看，规模仍然相当大，每个 B 类网络拥有 65534 个节点，B 类网络有 16384 个；然而，大多数分配的地址属于 C 类地址空间，它最多可以包括 254 个主机，C 类网络超过 200 万个。

2．地址分类法带来的问题

地址分类法带来了两个问题，其中最大的一个问题就是这些类别无法体现顾客的需求。

A 类地址实在太大，以至浪费了大部分空间。而 C 类网络对大多数组织来说实在太小，这意味着大多数组织会请求 B 类地址，但又没有足够的 B 类地址可以满足需求。

随着网络地址数量不断增加，ISP 和运营商面临的棘手问题也在随之增多。90 年代初促使因特网流量猛增的主要原因是：主干网路由器必须跟踪每一个 A 类、B 类和 C 类网络，有时建立的路由表长达 1 万个条目。从理论上来说，路由表大小最多可以设成 6 万个条目。如果当初网络界不是迅速采取行动的话，估计因特网到 1994 年就到达极限了。

地址分类法的另一个问题是浪费地址空间。小规模独立网络（譬如 20 个节点）获得 C 类地址后，剩余的 234 个地址却闲置不用。此外，大组织会想方设法采用子网化分技术（Subnetting），把自己的 A 类或 B 类地址分成更小、更容易管理的地址群。子网能够建立一群群通常与单一网络段相关的网络站，而不是让 100 万个站点连接在一条线路或一个集线器上。更确切地说，子网重新分配了原先用于表示主机地址的部分比特，使其用来表示子网。

假设把一个 C 类网络当作 64 个拥有两个节点的网络。头 24 位则表示 C 类网络地址，随后 6 位表示子网，最后 2 位就表示某机器的号码。因特网上其余设备只会注意 C 类网络，让内部网络跟踪子网及该站地址。这办法相当巧妙，但存在一个问题：子网也会导致站地址减少。在每个子网内，两个地址用于广播流量。视结构配置而定，地址数量最多有可能会减少一半。举例来说，一个 C 类网络通常支持 254 个末端主机。然而，把 C 类网络分成 62 个子网会把可能的地址数量减少到 124 个末端主机，大约只有可能地址总数的 50%。

解决这些寻址问题的办法就是丢弃分类地址概念。CIDR 利用用来识别网络的比特数量的"网络前缀"取代了 A 类、B 类和 C 地址。前缀长度不一，从 13 到 27 位不等，而不是分类地址的 8 位、16 位或 24 位。这意味着地址块可以成群分配，主机数量既可以少到 32 个，也可以多到 50 万个以上（见表 8-2）。

表 8-2　CIDR 表示的 IP 范围

CIDR 标记	子网掩码分类	网络个数	可容纳主机数+2
/8	255.0.0.0	256 个 B 类	16777216
/9	255.128.0.0	128 个 B 类	8388608
/10	255.192.0.0	64 个 B 类	4194304
/11	255.224.0.0	32 个 B 类	2097152
/12	255.240.0.0	16 个 B 类	1048576
/13	255.248.0.0	8 个 B 类	524288
/14	255.252.0.0	4 个 B 类	262144
/15	255.254.0.0	2 个 B 类	131072
/16	255.255.0.0	1 个 B 类或 256 个 C 类	65536
/17	255.255.128.0	128 个 C 类	32768
/18	255.255.192.0	64 个 C 类	16384
/19	255.255.224.0	32 个 C 类	8192
/20	255.255.240.0	16 个 C 类	4096
/21	255.255.248.0	8 个 C 类	2048
/22	255.255.252.0	4 个 C 类	1024
/23	255.255.254.0	2 个 C 类	512
/24	255.255.255.0	1 个 C 类	256
/25	255.255.255.128	1/2 个 C 类	128
/26	255.255.255.192	1/4 个 C 类	64
/27	255.255.255.224	1/8 个 C 类	32
/28	255.255.255.240	1/16 个 C 类	16

3. 无类别域间路由（CIDR）工作原理

CIDR 地址包括标准的 32 位 IP 地址和用正斜线标记的前缀。因而，地址 66.77.24.3/24 表示头 24 位识别网络地址（这里是 66.77.24），剩余的 8 位识别某个站的地址。

因为各类地址在 CIDR 中有着类似的地址群，两者之间的转移就相当简单。所有 A 类网络可以转换成/8 CIDR 表项目，B 类网络可以转换成/16，C 类网络可以转换成/24。

CIDR 解决了困扰传统 IP 寻址方法的两个问题。因为以较小增量单位分配地址，这就减少了浪费的地址空间，还具有可伸缩性优点。路由器能够有效地聚合 CIDR 地址，所以，路由器用不着为 8 个 C 类网络广播地址，改而只要广播带有/21 网络前缀的地址，这相当于 8 个 C 类网络，从而大大缩减了路由器的路由表大小。

这办法可行的唯一前提是地址是连续的。不然，就不可能设计出包含所需地址、但排除不需要地址的前缀。为了达到这个目的，超网块（Supernet Block）即大块的连续地址就分配给 ISP，然后 ISP 负责在用户当中划分这些地址，从而减轻了 ISP 自有路由器的负担。

对企业的网络管理人员来说，这意味着他们要证明自己的 IP 地址分配方案是可行的，在

CIDR 出现之前，获得网络地址相当容易。但随着可用地址的数量不断减少，顾客只好详细记载预计需求，此过程通常长达三个月。此外，如果是分类地址方法，公司要向因特网注册机构购买地址。有了 CIDR，就可以向服务提供商租用地址。这就是为什么更换 ISP 需要给网络设备重新编号，不然就要使用新老地址之间进行转换的代理服务器，这又会严重制约了可伸缩性。

超网完成的工作就是从默认掩码中删除位，从最右边的位开始，并一直处理到左边。下边用一个例子讲解这是如何进行的。

【例题】假设已经指定了下列的 C 类网络地址：

200.200.192.0　　　200.200.193.0　　　200.200.194.0　　　200.200.195.0

利用默认的 255.255.255.0 掩码，这些是独立的网络。然而，如果我们使用子网掩码 255.255.192.0，则这些网络中的每一个似乎都是网络 200.200.192.0 的一部分，因为所有的标记位都是一样的，第三个 8 位组中的最低位变成了主机地址空间的一部分。

和 VLSM 类似，这种技术涉及到违反标准 IP 地址类。我们已经讨论了这些寻址方法，以提供一个可能使用的例子，它是在解决寻址的限制时提出的。在初学网络时，要记住将重点放在对标准的、基于类的 IP 寻址的理解上。

8.3　路由

路由选择是网络层实现分组传递的重要功能。网络层需要选择一条路径将分组从发送方主机传送到目的主机，而进行这种路由选择的设备就是路由器。路由器本质上是一台计算机，它是在网络层提供多个独立的子网间连接服务的一种存储转发设备。实际上，互联网就是利用具有路由选择功能的路由器将多个网络组合到一起形成的。

路由器实现了两项基本功能：一是根据路由表将收到的数据报转发到正确的输出端口；二是维持实现路由选择的路由表作为数据报转发的依据。我们可以把网络想象成纵横交错的公路（信息高速公路），在网络上传输的信息相当于在公路上行驶的汽车。路由器的作用就相当于交通警，它站在交叉路口，负责指挥信息公路上的各种信息正确地到达目的地。路由器的功能依赖于网络层所使用的协议。

8.3.1　路由概述

路由是把信息从源穿过网络传递到目的的行为，在路由过程中，至少会遇到一个有路由功能的中间节点。其实早在很多年前就已经出现了对路由技术的讨论，但是直到 20 世纪 80 年代路由技术才逐渐进入商业化的应用。路由技术之所以在问世之初没有被广泛使用主要是因为 80 年代之前的网络结构都非常简单，路由技术没有用武之地。直到最近的十几年，大规模的互联网络才逐渐流行起来，为路由技术的发展提供了良好的基础和平台。

路由动作包括如下两项基本内容：

1. 寻径

寻径即判定到达目的地的最佳路径，由路由选择算法来实现。由于涉及到不同的路由选择协议和路由选择算法，寻径比较复杂。为了判定最佳路径，路由选择算法必须启动并维护包含路由信息的路由表。路由表中的路由信息依赖于所用的路由选择算法而不尽相同。路由选择算法将收集到的不同信息填入路由表中，形成目的网络和下一站的匹配信息，这样路由器拿到 IP 数据报，解析出 IP 首部中的目的 IP 地址后，便可以根据路由表进行路由选择了。不同的路由器可以互通信息来进行路由表的更新，使得路由表总是能够正确反映网络的拓扑变化。这就是路由选择协议（Routing Protocol），例如路由信息协议（RIP）、开放式最短路径优先协议（OSPF）和边界网关协议（BGP）等。

2. 转发

转发即沿寻径好的最佳路径传送信息分组。路由器首先在路由表中查找，判明是否知道如何将分组发送到下一个站点（路由器或主机），如果路由器不知道如何发送分组，通常将该分组丢弃；否则就根据路由表的相应表项将分组发送到下一个站点，如果目的网络直接与路由器相连，路由器就把分组直接发送给目的主机。这就是路由转发协议（Routed Protocol）。路由转发协议和路由选择协议是相互配合又相互独立的概念，前者使用后者维护的路由表，同时后者要利用前者提供的功能来发布路由协议数据分组。除非特别说明，否则通常所讲的路由协议，都是指路由选择协议。

8.3.2　路由表

路由器的主要工作就是为经过路由器的每个数据帧寻找一条最佳传输路径，并将该数据有效地传送到目的站点。由此可见，选择最佳路径的策略即路由算法是路由器的关键所在。

为了完成这项工作，在路由器中保存着各种传输路径的相关数据——路由表（Routing Table），供路由选择时使用。打个比方，路由表就像平时使用的地图一样，标识着各种路线，表中保存着子网的标志信息、网上路由器的个数和下一个路由器的名字等内容。路由表可以是由系统管理员固定设置好、可以由系统动态修改、可以由路由器自动调整，也可以由主机控制。

路由表根据其生成方式，可以分为静态路由表和动态路由表两种。

（1）静态路由表：由系统管理员事先设置好的固定路由表称之为静态（Static）路由表，一般是在系统安装时就根据网络的配置情况预先设定的，它不会随未来网络结构的改变而改变。

（2）动态路由表：动态（Dynamic）路由表是路由器根据网络系统的运行情况而自动调整的路由表。路由器根据路由选择协议（Routing Protocol）提供的功能，自动学习和记忆网络运行情况，在需要时自动计算数据传输的最佳路径。

路由器通常依靠所建立及维护的路由表来决定如何转发。路由表能力是指路由表内所容纳的表项数量的极限。由于因特网上执行 BGP 协议的路由器通常拥有数十万条路由表表项，所以该项目也是路由器能力的重要体现。其实不仅是路由器，在因特网上的每一台主机都有路由表。

可以通过表 8-3 所示实例看一下如何读懂路由表。

表 8-3　直连网络的路由表表项

目的	子网掩码	网关	标志	接口
201.66.37.0	255.255.255.0	201.66.37.74	U	eht0
201.66.39.0	255.255.255.0	201.66.39.21	U	eth1

如果一个主机有多个网络接口，当向一个特定的 IP 地址发送分组时，它怎样决定使用哪个接口呢？答案就在路由表中。

主机将所有目的地为网络 201.66.37.0 内的主机（IP 地址范围是 201.66.37.1～201.66.37.254）的数据通过接口 eth0（IP 地址为 201.66.37.74）发送；将所有目的地为网络 201.66.39.0 内主机的数据通过接口 eth1（IP 地址为 201.66.39.21）发送。标志 U 表示该路由状态为 UP（即激活状态）。

表 8-3 中的主机有两个网络接口：eth0 和 eth1，IP 地址分别为 201.66.37.74 和 201.66.39.21。

两个网络接口分别处在不同的局域网内，而它们所在网络的地址可由表中显示的两列地址得来（201.66.37.74 和 255.255.255.0 相与可得到 201.66.37.0，201.66.39.21 和 255.255.255.0 相与可得到 201.66.39.0），因此表 8-3 中涉及了直接连接主机的路由项目。那么远程网络的路由项目如何呢？假如通过 IP 地址为 201.66.37.254 的网关连接到网络 73.0.0.0，那么可以在表 8-3 的路由表中增加表 8-4 所示的一项。

表 8-4 远程网络的路由表表项

目的	子网掩码	网关	标志	接口
73.0.0.0	255.0.0.0	201.66.37.254	UG	eht0

此项告诉主机所有目的地为网络 73.0.0.0 内的主机的分组通过 201.66.37.254 路由过去。IP 地址为 201.66.37.74 的网络接口 eth0 与例中的网关 201.66.37.254 处于同一个局域网，所以路由的本机出口是 eth0（而非 eth1）。标志 G（Gateway）表示此项把分组导向外部网关。类似地，也可以定义通过网关到达某特定主机（而非某网络）的路由，增加标志 H（Host），如表 8-5 所示。

表 8-5 远程主机的路由表表项

目的	子网掩码	网关	标志	接口
91.32.74.21	255.255.255.0	201.66.37.254	UGH	eht0

表 8-6 是默认路由和环回路由的表项。

表 8-6 默认路由和环回路由的路由表表项

目的	子网掩码	网关	标志	接口
127.0.0.0	255.0.0.0	127.0.0.1	U	lo0
default	0.0.0.0	201.66.39.254	UG	eht1

表 8-6 中的第一行是环回（loopback）接口，用于主机给自己发送数据，通常用于测试和运行于 IP 之上但需要本地通信的应用。这是到环回地址 127.*.*.* 的主机路由，接口 lo0 是 IP 协议栈内部的"假"网卡；第二行是一个默认路由，如果在路由表中没有找到与目的地址相匹配的项，该分组就被送到默认网关。多数主机只有一个网络接口（仅安装了一张网卡）连接到网络，在路由表中一般只有三项：loopback 项、本地子网项和默认项（指向默认路由器）。

有时在路由表中会有重叠项，如表 8-7 所示。

表 8-7　重叠路由

目的	子网掩码	网关	标志	接口
1.2.3.4	255.255.255.255	201.66.37.253	UGH	eth0
1.2.3.0	255.255.255.0	201.66.37.254	UG	eth0
1.2.0.0	255.255.0.0	201.66.39.253	UG	eth1
default	0.0.0.0	201.66.39.254	UG	eth1

之所以说这些路由重叠是因为这四个路由都含有地址 1.2.3.4，如果向 IP 地址为 1.2.3.4 的主机发送数据，会选择哪条路由呢？在这种情况下，会选择第一条路由，通过网关 201.66.37.253。原则是选择具有最长（最精确）网络前缀的一项。类似地，发往 1.2.3.5 的数据选择第二条路由。

再来看看 CIDR 的例子：一个服务提供商 ISP1 被赋予 256 个 C 类网络，从 213.79.0.0 到 213.79.255.0。该服务提供商外部的路由表只以一个表项就了解了所有这些路由：213.79.0.0，子网掩码为 255.255.0.0。一个用户从 ISP1 处申请到一个网络地址 213.79.61.0，假设现在想从 ISP1 移到服务提供商 ISP2，那么是否必须从新的服务提供商处取得新的网络地址呢？如果是，意味着必须重新配置每台主机的 IP 地址，改变 DNS 设置等。幸运的是，解决办法很简单，原来的服务提供商 ISP1 保持路由 213.79.0.0（子网掩码为 255.255.0.0），新的服务提供商则把路由 213.79.61.0（子网掩码为 255.255.255.0）广播给外部路由器知晓。

假设现在讨论的主机也收到了这样的广播，那么路由表中就会出现表 8-8 所示的重叠路由。

表 8-8　重叠路由

目的	子网掩码	网关	标志	接口
213.79.0.0	255.255.0.0	201.66.39.254	UG	eth1
213.79.61.0	255.255.255.0	201.66.37.254	UG	eth0

很多路由协议是不允许把同一主机的两个接口定义在同一子网上的。例如，表 8-9 的设置通常是非法的（不过有些路由协议使用这种设置实现两个接口上的负载平衡）。

表 8-9　接口配置特例

接口	IP 地址	子网掩码
eth0	201.66.37.1	255.255.255.0
eth1	201.66.37.2	255.255.255.0

回头看看主机的路由表，它已有了表 8-10 所示的 11 个表项（重叠路由的表项未包含进去）。

表 8-10　总的路由表

目的	子网掩码	网关	标志	接口
127.0.0.0	255.0.0.0	127.0.0.1	U	lo0
201.66.37.0	255.255.255.0	201.66.37.74	U	eht0

续表

目的	子网掩码	网关	标志	接口
201.66.39.0	255.255.255.0	201.66.39.21	U	eth1
default	0.0.0.0	201.66.39.254	UG	eth1
73.0.0.0	255.0.0.0	201.66.37.254	UG	eht0
91.32.74.21	255.255.255.0	201.66.37.254	UGH	eht0
1.2.3.4	255.255.255.255	201.66.37.253	UGH	eth0
1.2.3.0	255.255.255.0	201.66.37.254	UG	eth0
1.2.0.0	255.255.0.0	201.66.39.253	UG	eth1
213.79.0.0	255.255.0.0	201.66.39.254	UG	eth1
213.79.61.0	255.255.255.0	201.66.37.254	UG	eth0

该网络的部分路由表示例的网络拓扑（仅涵盖前五项表项内容的网络）如图 8-2 所示。

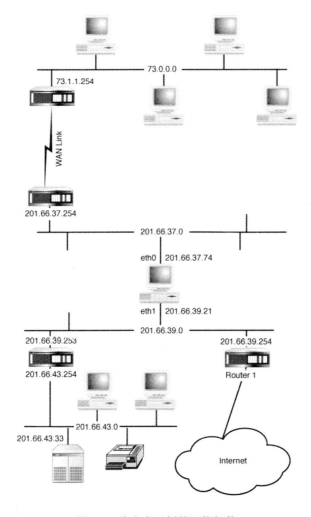

图 8-2 路由表示例的网络拓扑

这些表项分别是怎么得到的呢？有两种方法：

第一种方法：第一行是当路由表初始化时由路由软件加入的，第二、第三行是当网卡绑定 IP 地址时自动创建的。

第二种方法：其余的表项可以手动加入（在 UNIX 系统中，这是通过命令 route 来做的。可以由用户手工执行，也可以通过 rc 脚本在启动时执行），也可以由路由器使用其所支持路由协议提供的功能，根据网络拓扑结构的变化自动生成。

第一种方法生成的是静态路由，而第二种方法生成的是动态路由。

不同路由器使用的路由表可能有稍稍的差异，例如路由表的接口表项会写出接口的 IP 地址，而不像上面那样使用接口标识 eth0、eth1。有时，各表项的排列顺序也不尽相同，请看表8-11 所示的路由表示例。

表 8-11　路由表示例

Active Routes				
Network Destination	Netmask	Gateway	Interface	Metric
0.0.0.0	0.0.0.0	192.168.123.254	192.168.123.88	1
0.0.0.0	0.0.0.0	192.168.123.254	192.168.123.68	1
127.0.0.0	255.0.0.0	127.0.0.1	127.0.0.1	1
192.168.123.0	255.255.255.0	192.168.123.68	192.168.123.68	1
192.168.123.0	255.255.255.0	192.168.123.88	192.168.123.88	1
192.168.123.68	255.255.255.255	127.0.0.1	127.0.0.1	1
192.168.123.88	255.255.255.255	127.0.0.1	127.0.0.1	1
192.168.123.255	255.255.255.255	192.168.123.68	192.168.123.68	1
192.168.123.255	255.255.255.255	192.168.123.88	192.168.123.88	1
227.0.0.0	227.0.0.0	192.168.123.68	192.168.123.68	1
227.0.0.0	227.0.0.0	192.168.123.88	192.168.123.88	1
255.255.255.255	255.255.255.255	192.168.123.68	192.168.123.68	1
Default Gateway：192.168.123.254				

现在简单解释一下表 8-11 的内容。

第一行：Active Routes 表示当前路由。

第二行：Network Destination 为目的网段；Netmask 为子网掩码；Interface 为到达该目的地的本路由器的出口 IP；Gateway 为下一路由器入口的 IP，路由器通过 Interface 和 Gateway 定义了到下一个路由器的链路，通常情况下，Interface 和 Gateway 是同一网段的；Metric 为跳数，一般情况下，如果有多条到达相同目的地的路由记录，路由器会采用 Metric 值小的那条路由。

其实 Interface 跟表 8-10 中的接口表项是一样的，只是表 8-11 中写的是接口的 IP 地址。Gateway 表项跟表 8-10 中的网关是对应的。

另外上表中的主机有两个接口，IP 地址分别为 192.168.123.88 和 192.168.123.68，处在同一个网络 192.168.123.0。这就是在前面曾经提过的接口配置特例，把两个接口配置在同一个网络中，用以实现网卡的负载平衡，但必须有路由协议的支持。

　　剩下大部分表项的内容读者可以参考表 8-10 来理解。这里需要另外指出的就是包含网络地址 227.0.0.0 的两项。这两项表示的是对组播的处理路由。组播的内容在本书中没涉及到，感兴趣的读者可以查阅相关的资料自学。

　　上面讲述的是各个表项都很完善的路由表，在讲到路由选择协议 RIP 时，大家可能会看到略去很多表项的路由表，例如仅有"目的网络""跳数"和"下一跳"等几项内容，但它们的功能都是一样的，用以指导路由器进行路由的选择。

8.3.3　route 命令

　　route 命令主要用于手动配置和显示静态路由表。下面给读者展示一些常见的带特定参数的 route 命令的执行范例。

　　（1）显示路由表的命令：

route print

　　在 MS-DOS 环境下输入 route print，然后回车就可显示本机路由表信息，如图 8-3 所示。

图 8-3　路由表信息

路由表中的各项信息字段含义如下：

- 网络 ID（Network Destination）：主路由的网络 ID 或网际网络地址。在 IP 路由器上，有从目标 IP 地址决定 IP 网络 ID 的其他子网掩码字段。
- 子网掩码（Netmask）：由四个字节 32 位二进制的数组成，用十进制数表示。它与 IP 地址相对应，用于表示 IP 地址那些位是网络号那些位是主机号。子网掩码相应位为 1 的，对应 IP 地址相应位为网络地址；子网掩码相应位为 0 的，对应 IP 地址相应位为主机地址。
- 转发地址（Gateway）：转发地址又名网关，数据包转发的地址。转发地址是硬件地址或网际网络地址。对于主机或路由器直接连接的网络，转发地址字段可能是连接到网络的接口地址。
- 接口（Interface）：当将数据包转发到网络 ID 时所使用的网络接口。这是一个端口号或其他类型的逻辑标识符。
- 跃点数（Metric）：路由首选项的度量。通常最小的跃点数是首选路由。如果多个路由存在于给定的目标网络，则使用最低跃点数的路由。即使存在多个路由，某些路由选择算法只将到任意网络 ID 的单个路由存储在路由表中，在此情况下，路由器使用跃点数来决定存储在路由表中的路由。

8

Chapter

（2）要显示 IP 路由表中以 192 开始的路由，键入：

route print 192.*

（3）要添加默认网关地址为 192.168.12.1 的默认路由，键入：

route　add　0.0.0.0　mask　0.0.0.0　192.168.12.1

（4）要添加目标为 10.41.0.0，子网掩码为 255.255.0.0，下一个跃点地址为 10.27.0.1 的路由，键入：

route　add　10.41.0.0　mask　255.255.0.0　10.27.0.1

（5）要添加目标为 192.168.1.0，子网掩码为 255.255.255.0，下一个跃点地址为 192.168.1.1 的永久路由，键入：

Route -p add 192.168.1.0 mask 255.255.255.0 192.168.1.1

（6）在路由表中删除一条路由的命令：

route delete 157.0.0.0

8.4　路由选择协议

在互联网中，同一层次的路由器（同一自治系统中）为了使用动态路由，它们必须执行相同的路由选择算法，运行相同的路由选择协议。根据路由选择协议的工作范围，可将路由选择协议分为内部网关协议（Interior Gateway Protocol，IGP）和外部网关协议（Exterior Gateway Protocol，EGP）。目前，在 TCP/IP 协议 IGP 中使用的动态路由主要有两种类型：一是使用距离向量（Distance Vector，DV）路由算法的路由信息协议（Routing Information Protocol，RIP）；一是使用链路状态（Link State，LS）路由算法的开放最短路径优先协议（Open Shortest Path First，OSPF）。不管采用哪种路由选择算法和协议，路由表信息都应以精确、一致的观点反映新的互联网拓扑结构。当一个互联网中的所有路由器都运行着相同的、精确的、足以反映当前互联网拓扑结构的路由表信息时，我们称路由已经收敛（Convergence）。"收敛"的概念描述的是这样一种情形，即无论何时网络的拓扑或形状发生变化，网络中的所有路由器必须产生对网络拓扑结构的一个新的认识。这个过程既是合作的，又是独立的。虽然路由器之间共享信息，但它们必须独立地计算拓扑变化对自己的路由所造成的影响，因此它们必须独立地从不同的视角形成对新的拓扑结构的共识。路由选择算法的收敛速度是路由选择优劣的一个重要指标。

8.4.1　路由算法

路由选择协议的核心就是路由算法，即需要何种算法来获得路由表中的各项目。一个理想的路由算法应具有如下的一些特点：算法必须是正确和完整的；算法在计算上应简单；算法应能适应通信量和网络拓扑的变化；算法应具有稳定性；算法应是公平的；算法应是最佳的。

而一个实际的路由选择算法，应尽可能地接近理想的算法。在不同的应用条件下，对上述提出的六个方面进行侧重性地协调和取舍。

应当指出，路由选择是一个非常复杂的问题，因为它是网络中的所有节点共同协调工作的结果；其次，路由选择的环境往往是不断变化的，而这种变化有时无法事先知道，例如，网络中出了某些故障；此外，当网络发生拥塞时，就特别需要有能缓解这种拥塞的路由选择策略，但恰好在这种条件下，很难从网络中的各节点获得所需的路由选择信息。

若从路由算法能否随网络的通信量或拓扑自适应地进行调整变化来划分，则只有两大类，即静态路由选择策略与动态路由选择策略。静态路由选择也叫作非自适应路由选择，其特点是简单和开销较小，但不能及时适应网络状态的变化；动态路由选择也叫作自适应路由选择，其特点是能较好地适应网络状态的变化，但实现起来较为复杂，开销也比较大。

路由选择算法可分为：静态和动态、内部和外部、距离向量和链路状态。每种类型的算法决定了使用的路由选择协议的某个方面。每种类型都有优点，根据互连网络的大小或复杂程度，这些优点使这种类型对某种特定类型的互连网络更加合理。

8.4.2 分层次的路由选择协议

因特网采用的路由选择协议主要是自适应（即动态的）、分布式路由选择协议。由于以下两个原因，因特网采用分层次的路由选择协议。

- 因特网的规模非常大，现在就已经有几百万个路由器互连在一起。如果让所有的路由器知道所有的网络应怎样到达，则这种路由表将非常大，处理起来要花费太多的时间。而所有这些路由器之间交换路由信息所需的带宽就会使因特网的通信链路饱和。
- 许多单位不愿意外界了解自己单位网络的布局细节和本部门采用的路由选择协议（这属于本部门内的事情），但同时还希望连接到因特网上。

为此，因特网将整个互联网划分成许多较小的自治系统（Autonomous System，AS）。一个自治系统是一个互联网，其最重要的特点就是自治系统有权自主地决定在本系统内采用何种路由选择协议。一个自治系统内的所有网络都应由一个行政单位（例如，一个公司、一所大学、政府的一个部门等）来管辖。但一个自治系统的所有路由器在本自治系统内都必须是连通的。如果一个部门管辖两个网络，但这两个网络要通过其他的主干网才能互联起来，那么这两个网络并不能构成一个自治系统，它们还是两个自治系统。这样，因特网就把路由选择协议划分为如下两大类：

（1）内部网关协议（Interior Gateway Protocol，IGP）。即在一个自治系统内使用的路由选择协议，而这与在互联网中的其他自治系统选用什么路由选择协议无关。目前这类路由选择协议使用得最多，如 RIP 和 OSPF 协议。

（2）外部网关协议（Exterior Gateway Protocol，EGP）。若源站和目的站处在不同的自治系统中（这两个自治系统可能使用不同的内部网关协议），当数据报传到一个自治系统的边界时，就需要使用一种协议将路由选择信息传递到另一个自治系统中，这样的协议就是外部网关协议（EGP）。在外部网关协议中目前使用得最多的是 BGP4。

自治系统之间的路由选择也叫作域间路由选择（Interdomain Routing）；在自治系统内部的路由选择叫作域内路由选择（Intradomain Routing）。

图 8-4 为三个自治系统互连在一起的示意图，在自治系统内各路由器之间的网络就省略了，而用一条链路表示路由器之间的网络。每个自治系统运行本自治系统的内部路由选择协议 IGP，但每个自治系统都有一个或多个路由器除运行本系统的内部路由选择协议外，还运行自治系统间的路由选择协议 EGP。在图中，能运行自治系统间的路由选择协议的有 R1、R2 和 R3 三个路由器。图中的这类路由器比一般的路由器大些以示区别。假定图中自治系统 A 的主机 H1 要向自治系统 B 的主机 H2 发送数据报，那么在各自治系统内使用的是各自的内部网关协议 IGP（例如，分别使用 RIP 和 OSPF），而在路由器 R1 和 R2 之间必须使用外部网关协议 EGP（例如，使用 BGP-4）。

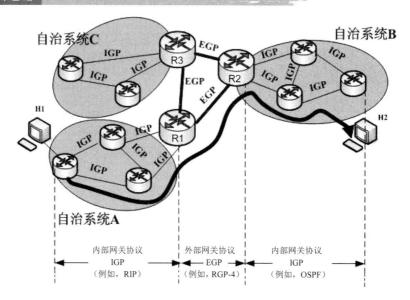

图 8-4　自治系统、内部网关协议和外部网关协议

总之，使用分层次的路由选择协议，可将因特网的路由选择协议进行如下划分：

内部网关协议 IGP：具体的协议有多种，如 RIP 和 OSPF 等。

外部网关协议 EGP：目前使用的协议就是 BGP。

对于比较大的自治系统，还可将所有的网络再进行一次划分。例如，可以构筑一个链路速率较高的的主干网和许多速率较低的区域网。每个区域网通过路由器连接到主干网。在一个区域内找不到目的站时，就通过路由器经过主干网到达另一个区域网，或者通过外部路由器到别的自治系统中去查找。下面对 RIP 和 OSPF 这两类协议分别进行介绍。

8.4.3　路由信息协议（RIP）与距离向量算法

1. 距离向量路由选择算法（DV）

距离向量路由选择算法又称为 Bellman-Ford 算法。其基本思想是同一自治系统中的路由器定期向直接相邻的路由器传送它们的路由选择表副本，每个接收者将一个距离向量加到本地路由选择表中（即修改和刷新自己的路由表），并将刷新后的路由表转发给它的相邻路由器。这个过程在直接相邻的路由器之间以广播的方式进行，这一步步的过程可使得每个路由器都能了解其他路由器的情况，并且形成了关于网络"距离"（通常用"跳数"表示）的累积透视图。然后利用这个累积图更新每个路由器的路由选择表，完成之后，每个路由器都大概了解了关于到某个网络资源的"距离"，但它并没有了解其他路由器任何专门的信息或网络的真正拓扑。

图 8-5 描述了距离向量路由算法的基本思想。

图中路由器 R1 向相邻的路由器（例如 R3）广播自己的路由信息，通知 R3 自己可以到达 e1、e2、e3 和 e4。由于 R1 发送的路由信息中包含了三条 R3 不知的路由（即到达 e1、e2 和 e4），于是 R3 将 e1、e2 和 e4 加入自己的路由表，并将下一路由器指向 R1。也就是说，如果路由器 R3 收到的 IP 数据报是到达网络 e1、e2 和 e4 时，它将转发数据报给路由器 R1，由 R1 进行再次传送。由于 R1 到达网络 e1、e2 e4 的距离分别为 0、0 和 1，因此，R3 通过 R1 到达这三个网络的距离分别为 1、1 和 2（即加 1）。

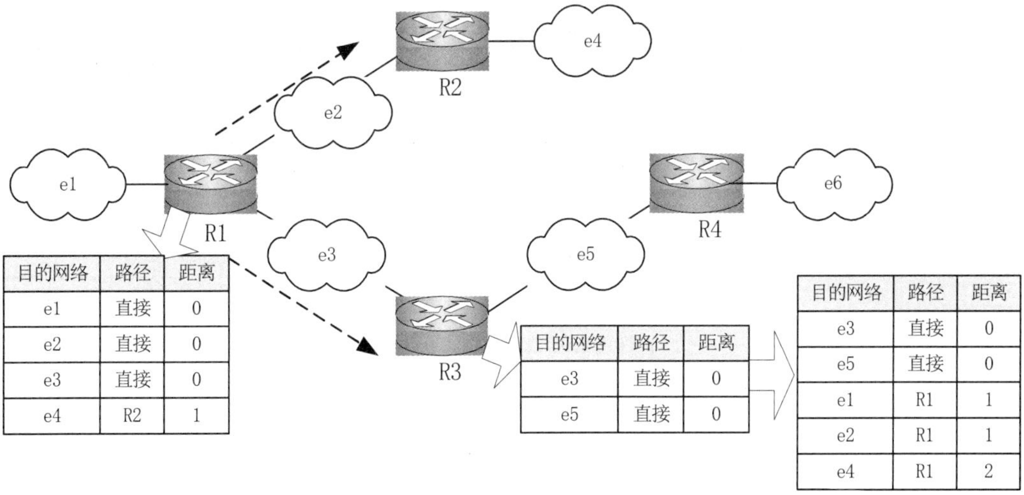

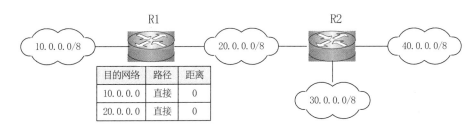

图 8-5　距离向量路由算法的基本思想

下面，介绍距离向量算法的具体步骤。

首先，路由器启动时对路由表进行初始化，该初始路由表中包含所有去往与本路由器直接相连的网络路径。因为去往直接相连网络不需要经过中间路由器，所以初始化的路由表中各路径的距离均为 0，图 8-6 中给出了路由器 R1 的局部网络拓扑结构和其初始路由表。

图 8-6　路由器启动时初始化路由表

然后，各路由器周期性地向其相邻的路由器广播自己的路由表信息，与该路由器直接相连（位于同一物理网络）的路由器接收到该路由表信息通知报文后，根据此对本地路由表进行刷新。刷新时，路由器逐项检查来自相邻路由器的路由表信息通知报文。假设路由器 Ra 收到路由器 Rb 的路由表信息通知报文，当遇到以下情况时，需要修改本地的路由表。（表 8-12 给出了相邻路由器 Ra 和 Rb 实现距离向量路由选择算法的直观说明）

（1）增加路由记录：如果 Rb 路由表中列出的某条记录 Ra 路由表中没有，则 Ra 路由表中需要增加相应记录，其"目的网络"为 Rb 路由表中的"目的网络"，其"距离"为 Rb 路由表中的"距离"加 1，而"路径"（即下一路由器）则为 Rb，如表 8-12 中 Ra 刷新后的路由表第四条路由记录。

（2）修改（优化）路由记录：如果 Rb 去往某目的网络的距离比 Ra 去往该目的网络的距离减 1 还小，说明 Ra 去往该目的网络如果经过 Rb 距离会更短。则 Ra 需要修改本路由表中的此条记录内容，其"目的网络"不变，"距离"修改为 Rb 表中的"距离"加 1，"路径"则为 Rb，如表 8-12 中 Ra 初始路由表第二条路由记录。

表 8-12　采用距离向量路由选择算法刷新路由表

Ra 初始路由表			Rb 广播的路由信息			Ra 刷新后的路由表		
目的网络	路径	距离	目的网络	距离		目的网络	路径	距离
10.0.0.0	直接	0	10.0.0.0	4		10.0.0.0	直接	0
20.0.0.0	Rx	7	20.0.0.0	4		20.0.0.0	Rb	5
30.0.0.0	Rb	4	30.0.0.0	2		30.0.0.0	Rb	3
40.0.0.0	Ry	4	80.0.0.0	3		80.0.0.0	Rb	4
50.0.0.0	Rb	5	50.0.0.0	5		40.0.0.0	Ry	4
60.0.0.0	Rz	10				50.0.0.0	Rb	6
70.0.0.0	Rb	6				60.0.0.0	Rz	10

（3）更新路由记录：如果 Ra 路由表中有一条路由记录是经过 Rb 到达某目的网络，而 Rb 去往该目的网络的路径发生了变化，则需要更新路由记录。一种情况是如果 Rb 不再包含去往该目的网络的路径（例如可能是由于故障导致的），则 Ra 路由表中也应将此路径删除，如表 8-12 中 Ra 初始路由表第七条路由记录；另一种情况是如果 Rb 去往该目的网络的距离发生了变化，则 Ra 路由表中相应"距离"应更新为 Rb 中新的"距离"加 1，如表 8-12 中 Ra 初始路由表第三条路由记录。

距离向量路由选择算法的最大优点是算法简单、易于实现。但由于路由器的路径变化从相邻路由器传播出去的过程是缓慢的，有可能导致慢收敛（关于慢收敛请参考相关资料或课程网站）等问题，因此它不适用于路由剧烈变化的或大型的互联网网络环境。另外，距离向量路由选择算法要求网络中的每个路由器都参与路由信息的交换和计算，而且要交换的路由信息通知报文与自己的路由表几乎大小一样，使得需要交换的信息量庞大。

2．RIP 协议

RIP 协议是距离向量路由选择算法在局域网上的直接实现，它用于小型自治系统中。RIP 协议规定了路由器之间交换路由信息的时间、交换信息的格式、错误的处理等内容。RIP 协议规定了两种报文类型，所有运行 RIP 协议的设备都可以发送这些报文。

- 请求报文：发送请求报文是用于查询相邻的 RIP 设备，以获得相邻路由器的距离向量表。这个请求表明，相邻设备要么返回整个路由表，要么返回路由表的一个特定子集。
- 响应报文：响应报文是由一个设备发出的，用以通知它的本地路由表中维护的信息。在下述几种情况，响应报文被发送：一是 RIP 协议规定的每隔 30 秒钟相邻路由器间交换一次路由信息；二是当前路由器对另一路由器产生的请求报文的响应；三是在支持触发更新的情况下，发送发生变化的本地路由表。

RIP 协议除严格遵守距离向量路由选择算法进行路由广播与刷新外，在具体实现过程中还做了某些改进，例如：

（1）对距离相等的路由的处理。在具体应用中，到达某一目的网络可能会出现若干条距离相等的路径。对于这种情况，通常遵循先入为主的原则，即先收到哪个路由器的路由信息通知报文，就将路径定为哪个路由器，直到该路径失效或被新的更短路径代替。

（2）对过时路由的处理。根据距离向量路由选择算法的基本思想，路由表中的一条路径被修改刷新是因为出现了一条距离更短的路径，否则该路径会在路由表中保持下去。按照这种思想，一旦某条路径发生故障，过时的路由表记录会在互联网上长期存在下去。为了解决这个问题，RIP 协议规定，参与 RIP 选路的所有设备要为其路由表的每条路由记录增加一个定时器。在收到相邻路由器发送的路由刷新报文中如果包含关于此路径的记录，则将定时器清零，重新开始计时；如果在设定的定时器时间内一直没有收到关于该路径的刷新信息，这时定时器溢出，说明该路径已经崩溃，需要将该路径记录从路由表中删除。RIP 协议规定路径的定时器时间为 6 个 RIP 刷新周期，即 180 秒。

8.4.4　OSPF 协议与链路状态算法

在互联网中，OSPF 协议是另一种经常被使用的路由选择协议。OSPF 采用链路状态（LS）路由选择算法，可以在大规模的互联网环境下使用。与 RIP 协议相比，OSPF 协议要复杂得多，这里仅作简单介绍。

链路状态路由选择算法又称为最短路径优先（Shortest Path First，SPF）算法。其基本思想是互联网上的每个路由器周期性地向其他路由器广播自己与相邻路由器的连接关系，以使各个路由器都可以画出一张互联网拓扑结构图，利用这张图和最短路径优先算法，路由器就可以计算出自己到达各个网络的最短路径。

如图 8-7 所示，路由器 R1、R2 和 R3 首先向互联网上的其他路由器（即 R1 向 R2 和 R3，R2 向 R1 和 R3，R3 向 R1 和 R2）广播报文，通知其他路由器自己与相邻路由器的关系（例如，R2 向 R1 和 R3 广播自己与 e4 相连且通过 e2 与 R1 相连）。

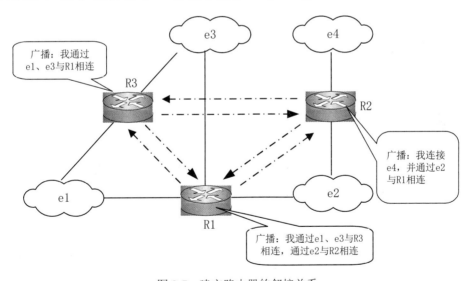

图 8-7　建立路由器的邻接关系

利用其他路由器广播的信息，互联网上的每个路由器都可以形成一张由点和线相互连接而成的抽象拓扑结构图（图 8-8 给出了路由器 R1 形成的抽象拓扑结构图）。一旦得到这张拓扑结构图，路由器就可以按照最短路径优先算法计算出以本路由器为根的 SPF 树（图 8-8 显示了以 R1 为根的 SPF 树）。这棵树描述了该路由器（R1）到达每个网络（e1、e2、e3 和 e4）的路径和距离。通过这棵 SPF 树，路由器就可以生成自己的路由表（图 8-7 右侧是路由器

R1 按照 SPF 树生成的路由表）。

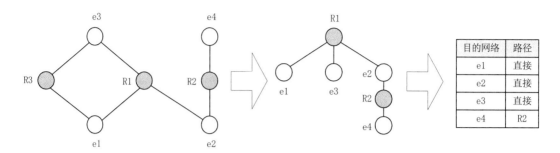

图 8-8　路由器 R1 利用互联网拓扑结构图计算路由

从以上介绍可以看到，链路状态路由选择算法不同于距离向量路由选择算法。距离向量路由选择算法并不需要路由器了解整个互联网的拓扑结构（是一个局部拓扑结构），它通过相邻的路由器了解到达每个网络的可能路径。而链路状态路由选择算法则依赖于整个互联网的拓扑结构图（是一个全局拓扑结构），利用该拓扑结构图得到 SPF 树，并由 SPF 树生成路由表。

以链路状态路由选择算法为基础的开放最短路径优先 OSPF 协议具有收敛速度快、支持服务类型选路、提供负载均衡和身份认证的特点，适用于大规模的、环境复杂的互联网环境。由于 OSPF 协议的复杂性，在整个路由选择上对互联网环境提出了更高的要求，主要包括：

（1）要求较高的路由器处理能力。一般情况下，运行 OSPF 路由选择协议要求路由器具有更大的存储器和更快的 CPU 处理能力。与 RIP 协议不同，OSPF 协议要求路由器保存相邻路由器的状态（邻接数据库）、整个互联网的拓扑结构图（链路状态数据库）和路由表（转发数据库）等众多的路由信息，并且路由表的生成采用了比较复杂迭代算法（Dijkstra 算法），互联网的规模越大，对内存和 CPU 的要求越高。

（2）要求一定的网络带宽。为了得到与相邻路由器的连接关系，互联网上的每一个路由器都需要不断地发送和应答查询信息，与此同时，每个路由器还需要将这些信息广播到整个互联网。因此，OSPF 协议对互联网的带宽有一定的要求。

为了适应更大规模的互联网环境，OSPF 协议通过一系列的办法来解决运行环境的问题，其中包括分层和指派路由器。所谓分层，是指将一个大型的互联网分成几个不同的区域，例如域 0（area 0）。一个区域中的路由器只需要保存和处理本区域的网络拓扑和路由，区域之间的路由信息交换由几个特定的路由器完成。所谓指派路由器，是指在互联的局域网中，路由器将自己与相邻路由器的关系发送给一个或多个指定路由器（例如区域中的指定路由器 DR 和备份指定路由器 BDR），由指定路由器生成整个互联网的拓扑结构图，以便其他路由器查询。

8.4.5　部署和选择路由协议

静态路由、动态路由（RIP 路由选择协议和 OSPF 路由选择协议）都有其各自的特点，可以适应不同的互联网环境。

1. 静态路由

静态路由最适合于在小型的、单路径的、静态的 IP 互联网环境下使用。其中：

（1）小型互联网络可以包含 2 到 10 个网络。

（2）单路径是表示互联网上任意两个节点之间的数据传输只能通过一条路径进行。

（3）静态是表示互联网的拓扑结构不随时间而变化。

一般说来，小公司、家庭办公室等小型机构建设的互联网具有这些特征，可以选择静态路由方式。

2．RIP 路由选择协议

RIP 路由选择协议比较适合小型或中型的、多路径的、动态的 IP 互联网环境。其中：

（1）小型或中型互联网络可以包含 10 到 50 个网络。

（2）多路径是表示互联网上任意两个节点之间有多条路径可以传输数据。

（3）动态是表示互联网的拓扑结构随时会更改（通常是由于网络和路由器的改变而造成的）。

一般来说，在中型企业、具有多个网络的大型分支办公室等互联网环境可以考虑选择 RIP 协议。

3．OSPF 路由选择协议

OSPF 路由选择协议最适合较大型或特大型的、多路径的、动态的 IP 互联网环境。其中：

（1）大型或特大型互联网络应该包含 50 个以上的网络。

（2）多路径是表示互联网上任意两个节点之间有多条路径可以传输数据。

（3）动态是表示互联网的拓扑结构随时会更改（通常是由于网络和路由器的改变而造成的）。

OSPF 路由选择协议通常在校园、企业、部队、机关等大型机构的互联网上使用。

8.5　路由器

路由通常与桥接（或称交换）来对比，在第 4 章中的网络设备中已对交换机（网桥）和路由器进行了简单的介绍。路由器和交换机工作在不同的层次（路由器是网络层设备，而交换机是数据链路层设备），工作在网络层的路由器可以识别 IP 地址，而交换机则不可以，因此路由器功能更强大，可以在广域网内发挥路由的功能。

8.5.1　路由器概述

路由器有下面几个主要的性能指标。

1．路由器类型

该指标主要表示路由器是否是模块化结构。模块化结构的路由器一般可扩展性较好，可以支持多种端口类型，例如以太网接口、快速以太网接口、高速串行口等，各种类型端口的数量一般可选，价格通常比较昂贵；固定配置路由器可扩展性较差，只用于固定类型和数量的端口，一般价格比较便宜。

2．路由器配置

路由器配置包括接口种类、用户可用槽数、CPU、内存和端口密度五个方面。

（1）接口种类：路由器能支持的接口种类，体现路由器的通用性。常见的接口种类有通用串行接口（通过电缆转换成 RS-232 DTE/DCE 接口、V.35 DTE/DCE 接口、X.2l DTE/DCE

接口、RS-449 DTE/DCE 接口和 EIA-530 DTE 接口等)、快速以太网接口、10Mbps 以太网接口、10/100Mbps 自适应以太网接口、吉比特以太网接口、ATM 接口(2Mbps、25Mbps、155Mbps、633Mbps 等)、POS 接口(155Mbps、622Mbps 等)、令牌环接口、FDDI 接口、E1/T1 接口、E3/T3 接口、ISDN 接口等。

(2)用户可用槽数:指模块化路由器中除 CPU 板、时钟板等必要系统板,以及系统板专用槽位外用户可以使用的插槽数。根据该指标以及用户板端口密度可以计算该路由器所支持的最大端口数。

(3)CPU:无论在中低端路由器还是在高端路由器中,CPU 都是路由器的心脏。通常在中低端路由器中,CPU 负责交换路由信息、路由表查找以及转发数据报,CPU 的能力直接影响路由器的吞吐量(路由表查找时间)和路由计算能力(影响网络路由收敛时间);在高端路由器中,通常包转发和查表由 ASIC 芯片完成,CPU 只实现路由协议、计算路由以及分发路由表。由于技术的发展,路由器中许多工作都可以由硬件来完成(专用芯片)。路由器性能由路由器吞吐量、时延和路由计算能力等指标体现,CPU 性能并不完全反映路由器性能。

(4)内存:路由器中可能有多种内存,例如 Flash、DRAM 等。内存用来存储配置、路由器操作系统、路由协议软件等内容。在中低端路由器中,路由表可能存储在内存中。通常来说路由器内存越大越好(不考虑价格)。但是与 CPU 能力类似,内存同样不能直接反映路由器的性能和能力,因为高效的算法与优秀的软件可能大大节约内存。

(5)端口密度:该指标体现路由器制作的集成度。由于路由器体积不同,该指标应当折合成机架内每英寸端口数。但是出于直观和方便,通常可以使用路由器对每种端口支持的最大数量来替代。

3. 路由协议支持

不同的路由器可以支持的路由协议也是不同的,常见的有路由信息协议(RIP)、路由信息协议版本 2(RIPv2)、开放的最短路径优先协议版本 2(OSPFv2)和边缘网关协议(BGP4)等。路由协议决定了路由器的工作性能。例如,如果支持路由信息协议(RIP),那么该路由器可能只适合用于规模较小的网络。路由协议会在后面有更为详细的介绍。

4. 路由器性能

路由器的性能主要体现在下面的这些参数上。

(1)全双工线速转发能力:路由器最基本且最重要的功能是数据报转发。在同样端口速率下转发小包是对路由器包转发能力最大的考验。全双工线速转发能力是指以最小包长(以太网 64 字节、POS 口 40 字节)和最小包间隔(符合协议规定)在路由器端口上双向传输,同时不引起丢包。该指标是路由器性能的重要指标。

(2)设备吞吐量:指设备整机包转发能力,是设备性能的重要指标。路由器的工作在于根据 IP 包头或者 MPLS 标记选路,所以性能指标是每秒转发包数量。设备吞吐量通常小于路由器所有端口吞吐量之和。

(3)端口吞吐量:指端口包转发能力,通常使用 pps(包每秒)来衡量,它是路由器在某端口上的包转发能力。通常采用两个相同速率接口测试,但是测试接口可能与接口位置及关系相关。例如同一插卡上端口间测试的吞吐量可能与不同插卡上端口间吞吐量值不同。

(4)背靠背帧数:指以最小帧间隔发送最多数据报不引起丢包时的数据报数量。该指标用于测试路由器缓存能力。有线速全双工转发能力的路由器该指标值无限大。

（5）路由表能力：路由器通常依靠所建立及维护的路由表来决定如何转发。路由表能力是指路由表内所容纳路由表表项数量的极限。由于因特网上执行 BGP 协议的路由器通常拥有数十万条路由表表项，所以该项目也是路由器能力的重要体现。

（6）背板能力：背板指输入与输出端口间的物理通路。背板能力是路由器的内部实现，传统路由器采用共享背板，但是作为高性能路由器不可避免会遇到拥塞问题，其次也很难设计出高速的共享总线，所以现有高速路由器一般采用可交换式背板的设计。背板能力能够体现在路由器吞吐量上：背板能力通常大于依据吞吐量和测试包场所计算的值。背板能力只能在设计中体现，一般无法测试。

（7）丢包率：丢包率是指测试中所丢失数据报数量占所发送数据报的比率，通常在吞吐量范围内测试。丢包率与数据报长度以及包发送频率相关。在一些环境下可以加上路由抖动、大量路由后测试。

（8）时延：时延是指数据报第一个比特进入路由器到最后一个比特从路由器输出的时间间隔。在测试中通常使用测试仪表发出测试包到收到数据报的时间间隔。时延与数据报长度相关，通常在路由器端口吞吐量范围内测试，超过吞吐量测试该指标没有意义。

（9）VPN 支持能力：通常路由器都能支持 VPN。其性能差别一般体现在所支持 VPN 数量上。专用路由器一般支持 VPN 数量较多。

（10）无故障工作时间：该指标按照统计方式指出设备无故障工作的时间。一般无法测试，可以通过主要器件的无故障工作时间计算或者大量相同设备的工作情况计算。

大家在选择路由器的时候可以从上述几个方面入手，选择合适的产品。

8.5.2　路由器命令使用

路由器的命令对于路由器的配置、管理至关重要。下面通过路由器的端口的识别和常见路由器命令行的使用说明，使读者掌握路由器的连接、配置和使用方法。

1. 路由器的连接方式

主要端口的连接及用途描述如下：

- Console 端口：接终端或运行终端仿真软件的计算机。
- AUX 端口：接 Modem，通过电话线与远程的终端或运行终端仿真软件的计算机相连。
- Serial Ports：用于路由器间的 DCE 和 DTE 连接。
- FastEthernet 端口：根据网络拓扑可以接广域网络设备或局域网络设备。

路由器的管理和访问可以通过以下方法实现：

- 通过 Console 端口。
- 通过 AUX 端口。
- 通过 Ethernet 上的 TFTP 服务器。
- 通过 Ethernet 上的 Telnet 程序。
- 通过 Ethernet 上的 SNMP 网络管理工作站。

路由器的第一次设置必须通过 Console 端口进行，依次单击"开始"→"程序"→"附件"→"通信"→"超级终端"，启动超级终端软件。

2. 路由器的命令行界面

路由器的命令模式有：用户模式、特权模式、全局配置模式、接口配置模式、线路配置模式和路由配置模式等。

（1）router>是用户模式。

路由器处于用户模式时，用户可以查看路由器的连接状态，访问其他网络和主机，但不能查看和更改路由器的设置内容。

（2）router#是特权模式。

当用户在 router>提示符下输入 enable 命令，路由器就进入特权模式状态 router#，这时不但可以执行所有的用户命令，还可以查看和更改路由器的设置内容。在特权模式下输入 exit，则退回到用户模式。在特权模式下仍然不能进行配置，需要输入 configure terminal 命令进入全局配置模式才能实现对路由器的配置。

（3）router(config)#是全局配置模式。

在 router#提示符下输入 configure terminal，路由器进入全局配置模式 router(config)#，这时可以设置路由器的全局参数。

（4）router(config-if)#是接口配置模式。

路由器处于全局配置模式时，可以对路由器的每个接口进行具体配置，这时需要进入接口配置模式。例如配置某一以太网接口需要在 router(config)#提示符下输入 interface Ethernet 0 进入接口配置模式 router(config-if)#。

（5）router(config-line)#是线路配置模式。

路由器处于全局配置模式时，可以对路由器的访问线路进行配置以实现线路控制，这时需要进入线路配置模式。例如配置远程 telnet 访问线路时，需要在 router(config)#提示符下输入 line vty 0 4 进入线路配置模式 router(config-line)#。

（6）router(config-router)#是路由配置模式。

路由器处于全局配置模式时，可以对路由协议参数进行配置以实现路由，这时需要进入路由配置模式。例如配置动态路由协议 RIP 时，需要在 router(config)#提示符下输入 router rip 进入路由配置模式 router(config-router)#。

3．常见路由器命令

（1）基本的路由器查看命令。

```
show   version          查看版本及引导信息
show   iproute          查看路由信息
show   startup-config   查看路由器备份配置（开机设置）
show   running-config   查看路由器当前配置（运行设置）
show   interface        查看路由器接口状态
show   flash            查看路由器 IOS 文件
```

（2）基本的路由器配置命令。

```
configure   terminal                           进入全局配置模式
hostname  标识名                                标识路由器
interface  接口号                               进入接口配置模式
line  con  0 或 line  vty  0  4 或 line  aux  0   进入线路配置模式
enable   password 或 enable   secret 口令        配置口令
no   shutdown                                  启动端口
ip   address                                   网络地址掩码配置 IP 地址
```

（3）IP 路由。

1）静态路由。

ip　routing	查看静态路由
ip　route	目标网络号、掩码端口号及配置静态路由

2）默认路由。

ip　default-network 网络号	配置默认路由

3）RIP 配置。

router　rip	设置路由协议为 RIP
network 网络号	配置所连接的网络
show　ip　route	查看路由记录
show　ip　protocol	查看路由协议

8.6　习题

一、填空题

1. 路由器的基本功能是_____。

2. 路由动作包括两项基本内容：_____、_____。

3. 在 IP 互联网中，路由通常可以分为_____路由和_____路由。

4. RIP 协议使用_____，OSPF 协议使用_____。

5. 确定分组从源端到目的端的"路由选择"，属于 ISO/OSI RM 中_____层的功能。

二、选择题

1. 在网络地址 178.15.0.0 中划分出 10 个大小相同的子网，每个子网最多有（　　　）个可用的主机地址。

  A．2046   B．2048   C．4094   D．4096

2. 在路由器上从下面哪个模式可以进行接口配置模式？（　　　）

  A．用户模式   B．特权模式   C．全局配置模式

3. 在通常情况下，下列哪一种说法是错误的？（　　　）

  A．高速缓存区中的 ARP 表是人工建立的

  B．高速缓存区中的 ARP 表是由主机自动建立的

  C．高速缓存区中的 ARP 表是动态的

  D．高速缓存区中的 ARP 表保存了主机 IP 地址与物理地址的映射关系

4. 下列不属于路由选择协议的是（　　　）。

  A．RIP   B．ICMP   C．BGP   D．OSPF

5. 在计算机网络中，能将异种网络互连起来，实现不同网络协议相互转换的网络互连的设备是（　　　）。

  A．集线器   B．路由器   C．网关   D．网桥

6. 路由器要根据报文分组的（　　　）转发分组。

  A．端口号   B．MAC 地址   C．IP 地址   D．域名

7. 下面关于 RIP 协议的描述中，正确的是（　　　）。

  A．采用链路状态算法   B．距离通常用带宽表示

C．向相邻路由器广播路由信息　　　　D．适合于特大型互联网使用

8．下面关于 RIP 与 OSPF 协议的描述中，正确的是（　　）。

A．RIP 和 OSPF 都采用向量距离算法

B．RIP 和 OSPF 都采用链路状态算法

C．RIP 采用向量距离算法，OSPF 采用链路状态算法

D．RIP 采用链路状态算法，OSPF 采用向量距离算法

9．下面关于 OSPF 和 RIP 协议中路由信息广播方式的叙述，正确的是（　　）。

A．OSPF 向全网广播，RIP 仅向相邻路由器广播

B．RIP 向全网广播，OSPF 仅向相邻路由器广播

C．OSPF 和 RIP 都向全网广播

D．OSPF 和 RIP 都仅向相邻路由器广播

三、简答题

1．常见的路由器端口主要有哪些？

2．简述路由器的工作原理。

3．简述路由器与交换机的区别。

4．路由器的主要作用是什么？

5．静态路由和默认路由有何区别？两者中哪一个执行速度更快？

6．常用的路由选择算法有哪些？

7．有一个 IP 地址 222.98.117.118/27，请写出该 IP 地址所在子网内的合法主机 IP 地址范围、广播地址及子网的网络号。

8．一个公司有三个部门，分别为财务、市场、人事，网络管理。要求建三个子网，根据网络号 172.17.0.0/16 划分，写出每个子网的网络号、子网掩码、合法主机范围，要求有步骤。

8.7　拓展训练

拓展训练 1　划分子网及应用

一、实训目的

● 正确配置 IP 地址和子网掩码。

● 掌握子网划分的方法。

二、实训内容

1．划分子网。

2．配置不同子网的 IP 地址。

3．测试结果。

三、实训环境要求

（1）所需设备如下：

● 装有 Windows 7 操作系统的 PC 机 5 台。（可分组进行）

● 交换机 1 台。

● 直通线 5 根。

（2）子网划分及应用的网络拓扑图如图 8-9 所示。

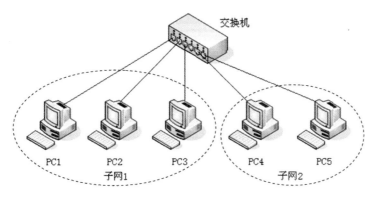

图 8-9　子网划分及应用的网络拓扑图

四、实训步骤

（1）硬件连接。

如图 8-8 所示，将五条直通双绞线的两端分别插入每台计算机网卡的 RJ-45 接口和交换机的 RJ-45 接口中，检查网卡和交换机的相应指示灯是否亮起，判断网络是否正常连通。

（2）TCP/IP 协议配置。

1）配置 PC1 的 IP 地址为 192.168.1.17，子网掩码为 255.255.255.0；配置 PC2 的 IP 地址为 192.168.1.18，子网掩码为 255.255.255.0；配置 PC3 的 IP 地址为 192.168.1.19，子网掩码为 255.255.255.0；配置 PC4 的 IP 地址为 192.168.1.33，子网掩码为 255.255.255.0；配置 PC5 的 IP 地址为 192.168.1.34，子网掩码为 255.255.255.0。

2）在 PC1、PC2、PC3、PC4 和 PC5 之间用 ping 命令测试网络的连通性，测试结果填入表 8-13。

表 8-13　计算机之间的连通性表 1

计算机	PC1	PC2	PC3	PC4	PC5
PC1	/				
PC2		/			
PC3			/		
PC4				/	
PC5					/

（3）划分子网 1。

1）保持 PC1、PC2、PC3 的 IP 地址不变，而将它们的子网掩码修改为 255.255.255.240。

2）在 PC1、PC2 和 PC3 之间用 ping 命令测试网络的连通性，测试结果填入表 8-14。

表 8-14　计算机之间的连通性表 2

计算机	PC1	PC2	PC3
PC1	/		
PC2		/	
PC3			/

（4）划分子网 2。

1）保持两台计算机 PC4、PC5 的 IP 地址不变，而将它们的子网掩码修改为 255.255.255.240。

2）在 PC4、PC5 之间用 ping 命令测试网络的连通性，测试结果填入表 8-15。

表 8-15　计算机之间的连通性表 3

计算机	PC4	PC5
PC4	/	
PC5		/

（5）子网 1 和子网 2 之间连通性测试

在 PC1、PC2、PC3（子网 1）与 PC4、PC5（子网 2）之间用 ping 命令测试网络的连通性，测试结果填入表 8-16。

表 8-16　计算机之间的连通性表 4

		子网 2	
		PC4	PC5
子网 1	PC1		
	PC2		
	PC3		

提示：①子网 1 的子网号是 192.168.1.16，子网 2 的子网号是 192.168.2.32。②该实训最好分组进行，每组五人，每组的 IP 地址可设计为 192.168.组号.XXX。

拓展训练 2　路由器的启动和初化化配置

一、实训目的

● 熟悉 Cisco 2600 系列路由器基本组成和功能，了解 Console 口和其他基本端口。

● 了解路由器的启动过程。

● 掌握通过 Console 口或用 Telnet 的方式登录到路由器。

● 掌握 Cisco 2600 系列路由器的初始化配置。

● 熟悉 CLI 的各种编辑命令和帮助命令的使用。

二、实训内容

1. 了解 Cisco 2600 系列路由器的基本组成和功能。

2. 使用超级终端通过 Console 口登录到路由器。

3. 观察路由器的启动过程。

4. 对路由器进行初始化配置。

三、实训环境要求

可考虑分组进行，每组需要 Cisco 2600 系列路由器一台；HUB 一台；PC 机一台（Windows 98 或 Windows 2000/XP 操作系统，需安装超级终端）；RJ-45 双绞线两条；Console 控制线一条，并配有适合于 PC 机串口的接口转换器。

四、实训拓扑

实训的网络拓扑图如图 8-10 所示。

实训中分配的 IP 地址：PC 机为 192.168.1.1，路由器 E0 口为 192.168.1.2，子网掩码为 255.255.255.0。

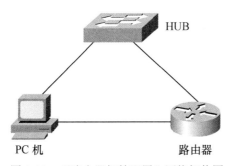

图 8-10 "路由器初始配置"网络拓扑图

五、实训步骤

（1）观察 Cisco 2600 系列路由器的组成，了解各个端口的基本功能。

（2）根据实验要求连接好线缆后进入实验配置阶段。

1）启动 PC 机，设置其 IP 地址为 192.168.1.1。

2）选择"开始"→"程序"→"附件"→"通信"→"超级终端（HyperTerminal）"命令，然后双击超级终端可执行文件图标，设置新连接名称为 LAB，在"连接时使用"列表框中，选择 COM1。

3）对端口进行设置：数据传输速率设置为 9600bps，其他为默认。

（3）打开路由器电源，启动路由器进行初始化配置。

1）在 Would you like to enter the initial configuration dialog? 提示下，输入 yes；在 Would you like to enter basic mangement setup? 提示下，输入 no。

2）设置路由器名称为 Cisco2600，特权密码为 Cisco2600，控制台登录密码为 Cisco，虚拟终端连接密码为 Vpassword。

3）在 Configure SNMP Network Management、Configure LAT、ConfigureAppleTalk 和 Configure DECnet 提示下输入 no；在 Configure IP？提示下输入 yes。

4）在 Ethemet 0/0 端口设置路由器的 IP 地址为 192.168.1.2。

5）保存配置并退出。

6）用 Reload 命令重新启动路由器，并观察路由器的启动过程。

7）用 Telnet 命令通过虚拟终端登录到路由器。

8）最初，处于终端服务器的用户 EXEC 模式下，若没有看到提示符，按几次 Enter 键，然后输入 enable，并按 Enter 键，进入特权 EXEC 模式。

六、实训思考题

- 观察路由器的基本结构，描述路由器的各种接口及其表示方法。
- 简述路由器的软件及内存体系结构。
- 简述路由器的主要功能和几种基本配置方式。

拓展训练3 静态路由与默认路由配置

一、实训目的

- 理解 IP 路由寻址过程。
- 掌握创建和验证静态路由、默认路由的方法。

二、实训内容

1. 创建静态路由。
2. 创建默认路由。
3. 验证路由。

三、实训环境要求

某公司在济南、青岛和北京各有一分公司，为了使得各分公司的网络能够互相通信，公司在三地分别购买了路由器 R1、R2 和 R3，同时申请了 DDN 线路。现要用静态路由配置各路由器使得三地的网络能够互相通信。

为此需要 Cisco 2600 系列路由器四台，D-Link 交换机（或 HUB）三台，PC 若干台（Windows 操作系统，其中一台需安装超级终端），RJ-45 直通型、交叉型双绞线若干条，Console 控制线一条。

四、实训拓扑图

实训拓扑图如图 8-11 所示。

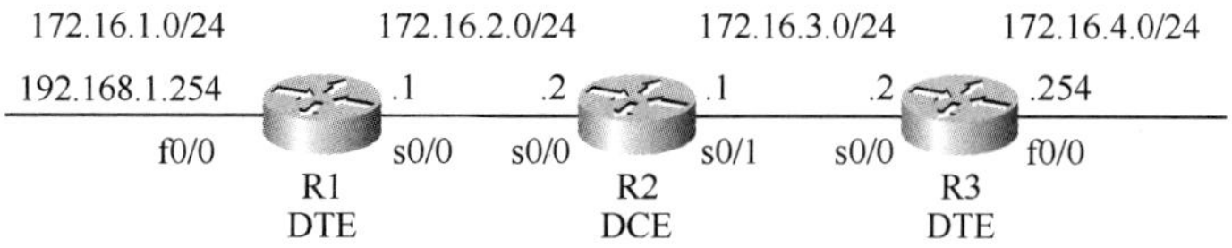

172.16.1.0/24　　　172.16.2.0/24　　　172.16.3.0/24　　　172.16.4.0/24

192.168.1.254　　.1　　.2　　.1　　.2　　.254

f0/0　　s0/0　s0/0　　s0/1　s0/0　　f0/0

R1　　　　　　R2　　　　　　R3
DTE　　　　　DCE　　　　　DTE

图 8-11　实训拓扑图

五、实训步骤

（1）在 R1 路由器上配置 IP 地址和 IP 路由。

```
R1#conf t
R1(config)#interface f0/0
R1(config-if)#ip address 172.16.1.254 255.255.255.0
R1(config-if)#no shutdown
R1(config-if)#interface s0/0
R1(config-if)#ip address 172.16.2.1 255.255.255.0
R1(config-if)#no shutdown
R1(config-if)#exit
R1(config)#ip route 172.16.3.0 255.255.255.0 172.16.2.2
R1(config)#ip route 172.16.4.0 255.255.255.0 172.16.2.2
```

（2）在 R2 路由器上配置 IP 地址和 IP 路由。

```
R2#conf t
R2(config)#interface s0/0
R2(config-if)#ip address 172.16.2.2 255.255.255.0
R2(config-if)#clock rate 64000
R2(config-if)#no shutdown
R2(config-if)#interface s0/1
R2(config-if)#ip address 172.16.3.1 255.255.255.0
R2(config-if)#clock rate 64000
R2(config-if)#no shutdown
R2(config-if)#exit
R2(config)#ip route 172.16.1.0 255.255.255.0 172.16.2.1
R2(config)#ip route 172.16.4.0 255.255.255.0 172.16.3.2
```

（3）在 R3 路由器上配置 IP 地址和 IP 路由。

```
R3#conf t
R3(config)#interface f0/0
R3(config-if)#ip address 172.16.4.254 255.255.255.0
R3(config-if)#no shutdown
R3(config-if)#interface s0/0
R3(config-if)#ip address 172.16.3.2 255.255.255.0
R3(config-if)#no shutdown
R3(config-if)#exit
R3(config)#ip route 172.16.1.0 255.255.255.0 172.16.3.1
R3(config)#ip route 172.16.2.0 255.255.255.0 172.16.3.1
```

（4）在 R1、R2、R3 路由器上检查接口、路由情况。

```
R1#show ip route
R1#show ip interfaces
R1#show interface
R2#show ip route
R2#show ip interfaces
```

R2#**show interface**
R3#**show ip route**
R3#**show ip interfaces**
R3#**show interface**

（5）在各路由器上用 ping 命令测试到各网络的连通性。

（6）在 R1、R3 上取消已配置的静态路由，R2 上保持不变。

R1:
R1(config)#**no ip route 172.16.3.0 255.255.255.0 172.16.2.2**
R1(config)#**no ip route 172.16.4.0 255.255.255.0 172.16.2.2**
R1(config)#**exit**
R1#**show ip route**
R3:
R3(config)#**no ip route 172.16.1.0 255.255.255.0 172.16.3.1**
R3(config)#**no ip route 172.16.2.0 255.255.255.0 172.16.3.1**
R3(config)#**exit**
R3#**show ip route**

（7）在 R1、R3 上配置默认路由。

R1:
R1(config)#**ip route 0.0.0.0 0.0.0.0 172.16.2.2**
R1(config)#**ip classless**
R3:
R3(config)#**ip route 0.0.0.0 0.0.0.0 172.16.3.1**
R3(config)#**ip classless**

【问题】在配置默认路由时，为什么要在 R3 上配置 ip classless？

（8）在各路由器上用 ping 命令测试到各网络的连通性。

六、实训思考题

- 默认路由用在什么场合较好？
- 什么是路由？什么是路由协议？
- 什么是静态路由、默认路由、动态路由？路由选择的基本原则是什么。
- 试述 RIP 的缺点。

七、实训问题参考答案

默认时是可以不配置的，显式配置是防止有人执行了 no ip classless，ip classless 使得路由器对于查找不到路由的数据包会用默认路由来转发。

第三篇

广域网技术与 Internet/Intranet
应用服务

9

广域网技术

广域网是一种跨地区的数据通信网络，所覆盖的范围从几十千米到几千千米，它能连接多个城市和国家甚至横跨几大洲，提供远距离通信。广域网一般是使用电信运营商提供的设备及网络作为信息传输平台，其所涉及的技术较多且复杂，通常只涉及 OSI 模型下三层。Internet 是全球最大、最典型的广域网，伴随着它的普及和发展，Internet 的应用广度和深度都在不断加强。

本章主要介绍广域网的链路层技术、接入方式和应用等。

本章学习目标

- 常见的广域网连接技术
- HDLC 协议
- PPP 协议
- X.25
- 帧中继
- Internet 的接入技术

9.1 广域网的基本概念

广域网是一种地理跨度很大的网络，要利用一切可以利用的连接技术来实现网络之间的互联，因此技术比较复杂。

区别 WAN 和 LAN 最好的方法是你一般拥有 LAN 设备，但 WAN 设备一般是从服务提供商那里租用。

广域网（Wide Area Network，WAN）也称远程网（Long Haul Network），通常跨接很大的物理范围，所覆盖的范围从几十千米到几千千米，它能连接多个城市或国家，可以横跨几个洲并能提供远距离通信，形成国际性的远程网络。

广域网（WAN）覆盖的范围比局域网（LAN）和城域网（MAN）都广。广域网的通信子网主要使用分组交换技术。广域网的通信子网可以利用公用分组交换网、卫星通信网和无线分组交换网，它将分布在不同地区的局域网或计算机系统互连起来，达到资源共享的目的。如因特网（Internet）是世界范围内最大的广域网，广域网示意图如图 9-1 所示。

服务提供商

图 9-1　广域网示意图

9.1.1　广域网的特点

广域网不同于局域网，它的范围更广，超越一个城市、一个国家甚至达到全球互连，因此具有与局域网不同的特点。

- 覆盖范围广通信距离远，可达数千千米乃至全球。
- 不同于局域网的一些固定结构，广域网没有固定的拓扑结构，通常使用高速光纤作为传输介质。
- 主要提供面向通信的服务，支持用户使用计算机进行远距离的信息交换。
- 局域网通常作为广域网的终端用户与广域网相连。
- 广域网的管理和维护相对局域网较为困难。
- 广域网一般由电信部门或公司负责组建、管理和维护，并向全社会提供面向通信的有偿服务、流量统计和计费问题。

9.1.2　广域网术语

- 用户驻地设备（Customer Premises Equipment，CPE）：用户驻地设备是用户方拥有的设备，位于用户驻地一侧。
- 分界点（Demarcation Point）：分界点是服务提供商最后的负责点，也是 CPE 的开始。通常是最靠近电信的设备，并且由电信公司（telco）拥有和安装。客户负责从此盒子到 CPE 的布线（扩展分界），通常是连接到 CSU/DSU 或 ISDN 接口。
- 本地回路（Local Loop）：本地回路连接分界点到称为中心局的最近交换局。
- 中心局（Central Office，CO）：这个点将用户的网络连接到提供商的交换网络。中心局有时被称为呈现点（Point of Presence，POP）。
- 长途网络（Toll Network）：这些是 WAN 提供商网络中的中继线路。长途网络是 ISP 的交换机和设备的集合。

熟悉这些术语非常重要，它们是理解 WAN 技术的关键。

Chapter

9

9.1.3 广域网的带宽

有一些基本的带宽术语，用于描述广域网连接。

- DS0（Digital Signal 0）：这是基本的数字信令速率，相当于一个信道。这是容量最小的数字电路，1DS0 相当于一条语音或数据线路。
- T1：也叫 DS1，它将 24 条 DS0 电路捆绑在一起，总带宽为 1.544Mbps。
- E1：相当于欧洲的 T1，包含 30 条捆绑在一起的 DS0 电路，总带宽为 2.048Mbps。
- T3：也叫 DS3，它将 28 条 DS1（或 672 条 DS0）电路捆绑在一起，总带宽为 44.736Mbps。
- OC-3：光载波 3，使用光纤，由 3 条捆绑在一起的 DS3 组成，包含 2016 条 DS0，总带宽为 155.52Mbps。
- OC-12：光载波 12，由 4 条捆绑在一起的 OC-3 组成，包含 8064 条 DS0，总带宽为 622.08Mbps。
- OC-48：光载波 48，由 4 条捆绑在一起的 OC-12 组成，包含 32256 条 DS0，总带宽为 2488.32Mbps。

9.1.4 广域网的连接方式

从连接方式来讲，广域网的连接方式包括三种：专线方式、电路交换方式和分组交换方式。

（1）专线方式：也称为线路租用，它是电信运营商为用户的两个点提供专用的连接通信通道，是一种点对点、永久式的专用物理通道，比如 DDN（Digital Data Network）。

（2）电路交换方式：网络通过介质链接上的载波为每个通信会话临时建立一条专有物理电路，并维持电路直到通信结束后才终止这一连接，比如 ISDN 和 PSTN。

（3）分组交换方式：采用虚电路和数据报两种服务方式实现网络通信。所谓虚电路方式，就是采用了多路复用技术在一条物理链接上建立若干条逻辑上的虚电路，从而实现一对多同时通信；所谓数据报文服务，是指通过分组交换机进行存储，然后根据不同的路径将分组转发出去，这样可以动态利用线路的带宽。比如帧中继、X.25 和 ATM 等即为分组交换通信方式。

下面通过三种连接方式简单介绍几种常用的广域网连接技术及对应的链路层技术，其中包括 PSTN、HDLC、PPP、帧中继（FR）等。

1. 专线方式

在专线连接方式中，通信运营商利用其通信网络中的传输设备和线路，为用户配置一条专用的通信线路，专线既可以是数字的，也可以是模拟的，其连接方式和结构如图 9-2 所示。用户通过自身设备的串口短距离连接到接入设备，再通过接入设备跨越一定距离连接到运营商通信网络。

图 9-2　专线方式连接示意图

通信设备的物理接口通常可分为数据电路终接设备（Data Circuit-terminating Equipment，DCE）和数据终端设备（Data Terminal Equipment，DTE）两类。运营商网络为客户提供的接入设备，通常称为 DCE，这种设备通常处于主动位置，为用户提供网络通信服务的接口，并且提供用于同步数据通信的时钟信号。客户端的用户设备称为 DTE，通常处于被动位置，接收线路时钟，获得网络通信服务。

按照这种结构，客户在专线连接中，线路的速率由运营商确定，因此专线方式的特点包括：

（1）用户独占一条永久性、点对点专用线路。

（2）线路速率固定，由客户向运营商租用，并独享带宽。

（3）部署简单，通信可靠，传输延迟小。

（4）资源利用率低，费用昂贵。

（5）点对点的结构不够灵活。

专线方式的典型代表是数字数据网（Digital Data Network，DDN），数字数据网是一种利用光纤、数字微波或卫星等数字传输通道和数字交叉复用设备组成的数字数据传输网。它可以为用户提供各种速率的高质量数字专用电路和其他新业务，以满足用户多媒体通信和组建中高速计算机通信网的需要。

DDN 主要解决的是两地局域网之间的数据互通问题，DDN 是在数据通信终端之间采用数字传输技术的数据通信网，可以为 N×64bps（N=1～31）的数字信号提供半永久连接。

DDN 只是解决了数据的专线连接，但这样的连接方式很不经济。如果一个企业在不同地理位置有多个分支机构想要互连，则需要在不同分支机构之间均建立专线连接，从而形成全连接结构。这在费用上是一般中小企业无法承受的，所以在 VPN 技术出现以后，一般的中小企业对租用"专线"缺乏兴趣。

2. 电路交换方式

由于专线方式的费用过于昂贵，用户希望能够使用一种按需建立连接的通信方式来实现不同地域局域网的连接，这就是电路交换方式。电路交换方式的结构与图 9-1 类似，只是运营商提供的是广域网交换机，从而让用户设备接入电路交换网络。

典型的电路交换网包括公共电话交换网（Public Switch Telephone Network，PSTN）和综合业务数字网（Integrated Services Digital Network，ISDN）。

（1）PSTN。

PSTN 是以电路交换技术为基础的用于传输模拟语音的网络。这个网络中拥有数以亿计的电话机和各种交换设备，为了使庞大的电话网能够正常工作，PSTN 采用分级交换方式工作。通常情况下 PSTN 主要由三个部分组成：本地回路、干线和交换机。

本地回路（用户电话机到局级交换机之间）基本上采用模拟线路，干线和交换机是 PSTN 的主干部分，一般采用数字传输和交换技术。

PSTN 的主要业务是固定电话服务。根据生理学原理，20Hz～20kHz 的声音都是人类可以听到的声音，其中 300Hz～3400Hz 是人类听觉最灵敏的频率范围，因此 PSTN 线路上信号的传输频带就采用了这个值。同时为了保证电话通信实时性，PSTN 采用了电路交换技术，这种情况导致 PSTN 在进行数据传输时带宽很小，但使用 PSTN 实现计算机之间的数据通信是最廉价的，用户可以使用普通电话线或租用一条电话专线进行数据传输。

最常使用普通拨号电话线的场合是商场中常见的刷卡消费时使用的 POS 机，对于商场来讲，每次刷卡只是相当于打了一个市内电话，费用相当低廉。而电话专线通常是作为备份线路来使用的，比如银行的储蓄所为了防止主干线路出现问题而租用电话专线为主干线路进行备份。

由于 PSTN 线路在进行数据传输时带宽有限，加之 PSTN 交换机没有存储功能，因此 PSTN 只能用于对通信速度要求不高的场合。如果希望获得更快的上网速度，PSTN 是无法满足要求的，必须寻求其他方法。

（2）ISDN 连接。

ISDN 是一种数字通信网络，提供端到端的数字连接，以支持一系列的业务（包括语音和数字通信业务），为用户提供多用途的标准接口以接入网络。其产生的目的就是希望能够利用一条用户线就可以提供电话、传真、可视图文及数据通信等多种业务，这也是"综合业务数字网"名字的来历。

ISDN 通过普通的铜缆以更高的速率和质量传输语音和数据，可以达到 128kbps 的通信速率，比 PSTN 快得多。因为 ISDN 是全数字化的电路，所以它能够提供稳定的数据服务和连接速度，不像模拟线路那样对干扰比较敏感。在数字线路上更容易开展更多的模拟线路无法或者比较难以保证质量的数字信息业务。

3．分组交换方式

分组交换技术是在计算机技术发展到一定程度时产生的，是为了能够更加充分地利用物理线路而设计的一种广域网连接方式。分组交换在每个分组的前面加上一个分组头，其中包含发送方和接收方地址，然后由分组交换机根据每个分组的地址将它们转发至目的地，这一过程称为分组交换。

分组交换的基本业务有交换虚电路（SVC）和永久虚电路（PVC）两种。

分组交换实质上是在存储转发基础上发展起来的，它兼有电路交换和报文交换的优点。

分组交换比电路交换的电路利用率高，比报文交换的传输时延小，交互性好。

（1）X.25。

X.25 是一种典型的分组交换网，是第一个面向连接的网络，也是第一个公共数据网络。本身具有三层协议，有协议转换、速度匹配等功能，适合于不同通信规程、不同速率的设备之间的相互通信。

20 世纪六七十年代，人们使用慢速、模拟和不可靠的电话线路进行通信，而且当时计算机的处理速度很慢且价格比较昂贵，为了节省计算机的时间和资源用于计算，对网络的要求就比较严格，于是在网络内部使用很复杂的 X.25 协议来处理传输差错，保证只要传送到目的地的数据就一定是完整可靠的，但速率只有 64kbps。

随着计算机技术与通信技术的发展，大部分通信线路的误码率已经非常低，计算机的处理速度也足够快，在这种情况下，X.25 的复杂操作过程就显得多余了，而简化版的 X.25—帧中继技术就应运而生了。

（2）帧中继。

帧中继（Frame Relay）是一种用于连接计算机系统的面向分组的通信方法。它主要用在公共或专用网上的局域网互联以及广域网连接。大多数公共电信局都提供帧中继服务，把它作为建立高性能的虚拟广域连接的一种途径。帧中继是进入带宽范围从 56kbps 到 1.544Mbps 的广域分组交换网的用户接口。

帧中继是从综合业务数字网中发展起来的，并在 1984 年推荐为国际电话电报咨询委员会（CCITT）的一项标准，另外，由美国国家标准协会授权的美国 TIS 标准委员会也对帧中继做了一些初步工作。由于光纤网的误码率（小于 10^{-9}）比早期的电话网误码率（$10^{-4} \sim 10^{-5}$）低得多，因此，可以减少 X.25 的某些差错控制过程，从而可以减少节点的处理时间，提高网络的吞吐量，帧中继就是在这种环境下产生的。帧中继提供的是数据链路层和物理层的协议规范，任何高层协议都独立于帧中继协议，因此大大地简化了帧中继的实现。

帧中继的主要应用之一是局域网互联，特别是在局域网通过广域网进行互联时，使用帧中继更能体现它的低网络时延、低设备费用、高带宽利用率等优点。帧中继是一种先进的广域网技术，实质上也是分组交换通信的一种形式，只不过它将 X.25 分组网中分组交换机之间的恢复差错、防止阻塞的处理过程进行了简化。

9.2　高级数据链路控制（HDLC）协议

专线方式和电路交换方式的点到点连接中，运营商提供的线路属于物理层，要想很好地利用这些物理资源，需要在数据链路层提供一些协议，建立端到端的数据链路。这些常见链路层协议包括串行线路网际协议（Serial Line Internet Protocol，SLIP）、同步数据链路控制（Synchronous Data Link Control，SDLC）、高级数据链路控制（High Level Data Link Control，HDLC）和点对点协议（Point-to-Point Protocol，PPP）。专线连接常用 HDLC、PPP 等协议，电路交换连接常用 PPP 协议。

20 世纪 70 年代初，IBM 公司率先提出了面向比特的同步数据链路控制（Synchronous Data Link Control，SDLC）。随后，ANSI 和 ISO 均采纳并发展了 SDLC，并分别提出了自己的标准：ANSI 的高级数据通信控制规程（Advanced Data Communication Control Procedure，ADCCP）、ISO 的高级数据链路控制（High-level Data Link Control，HDLC）。

9.2.1　HDLC 协议的帧格式

HDLC 协议的帧格式如图 9-3 所示。

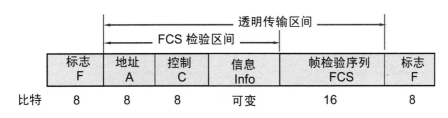

图 9-3　HDLC 协议的帧格式

为了能够区分链路层的比特流，HDLC 的每个帧前、后均有一标志码 01111110 用作帧的起始、终止，同时也可用来进行帧的同步。标志码不能出现在帧的内部，以免引起歧义。为保证标志码的唯一性，同时兼顾帧内数据的透明性，可以采用"零比特填充法"来解决。

零比特填充法又称零比特插入法。在 HDLC 的帧结构中，若在两个标志字段之间的比特串中，碰巧出现了和标志字段 F（01111110）一样的比特组合，那么就会误认为是帧的边界。

为了避免出现这种情况，HDLC 采用零比特填充法使一帧中两个 F 字段之间不会出现 6 个连续 1。零比特填充法如图 9-4 所示。

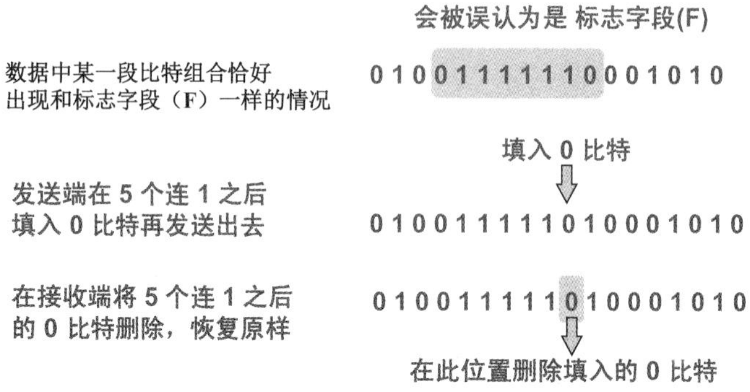

会被误认为是 标志字段(F)

数据中某一段比特组合恰好
出现和标志字段（F）一样的情况   010011111110001010

填入 0 比特

发送端在 5 个连 1 之后
填入 0 比特再发送出去   010011111010001010

在接收端将 5 个连 1 之后
的 0 比特删除，恢复原样   010011111010001010

在此位置删除填入的 0 比特

图 9-4　零比特填充法

采用零比特填充法就可以传送任意组合的比特流，或者说，就可以实现数据链路层的透明传输。当连续传输两个帧时，前一个帧的结束标志字段 F 可以兼作后一帧的起始标志字段。当暂时没有信息传送时，可以连续发送标志字段 F，使接收端一直和发送端保持同步。

- 控制字段 C 共 8bit，是最复杂的字段。控制字段用来表示帧类型、帧编号以及命令、响应等。根据 C 字段的构成，可以把 HDLC 帧分为三种类型：信息帧、监控帧、无编号帧，分别简称 I 帧（Information）、S 帧（Supervisory）、U 帧（Unnumbered）。在控制字段中，第一位是 0 为 I 帧，第一、二位是 10 为 S 帧，第一、二位是 11 为 U 帧，具体操作比较复杂。另外控制字段也允许扩展。
- 信息字段内包含了用户的数据信息和来自上层的各种控制信息。在 I 帧和某些 U 帧中具有该字段，它可以是任意长度的比特序列。在实际应用中，其长度由收发站的缓冲器的大小和线路的差错情况决定，但必须是 8bit 的整数倍。
- 地址字段 A 是 8bit。全 1 为广播地址，全 0 为无效地址。
- 帧检验序列 FCS 字段共 16bit。所检验的范围是从地址字段的第一个比特起到信息字段的最末一个比特止。

9.2.2　HDLC 协议的特点

作为面向比特的数据链路控制协议的典型，HDLC 具有如下特点：

（1）协议不依赖于任何一种字符编码集。

（2）数据报文可透明传输，用于实现透明传输的"零比特填充法"易于硬件实现。

（3）全双工通信，不必等待确认便可连续发送数据，有较高的数据链路传输效率。

（4）所有帧均采用 CRC 校验，对信息帧进行编号，可防止漏收或重份，传输可靠性高。

（5）传输控制功能与处理功能分离，具有较大灵活性和较完善的控制功能。

由于以上特点，网络设计普遍使用 HDLC 作为数据链路管制协议。

9.3　PPP 协议

广域网一般最多包括 OSI 参考模型的下三层，网络层提供的服务有虚电路和数据报服务，数据链路层协议有 PPP、HDLC 和帧中继等，PPP 协议占有绝对优势。

前面我们对数据链路层的大部分讨论是在广播信道协议上，现在我们讨论点对点链路的数据链路层协议 PPP（Point to Point Protocol），即点对点协议。用户使用拨号电话线接入 Internet 时，一般都是采用 PPP 协议，如图 9-5 所示。另外，在路由器与路由器之间的专用线上也广泛使用 PPP 协议，PPP 协议在广域网中占有绝对优势。

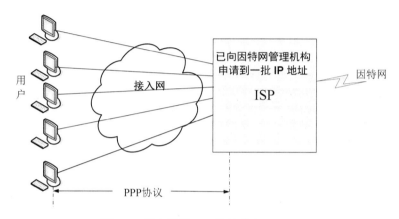

图 9-5　用户采用 PPP 协议接入 Internet

1992 年制定的 PPP 协议，经过 1993 年和 1994 年的修订，现在的 PPP 协议已成为因特网的正式标准（RFC1661）。PPP 协议有以下三个组成部分：

- 成帧，即一个将 IP 数据报封装到串行链路的方法。
- 一个用来建立、维护和拆除数据链路连接的链路控制协议 LCP（Link Control Protocol）。
- 一套网络控制协议 NCP（Network Control Protocol）族，其中各个协议支持不同的网络层协议。

9.3.1　PPP 协议的帧格式

PPP 协议的帧格式如图 9-6 所示。

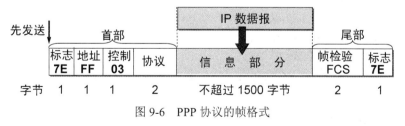

图 9-6　PPP 协议的帧格式

- 标志字段 F 仍为 0x7E（0x 表示十六进制数，十六进制数 7E 的二进制表示是 01111110），每个 PPP 帧都是以 01111110 的 1 字节标志字段来作为开始和结束。

- 地址字段 A 置为 0xFF。地址字段实际上并不起作用。
- 控制字段 C 通常置为 0x03。
- PPP 是面向字节的，所有的 PPP 帧的长度都是整数字节。
- 协议域（两个字节）：0x0021 表示 IP 分组（IP 数据报）；0x8021 表示网络控制数据；0xC021 表示链路控制数据。

当 PPP 用在同步传输链路时，协议规定采用硬件来完成比特填充（和 HDLC 的做法一样）；当 PPP 用在异步传输时，就使用一种特殊的字符填充法。

字符填充法是将信息字段中出现的每一个 0x7E 字节转变成为 2 字节序列（0x7D；0x5E）。若信息字段中出现一个 0x7D 的字符，则将其转变成为 2 字节序列（0x7D；0x5D）。若信息字段中出现 ASCII 码的控制字符（即数值小于 0x20 的字符），则要在该字符前面加入一个 0x7D 字节，同时将该字符的编码加以改变。

PPP 协议之所以不使用序号和确认机制是出于以下的考虑：

- 在数据链路层出现差错的概率不大时，使用比较简单的 PPP 协议较为合理。
- 在因特网环境下，PPP 的信息字段放入的数据是 IP 数据报。数据链路层的可靠传输并不能够保证网络层的传输也是可靠的。
- 帧检验序列 FCS 字段可保证无差错接受。

9.3.2 PPP 协议的工作流程

PPP 协议是一种点对点串行通信协议。PPP 具有处理错误检测、支持多种协议、允许在连接时协商 IP 地址、允许身份认证等功能，因此获得了广泛使用。

PPP 提供了以下三类功能：

（1）成帧：他可以毫无歧义地分割出一帧的起始和结束。

（2）链路控制：有一个称为 LCP 的链路控制协议，支持同步和异步线路，也支持面向字节的和面向比特的编码方式，可用于启动路线、测试线路、协商参数以及关闭线路。

（3）网络控制：具有协商网络层选项的方法 NCP，并且协商方法独立于使用的网络层协议。

PPP 的工作流程如图 9-7 所示。当需要连接时，接收方设备对接入信号做出确认，并建立一条物理连接（底层 UP），即从 Dead 阶段进入 Establish 阶段，在此阶段接入方设备向接收方设备发送一系列的 LCP 分组（封装成多个 PPP 帧），进行链路层参数协商，协商完成即实现 LCP Opened，从而进入 Authenticate 阶段。如果协商失败，则进入 Dead 阶段。在 Authenticate 阶段可以选择 PAP 和 CHAP 两种验证方式中的一种实现接收方对接入方的验证或双向验证。相对来说 PAP 认证方式的安全性没有 CHAP 高。PAP 在传输密码时是明文的，而 CHAP 在传输过程中不传输密码，取代密码的是哈希值。

PPP 协议的具体工作过程如下：

（1）当用户拨号接入 ISP 时，路由器的调制解调器对拨号做出确认，并建立一条物理连接（底层 UP）。

（2）PC 机向路由器发送一系列的 LCP 分组（封装成多个 PPP 帧）。

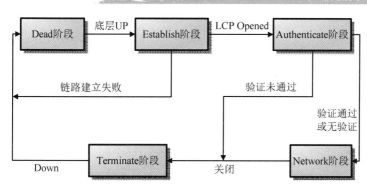

图 9-7　PPP 协议的工作流程

（3）这些分组及其响应选择一些 PPP 参数并进行网络层配置（此前如有 PAP 或 CHAP 验证先要通过验证），NCP 给新接入的 PC 机分配一个临时的 IP 地址，使 PC 机成为因特网上的一个主机。

（4）通信完毕时，NCP 释放网络层连接，收回原来分配出去的 IP 地址；接着，LCP 释放数据链路层连接；最后释放的是物理层的连接。

提示：PPP 和 HDLC 的最主要区别是什么？ PPP 是面向字符的，HDLC 是面向位的。

9.4　X.25

X.25 网就是 X.25 分组交换网，它是在二十多年前根据 CCITT（即现在的 ITU-T）的 X.25 建议书实现的计算机网络。X.25 网在推动分组交换网的发展中曾做出了很大的贡献。但是，现在已经有了性能更好的网络来代替它，如帧中继网或 ATM 网。

X.25 只是一个对公用分组交换网接口的规约。X.25 所讨论的都是以面向连接的虚电路服务为基础，这一概念如图 9-8 所示，图中画的是一个数据终端设备 DTE 同时和另外两个 DTE 进行通信的情况，网络中的虚线代表两条虚电路。图中还画出了三个 DTE 与数据电路端接设备 DCE 的接口，X.25 所规定的正是关于这一接口的标准。

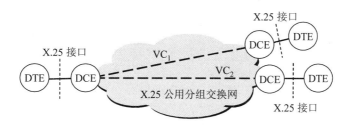

图 9-8　X.25 规定了 DTE-DCE 的接口

DTE 与 DCE 的接口实际上也就是 DTE 和公用分组交换网的接口。由于 DCE 通常是用户设施，因此可将 DCE 画在网络外面（如图 9-8 所示）。

图 9-9 表示 X.25 接口的三个层次。最下面是物理层，接口标准是 X.21 建议书；第二层是数据链路层，接口标准是平衡型链路接入规程 LAPB，它就是第 3 章介绍的 HDLC 的一个子集；第三层是分组层（不叫网络层），在这一层上，DTE 与 DCE 之间可建立多条逻辑信道（0～4095 号），这样可以使一个 DTE 同时和网上其他多个 DTE 建立虚电路并进行通信。从第一层

到第三层，数据传送的单位分别是比特、帧和分组。X.25 还规定了在需要经常进行通信的两个 DTE 之间可以建立永久虚电路。

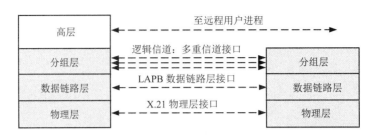

图 9-9　X.25 的层次关系

从以上的简单介绍就可看出，X.25 分组交换网和以 IP 协议为基础的因特网在设计思想上有着根本的差别。因特网是无连接的，只提供尽最大努力交付的数据报服务，无服务质量可言。而 X.25 网是面向连接的，能够提供可靠交付的虚电路服务，能保证服务质量。正因为 X.25 网能保证服务质量，在二十多年前它曾经是颇受欢迎的一种计算机网络。

多年以前，计算机的价格很贵，许多用户只用得起廉价的哑终端（连硬盘都没有）。当时通信线路的传输质量一般都较差，误码率较高。X.25 网的设计思路是将智能做在网络内。X.25 网在每两个节点之间的传输都使用带有编号和确认机制的 HDLC 协议，而网络层使用具有流量控制的虚电路机制，可以向用户的哑终端提供可靠交付的服务。但是到了 20 世纪 90 年代，情况发生了很大的变化。通信主干线路已大量使用光纤技术，数据传输质量大大提高使得误码率降低好几个数量级，而 X.25 十分复杂的数据链路层协议和分组层协议已成为多余。PC 机的价格急剧下降使得无硬盘的哑终端退出了通信市场。这正好符合因特网当初的设计思想：网络应尽量简单而智能应尽可能放在网络以外的用户端。虽然因特网只提供尽最大努力交付的服务，但具有足够智能的用户 PC 机完全可以实现差错控制和流量控制，因而因特网仍能向用户提供端到端的可靠交付。

到了 20 世纪末，无连接的、提供数据报服务的因特网最终演变成为全世界最大的计算机网络，而 X.25 分组交换网退出了历史舞台。

值得注意的是，当利用现有的一些 X.25 网来支持因特网的服务时，X.25 网就表现为数据链路层的链路，图 9-10 说明了这一情况。设路由器 B 和 C 之间是 X.25 网络，在 B 和 C 之间建立的 X.25 虚电路就相当于 IP 层下面的数据链路层。在有的计算机网络文献中，常把支持因特网的广域网（包括 X.25 网、帧中继网和 ATM 网）都看成是 IP 层下面的数据链路层。不过在单独讨论广域网的问题时，广域网还是应当属于网络层，本书就是这样处理广域网的。

图 9-10　X.25 虚电路相当于 IP 层下面的数据链路层

9.5　帧中继 FR

9.5.1　帧中继的工作原理

在 20 世纪 80 年代后期，许多应用都迫切要求增加分组交换服务的速率，然而 X.25 网络的体系结构并不适合于高速交换，因此需要研制一种支持高速交换的网络体系结构。帧中继 FR（Frame Relay）就是为这一目的而提出的。帧中继在许多方面非常类似于 X.25，它被称为第二代的 X.25，帧中继在 1992 年问世后不久就得到了很大的发展。

在 X.25 网络发展初期，网络传输设施基本是借用了模拟电话线路，这种线路非常容易受到噪声的干扰而产生误码。为了确保传输无差错，X.25 在每个节点都需要做大量的处理。例如，X.25 的数据链路层协议 LAPB 保证了帧在节点间无差错传输。在网络中的每一个节点，只有对收到的帧已进行了正确性检查后，才将它交付给第三层协议，对于经历多个网络节点的帧，这种处理帧的方法会导致较长的时延。除了数据链路层的开销，分组层协议为确保在每个逻辑信道上按序正确传送，还要有一些处理开销。在一个典型的 X.25 网络中，分组在传输过程中在每个节点大约有 30 次左右的差错检查或其他处理步骤。

今天的数字光纤网的误码率比早期的电话网低得多，因此，我们完全可以简化 X.25 的某些差错控制过程。如果减少节点对每个分组的处理时间，则各分组通过网络的时延亦可减少，同时节点对分组的处理能力也增强了。

帧中继就是一种减少节点处理时间的技术。帧中继的原理很简单，当帧中继交换机收到一个帧的首部时，只要一查出帧的目的地址就立即开始转发该帧。因此在帧中继网络中，一个帧的处理时间比 X.25 网约减少一个数量级，因此帧中继网络的吞吐量要比 X.25 的网络提高一个数量级以上。

显然，只有当整个帧被收下后该节点才能够检测到比特差错，但是当节点检测出差错时，很可能该帧的大部分已经转发出去了，那么若出现差错该如何处理呢？

解决这一问题的方法实际上非常简单，当检测到有误码时，节点要立即中止这次传输。当中止传输的指示到达下个节点后，下个节点也立即中止该帧的传输，并丢弃该帧。即使上述出错的帧已到达了目的节点，用这种丢弃出错帧的方法也不会引起不可弥补的损失。不管是上述的哪一种情况，源站将用高层协议请求重传该帧。帧中继网络纠正一个比特差错所用的时间当然要比 X.25 网分组交换网稍长一些，因此，仅当帧中继网络本身的误码率非常低时，帧中继技术才是可行的。

当正在接收一个帧时就转发此帧，通常被称为快速分组交换（fast packet switching）。快速分组交换在实现的技术上有两大类，根据网络中传送的帧长是可变的还是固定的来划分。在快速分组交换中，当帧长为可变时就是帧中继；当帧长为固定时（这时每一个帧叫作一个信元）就是信元中继（Cell Relay），像异步传递方式 ATM 就属于信元中继。

图 9-11（a）和（b）分别是一般分组交换网络和帧中继这两种方式在层次上的对比。前者的概念已在前面讲过。这里要指出的是，对于一般的分组交换网，其数据链路层具有完全的差错控制。但对于帧中继网络，不仅其网络中的各节点没有网络层，并且其数据链路层只具有有限的差错控制功能，只有在通信两端的主机中的数据链路层才具有完全的差错控制功能。图

9-11（b）中带阴影的部分表示帧中继网络只有最低的两层。

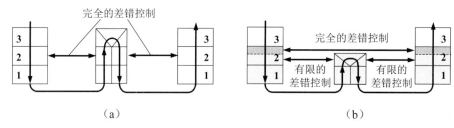

图 9-11　从层次关系上比较一般分组交换网（a）与帧中继方式（b）

图 9-12 比较了两种情况下从源站到目的站传送一帧在网络的各链路上所要传送的信息。若在传送的过程中出现了差错而导致分组的重传，则二者的差别就还要大。图 9-12（a）是一般分组交换网的情况，每一个节点在收到一个数据帧后都要向前一个节点发回确认帧，而目的站最后还要向源站发回确认，这也要逐站进行确认（即对确认帧的确认）；图 9-12（b）是帧中继的情况，它的中间站只转发数据帧而不发送确认帧，即中间站没有逐段的链路控制能力。只有在目的站收到数据帧后才向源站发回端到端的确认，因此帧中继在数据传输的过程中省略了很多的确认过程。

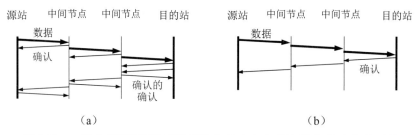

图 9-12　一般分组交换网的存储转发方式（a）与帧中继方式（b）的对比

　　帧中继的数据链路层也没有流量控制能力，帧中继的流量控制由高层来完成。

　　帧中继的呼叫控制信令是在与用户数据分开的另一个逻辑连接上传送的（即共路信令或带外信令），这点和 X.25 很不相同。X.25 使用带内信令，即呼叫控制分组与用户数据分组都在同一条虚电路上传送。

　　帧中继的逻辑连接的复用和交换都在第二层处理，而不是像 X.25 那样在第三层处理。

　　帧中继网络向上提供面向连接的虚电路服务。虚电路一般分为交换虚电路 SVC 和永久虚电路 PVC 两种，帧中继网络通常为相隔较远的一些局域网提供链路层的永久虚电路服务，永久虚电路的好处是在通信时可省去建立连接的过程。图 9-13（a）是一个例子，帧中继网络有 4 个帧中继交换机。帧中继网络与局域网相连的交换机相当于 DCE，而与帧中继网络相连的路由器则相当于 DTE。当帧中继网络为其两个用户提供帧中继虚电路服务时，对两端的用户来说，帧中继网络所提供的虚电路就好像在这两个用户之间有一条直通的专用电路（如图 9-13（b）所示），用户看不见帧中继网络中的帧中继交换机。

　　下面是帧中继网络的工作过程。

　　当用户在局域网上传送的 MAC 帧传到与帧中继网络相连接的路由器时，该路由器就剥去 MAC 帧的首部，将 IP 数据报交给路由器的网络层，网络层再将 IP 数据报传给帧中继接口卡。

帧中继接口卡将 IP 数据报加以封装，加上帧中继帧的首部（其中包括帧中继的虚电路号），进行 CRC 检验和加上帧中继帧的尾部，然后帧中继接口卡将封装好的帧通过向电信公司租来的专线发送给帧中继网络中的帧中继交换机。帧中继交换机在收到一个帧时，就按虚电路号对帧进行转发（若检查出有差错则丢弃）。当这个帧被转发到虚电路的终点路由器时，该路由器剥去帧中继帧的首部和尾部，加上局域网的首部和尾部，交付给连接在此局域网上的目的主机，目的主机若发现有差错，则报告上层的 TCP 协议处理。

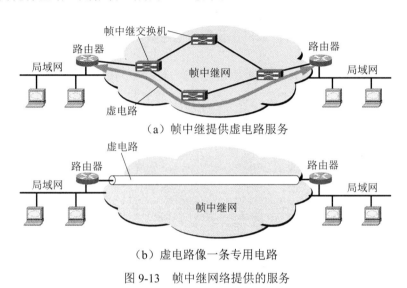

（a）帧中继提供虚电路服务

（b）虚电路像一条专用电路

图 9-13　帧中继网络提供的服务

图 9-14 进一步给出了帧中继服务的几个主要组成部分。

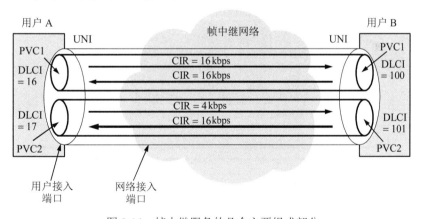

图 9-14　帧中继服务的几个主要组成部分

　　用户通过帧中继用户接入电路（User Access Circuit）连接到帧中继网络，常用的用户接入电路的速率是 64kbps 和 2.048Mbps（或 T1 速率 1.544Mbps）。理论上也可使用 T3 或 E3 的速率。帧中继用户接入电路又称为用户网络接口（User-to-Network Interface，UNI）。UNI 有两个端口，在用户的一侧叫作用户接入端口（User Access Port），而在帧中继网络一侧的叫作网络接入端口（Network Access Port）。用户接入端口就是在用户屋内设备（Customer Premises Equipment，CPE）中的一个物理端口（例如，一个路由器端口）。一个 UNI 中可以有一条或多条虚电路（永久的或交换的）。图中的 UNI 画有两条永久虚电路：PVC1 和 PVC2。从用户的角度来看，一条永久虚电路 PVC 就是跨接在两个用户接入端口之间，每一条虚电路都是双向的，并且每一个方向都有一个指派的 CIR。CIR 就是承诺的信息速率（Committed Information Rate）。为了区分开不同的 PVC，每一条 PVC 的两个端点都各有一个数据链路连接标识符（Data Link Connection Identifier，DLCI）。

下面归纳一下帧中继的主要优点：

（1）减少了网络互连的代价。当使用专用帧中继网络时，将不同的源站产生的通信量复用到专用的主干网上，可以减少在广域网中使用的电路数。多条逻辑连接复用到一条物理连接上可以减少接入代价。

（2）网络的复杂性减少但性能却提高了。与 X.25 相比，由于网络节点的处理量减少，并且更加有效地利用高速数据传输线路，帧中继明显改善了网络的性能和响应时间。

（3）由于使用了国际标准，增加了互操作性。帧中继简化的链路协议实现起来不难，接入设备通常只需要一些软件修改或简单的硬件改动就可支持接口标准。现有的分组交换设备和 T1/E1 复用器都可进行升级，以便在现有的主干网上支持帧中继。

（4）协议的独立性。帧中继可以很容易地配置成容纳多种不同网络协议（如 IP、IPX 和 SNA 等）的通信量。可以用帧中继作为公共的主干网，这样可统一所使用的硬件，也更加便于进行网络管理。

根据帧中继的特点可以知道，帧中继适用于大文件（如高分辨率图像）的传送、多个低速率线路的复用，以及局域网的互连。

9.5.2 帧中继的帧格式

帧中继的帧格式如图 9-15 所示。这种格式与 HDLC 帧格式类似，其最主要的区别是没有控制字段。这是因为帧中继的逻辑连接只能携带用户的数据，没有帧的序号，也不能进行流量控制和差错控制。

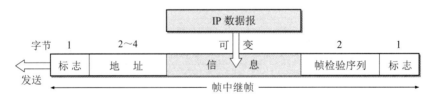

图 9-15　帧中继的帧格式

下面简单介绍图 9-15 中各字段的作用。

（1）标志：是一个 01111110 的比特序列，用于指示一个帧的起始和结束，它的唯一性是通过比特填充法来确保的。

（2）信息：是长度可变的用户数据。

（3）帧检验序列：包括 2 字节的 CRC 检验。当检测出差错时，就将此帧丢弃。

（4）地址：一般为 2 字节，但也可扩展为 3 或 4 字节。

地址字段中的几个重要部分是：

- 数据链路连接标识符 DLCI：DLCI 字段的长度一般为 10bit（采用默认值 2 字节地址

字段），但也可扩展为 16bit（用 3 字节地址字段），或 23bit（用 4 字节地址字段），这取决于扩展地址字段的值。DLCI 的值用于标识永久虚电路（PVC）、呼叫控制或管理信息。

- 前向显式拥塞通知（Forward Explicit Congestion Notification，FECN）：若某节点将 FECN 置为 1，表明与该帧在同方向传输的帧可能受网络拥塞的影响而产生时延。
- 反向显式拥塞通知（Backward Explicit Congestion Notification，BECN）：若某节点将 BECN 置为 1 即指示接受者，与该帧反方向传输的帧可能受网络拥塞的影响产生时延。
- 可丢弃指示（Discard Eligibility，DE）：在网络发生拥塞时，为了维持网络的服务水平就必须丢弃一些帧，显然，网络应当先丢弃一些相对比较不重要的帧。帧的重要性体现在 DE 比特。DE 为 1 的帧表明这是较为不重要的低优先级帧，在必要时可丢弃；DE 为 0 的帧为高优先级帧，希望网络尽可能不要丢弃这类帧。用户采用 DE 比特就可以比通常允许的情况多发送一些帧，并将这些帧的 DE 置 1（表明这是较为次要的帧）。

注意：数据链路连接标识符 DLCI 只具有本地意义。在一个帧中继的连接中，连接两端的用户网络接口 UNI 上所使用的两个 DLCI 是各自独立选取的，帧中继可同时将多条不同 DLCI 的逻辑信道复用在一条物理信道中。

9.5.3　帧中继的拥塞控制

帧中继的拥塞控制实际上是网络和用户共同负责来实现的。网络（即交换机的集合）能够非常清楚地监视全网的拥塞程度，而用户则在限制通信量方面是最有效的。帧中继使用的拥塞控制方法有以下三种：

（1）丢弃策略。当拥塞足够严重时，网络就要被迫将帧丢弃，这是网络对拥塞的最基本的响应。但在具体操作时应当对所有用户都是公平的。

（2）拥塞避免。在刚一出现轻微的拥塞迹象时可采取拥塞避免的方法。这时，帧中继网络应当有一些信令机制及时地使拥塞避免过程开始工作。

（3）拥塞恢复。在已出现拥塞时，拥塞恢复过程可阻止网络彻底崩溃。当网络由于拥塞开始将帧丢弃时（这时高层软件能够发现这一问题），拥塞恢复过程就应开始工作。

为了进行拥塞控制，帧中继采用了一个概念，叫作承诺的信息速率（Committed Information Rate，CIR），其单位为 bps。CIR 就是对一个特定的帧中继连接，用户和网络共同协商确定的关于用户信息传送速率的门限数值。CIR 数值越高，帧中继用户向帧中继的服务提供者交纳的费用也就越多。只要端用户在一段时间内的数据传输速率超过 CIR，在网络出现拥塞时，帧中继网络就可能会丢弃用户所发送的某些帧。虽然使用了"承诺的"这一名词，但当数据传输速率不超过 CIR 时，网络并不保证一定不发生帧丢弃。当网络拥塞非常严重时，网络可以对某个连接只提供比 CIR 还差的服务。当网络必须将一些帧丢弃时，网络将首先选择超过其 CIR 值的那些连接上的帧来丢弃。请注意：CIR 并非用来限制数据率的瞬时值。CIR 是用来限制端用户在某一段测量时间间隔 T_c 内（这段时间的长短没有国际标准，通常由帧中继网络提供者确定）所发送数据的平均数据率。时间间隔 T_c 越大，通信量超过平均数据率的波动就可能越大。

每个帧中继节点都应使通过该节点的所有连接的 CIR 的总和不超过该节点的容量，即不能超过该节点的接入速率（access rate）。

对于永久虚电路连接，每一个连接的 CIR 应在连接建立时即确定下来；对于交换虚电路连接，CIR 的参数应在呼叫建立阶段协商确定。

当拥塞发生时，应当丢弃什么样的帧呢？这就要检查一个帧的可丢弃指示 DE 字段。若数据的发送速率超过 CIR，则节点交换机就将所收到的帧的 DE 比特都置为 1，并转发此帧。这样的帧，可能会通过网络，但也可能在网络发生拥塞时被丢弃。若节点交换机在收到一个帧时，其数据发送速率已超过网络所设定的最高速率，则立即将其丢弃。

总之，帧中继网络的拥塞控制的原则是：

- 若数据率小于 CIR，则在该连接上传送的所有帧均被置为 DE = 0（这表明在网络发生拥塞时尽量不要丢弃 DE = 0 的帧），这在一般情况下传输是有保证的。
- 若数据率仅在不太长的时间间隔大于 CIR，则网络可以将这样的帧置为 DE = 1，并在可能的情况下进行传送（即不一定丢弃，视网络的拥塞程度而定）。
- 若数据率超过 CIR 的时间较长，以致注入到网络的数据量超过了网络所设定的最高门限值，则应立即丢弃该连接上传送的帧。

下面用简单数字说明 CIR 的意义。设某个节点的接入速率为 64kbps。该节点使用的一条虚电路被指派 CIR － 32kbps，而 CIR 的测量时间间隔 T_c = 500ms。再假定帧中继网络的帧长 L = 4000bit，这就表示在 500ms 的时间间隔内，这条虚电路只能够发送 $CIR \times T_c / L$ = 4 个高优先级的帧中继帧，其 DE = 0。就是说这 4 个高优先级帧在网络中的传输是有保证的，但由于 CIR 的数值只是接入速率的一半，因此用户在 500ms 内还可再发送 4 个低优先级的帧，其 DE = 1。

帧中继还可利用显式信令避免拥塞。上面讲过，在帧中继的地址字段中有两个指示拥塞的比特，即前向显式拥塞通知 FECN 和反向显式拥塞通知 BECN。我们设帧中继网络的两个用户 A 和 B 之间已经建立了一条双向通信的连接，当两个方向都没有拥塞时，在两个方向传送的帧中，FECN 和 BECN 都应为 0。反之，若这两个方向都发生了拥塞，则不管是哪一个方向，FECN 和 BECN 都应为 1。当只有一个方向发生拥塞而另一个方向无拥塞时，FECN 和 BECN 中的哪一个应置为 1，则取决于帧是从 A 传送到 B 还是从 B 传送到 A。

网络可以根据节点中待转发的帧队列的平均长度是否超过门限值来确定是否发生了拥塞。

用户也可以根据收到的显式拥塞通知信令采用相应的措施。收到 BECN 信令时的处理方法比较简单，用户只要降低数据发送的速率即可。但当用户收到一个 FECN 信令时，情况就较复杂，因为这需要用户通知这个连接的对等用户来减少帧的流量。帧中继协议所使用的核心功能并不支持这样的通知，因此需要在高层来进行相应的处理。

9.6　常见的 Internet 接入方式

Internet 作为一个全球性的网络，连接着数十亿的主机。在这个网络中，主干网络很重要，但是作为连接千家万户的接入线路，对于接入 Internet 的用户来说更重要，如果接入部分没解决好，那么 Internet 的发展就会受到直接影响，所以通常说要解决好"最后一千米"的问题。

接入 Internet 的技术分为两大类：有线传输接入和无线传输接入。其中有线接入包括基于 PSTN 的拨号接入方式、xDSL 接入、HFC 接入、光纤接入等。目前按照国情来看，使用最广泛的依然还是 xDSL 技术，但 xDSL 技术正逐渐被更为先进的光纤接入技术取代。无线接入为我们的上网方式带来了更大的灵活性，其接入技术包括宽带无线接入、Wi-Fi 和蓝牙等。这里主要介绍几种常用的有线接入方式。

9.6.1　拨号接入方式

由于接入费用低廉，拨号接入方式曾经是使用得最普遍的一种接入方式，现在仍然在商场的 POS 系统和线路备份方面使用。作为用户来讲，只要有一根电话线和一个 Modem 就可以拨号上网了。下面详细分析拨号接入的过程。

通过 PSTN 接入 Internet 的过程如图 9-16 所示，其中的 AAA 服务器和 NAS（接入服务器）是关键。通过 PSTN 接入首先要通过 Modem 呼叫 169，呼叫通过 PSTN 被传送到所连接的电话交换机上。电话交换机从呼叫号码可以分析出是打电话还是要上网，由于 169 是一个 ISP 的号码，所以电话交换机会将这个呼叫转发到相应的 NAS。NAS 中有很多 Modem，收到呼叫后，NAS 会选择一个空闲的 Modem 与用户端的 Modem 协商传输的具体参数。参数协商完成后，NAS 会要求输入用户名和密码，这时计算机上就会出现相应界面。用户名和密码经过 CHAP 加密后传递给 NAS，之后又交给 AAA 服务器（验证、授权和计费服务器）。AAA 服务器保存了所有合法用户的用户名和密码。如果经过核对结果正常，AAA 服务器会通知 NAS 接受连接请求，这时用户会得到一个未被使用的 IP 地址以及一条未被使用的通道，这样就可以自由地进入 Internet 了。当然通过 PSTN 连接 Internet 会受到 PSTN 固有的带宽限制，这种方式理论上的最高速率只有 56kbps，实际上这个值是很难达到的。

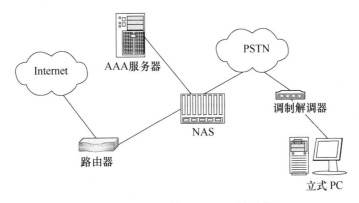

图 9-16　PSTN 接入 Internet 的过程

9.6.2　ADSL 技术

ADSL 属于 DSL 技术的一种，全称是 Asymmetric Digital Subscriber Line（非对称数字用户线路），亦可称作非对称数字用户环路，是一种新的数据传输方式。

ADSL 技术提供的上行和下行带宽不对称，因此称为非对称数字用户线路。

ADSL 技术采用频分复用技术把普通的电话线分成了电话、上行和下行三个相对独立的信道，从而避免了相互之间的干扰。用户可以边打电话边上网，不用担心上网速率和通话质量下降的情况。理论上，ADSL 可在 5km 的范围内，在一对铜缆双绞线上提供最高 1Mbps 的上行速率和最高 8Mbps 的下行速率（也就是我们通常说的带宽），能同时提供语音和数据业务。

一般来说，ADSL 速率完全取决于线路的距离，线路越长，速率越低。

ADSL 技术能够充分利用现有 PSTN，只须在线路两端加装 ADSL 设备即可为用户提供高宽带服务，无需重新布线，从而可极大地降低服务成本。同时 ADSL 用户独享带宽，线路专用，不受用户增加的影响。

最新的 ADSL2+技术可以提供最高 24Mbps 的下行速率，和第一代 ADSL 技术相比，ADSL2+打破了 ADSL 接入方式带宽限制的瓶颈，在速率、距离、稳定性、功率控制、维护管理等方面进行了改进，其应用范围更加广阔。

ADSL 接入过程如图 9-17 所示。

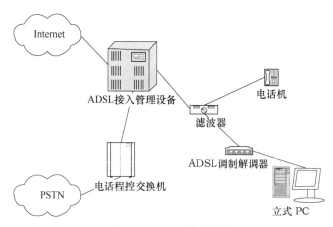

图 9-17　ADSL 接入过程

使用 ADSL 接入技术，首先用户数据通过 ADSL Modem 的调制后，送往滤波器，滤波器将模拟频带划分为低频段和高频段；然后数据通过滤波器送往语音数据分离设备，该设备将数据和语音分离后，将数据信号送入 Internet，将语音信号送到电话交换机。

ADSL 技术由于能够为用户提供较高的传输速度，在光纤普及前，它是大多数家庭用户进入 Internet 的首选接入方式。

9.6.3　HFC 技术

HFC 是 Hybrid Fiber－Coaxial 的缩写，即混合光纤同轴电缆网，是一种经济实用的综合数字服务宽带网接入技术。

HFC 通常由光纤干线、同轴电缆支线和用户配线网络三部分组成，从有线电视台出来的节目信号先变成光信号在干线上传输；到用户区域后把光信号转换成电信号；经分配器分配后通过同轴电缆送到用户。HFC 与早期 CATV 同轴电缆网络的不同之处主要在于：在干线上用光纤传输光信号，在前端需完成电光转换，进入用户区后要完成光电转换。

HFC 的主要特点如下：

● 传输容量大、易实现双向传输。
● 频率特性好，在有线电视传输带宽内无需均衡。
● 传输损耗小，可延长有线电视的传输距离。
● 光纤间不会有串音现象，不怕电磁干扰，能确保信号的传输质量。
● 同传统的 CATV 网络相比，其网络拓扑结构有些区别。

- 光纤干线采用星型或环状结构。
- 支线和配线网络的同轴电缆部分采用树状或总线式结构。
- 整个网络按照光节点划分成一个服务区。

HFC 既是一种灵活的接入系统同时也是一种优良的传输系统，HFC 把铜缆和光缆搭配起来，同时提供两种物理媒质所具有的优秀特性。HFC 在向新兴宽带应用提供带宽需求的同时却比 FTTC（光纤到路边）或者 SDV（交换式数字视频）等解决方案便宜多了，HFC 可同时支持模拟和数字传输，在大多数情况下，HFC 可以同现有的设备和设施合并。

HFC 支持现有的、新兴的全部传输技术，其中包括 ATM、帧中继、SONET 和 SMDS（交换式多兆位数据服务）。一旦 HFC 部署到位，它可以很方便地被运营商扩展以满足日益增长的服务需求以及支持新型服务。总之，HFC 是一种理想的、全方位的、信号分派类型的服务媒质。

HFC 具备强大的功能和高度的灵活性，这些特性已经使之成为有线电视（CATV）和电信服务供应商的首选技术。由于 HFC 结构和现有有线电视网络结构相似，所以有线电视网络公司对 HFC 特别青睐，他们非常希望这一利器可以帮助他们在未来多种服务竞争局面下获得现有的电信服务供应商相似的地位。

9.6.4 光纤接入

光纤接入指的是终端用户通过光纤连接到局端设备。根据光纤深入用户程度的不同，光纤接入可以分为光纤到楼（Fiber To The Building，FTTB）、FTTP/FTTH（将光缆一直扩展到家庭或企业）、FTTO（光纤到办公室）和 FTTC（光纤到路边）等。光纤是宽带网络多种传输媒介中最理想的一种，它的特点是传输容量大、传输质量好、损耗小、中继距离长等。

1. 简介

光纤接入是指局端与用户之间完全以光纤作为传输媒体。光纤接入可以分为有源光接入和无源光接入。光纤用户网的主要技术是光波传输技术。光纤传输的复用技术发展得相当快，多数已处于实用化。复用技术用得最多的有时分复用（TDM）、波分复用（WDM）、频分复用（FDM）、码分复用（CDM）等。根据光纤深入用户的程度，可分为 FTTC、FTTZ、FTTO、FTTB、FTTH 等。光纤通信不同于有线电通信，后者是利用金属媒体传输信号，光纤通信则是利用透明的光纤传输光波。虽然光和电都是电磁波，但频率范围相差很大。一般通信电缆最高使用频率约为 $9\sim24$MHz（1MHz=10^6Hz），光纤工作频率在 $10^{14}\sim10^{15}$Hz 之间。

光纤接入网是指以光纤为传输介质的网络环境。光纤接入网从技术上可分为两大类：有源光网络（Active Optical Network，AON）和无源光网络（Passive Optical Network，PON）。有源光网络又可分为基于 SDH 的 AON 和基于 PDH 的 AON；无源光网络可分为窄带 PON 和宽带 PON。

由于光纤接入网使用的传输媒介是光纤，因此根据光纤深入用户群的程度，可将光纤接入网分为 FTTC（光纤到路边）、FTTZ（光纤到小区）、FTTB（光纤到大楼）、FTTO（光纤到办公室）、FTTH（光纤到户）和 FTTN（光纤到节点），它们统称为 FTTx。FTTx 不是具体的接入技术，而是光纤在接入网中的推进程度或使用策略。

2. 接入结构

接入环路的三种系统结构分别为 FTTN、FTTC 和 FTTH。

在网络发展过程中，每种结构都有其应用和优势，在网络向全业务演进过程中，每种结构都是关键的一环。FTTN 给人们带来的好处是它将光纤进一步推向用户网络，它建立起一个连接互联网的平台，能提供语音、高速数据和视频业务给众多的家庭而不需要完全重建接入环路和分配网络。根据需求，可以在光纤节点处增加一个插件，便可提供所需业务。在因业务驱动或网络重建使光纤节点移到路边（FTTC）或家庭（FTTH）之前，FTTN 将叠加于并利用现有的铜线分配网络。

这种网络结构的基本要求是为了提供宽带或视频业务，节点与住宅的距离应当在 4000 英尺到 5000 英尺的范围内。而当今的节点一般的服务距离可达 12000 英尺，因此每个服务区需要安装 3 到 5 个 FTTN 节点。

FTTC 或 FATH 光纤（光纤几乎到家）比 FTTN 多几个优点。当采用 FTTC 重建现有网络时，可消除由电缆传输可能带来的误差，它使光纤更深入到用户网络中，这可减少潜在的网络问题的发生和由于现场操作引起的性能恶化。FTTC 是最健壮和"可部署的"的网络，是将来可演进到 FTTH 的网络，它同样是新建区和重建区最经济的网络建设方案。

这种网络结构的一个缺点是需要提供铜线供电系统。一个位于局端的远程供电系统能给 50 到 100 个路边光网络单元供电，每个路边节点采用单独的供电单元代价非常高，而且在持久停电时不能满足长期业务要求。

作为提供光纤到家的最终网络形式，FTTH 去掉了整个铜线设施：馈线、配线和引入线。对所有的宽带应用，这种结构是健壮和长久的未来解决方案，它还去掉了铜线所需的所有维护工作并大大延长了网络寿命。

网络的连接末端是用户住宅设备。在用户家里，需要一个网络终接设备将带宽和数据流转换成可接收的视频信号（NTSC 或 PAL 制）或数据连接（10 兆以太网）。有两种设备可采用非对称数字用户线（ADSL）：G.Lite 调制解调器（用于数据业务和 Internet 接入）或处理宽带的 VDSL 住宅网关（用于视频和数据业务）。

与局端 HDT 一样，住宅网关（RG）设备是家庭内所有业务的接入平台，它提供网络连接以及将所有业务分配给住宅的各个网元。RG 设备是所有网络结构（包括 FTTN、FTTC 和 FTTH）的网络接口，因此它能适应各种配置的平滑过渡。

3. 接入方式

光纤接入能够确保向用户提供 10Mbps、100Mbps、1000Mbps 的高速带宽，可直接汇接到 ChinaNET 骨干节点。主要适用于商业集团用户和智能化小区局域网高速接入 Internet。可向用户提供三种具体接入方式。

（1）光纤 + 以太网接入。

适用对象：已做好或便于综合布线及系统集成的小区住宅与商务楼宇等。

所需的主要网络产品：交换机、集线器、超五类线等。

（2）光纤 + HomePNA。

适用对象：未做好或不便于综合布线及系统集成的小区住宅与酒店楼宇等。

所需的主要网络产品：HomePNA 专用交换机（HUB）、HomePNA 专用终端产品（Modem）等。

（3）光纤 +VDSL。

适用对象：未做好或不便于综合布线及系统集成的小区住宅与酒店楼宇等。

所需的主要网络产品：VDSL 专用交换机、VDSL 专用终端产品。

（4）光纤+五类缆接入（FTTx+ LAN）。

以"千兆到小区、百兆到大楼、十兆到用户"为实现基础的光纤+五类缆接入方式尤其适合我国国情，它主要适用于用户相对集中的住宅小区、企事业单位和大专院校。FTTx 是光纤传输到路边、小区、大楼，LAN 为局域网。主要对住宅小区、高级写字楼及大专院校教师和学生宿舍等有宽带上网需求的用户进行综合布线，个人用户或企业单位就可通过连接到用户计算机内以太网卡的五类网线实现高速上网和高速互联。

（5）光纤直接接入。

是为有独享光纤高速上网需求的大型企事业单位或集团用户提供的，传输带宽 2M 起，根据用户需求可以达到千兆或更大的带宽。

业务特点：可根据用户群体对不同速率的需求，实现高速上网或企业局域网间的高速互联。由于光纤接入方式的上传和下传都有很高的带宽，尤其适合开展远程教学、远程医疗、视频会议等对外信息发布量较大的网上应用。

适合的用户群体：居住在已经或便于进行综合布线的住宅、小区和写字楼的较集中的用户，有独享光纤需求的大型企事业单位或集团用户。

9.7　习题

一、名词解释（在每个术语后面的括号里标出正确定义的标号）

1．数字数据网　　　　　　（　　　）　　2．综合业务数字网　　　　　（　　　）
3．宽带综合业务数字网　（　　　）　　4．帧中继网　　　　　　　　　（　　　）
5．分组交换数据网　　　　（　　　）　　6．非对称数字用户线路　　　（　　　）
7．电缆调制解调器　　　　（　　　）　　8．超高速数字用户线路　　　（　　　）

A．在综合业务数字网标准化过程中产生的一种重要技术，是在数字光纤传输线路逐步替代原有的模拟线路、用户终端日益智能化的情况下，由 X.25 分组交换技术发展起来的一种传输技术。

B．在综合数字网的基础上，实现了用户线传输的数字化，使用户能够利用已有的一对电话线连接各类终端设备，分别进行电话、传真、数据、图像等综合业务（多媒体业务）通信。

C．将数万、数十万条以光缆为主体的数字电路通过数字电路管理设备构成的一个传输速率高、质量好、网络时延小、高流量的数据传输基础网络。

D．将语音、数据、图像传输等多种服务综合在一个通信网中，覆盖从低速、非实时传输要求到高速、实时突发性等各类传输要求的数据通信网络。

E．一种以数据分组为基本数据单元进行数据交换的通信网络，由于使用 X.25 协议标准，故通常又称之为 X.25 网。

F．一种在普通电话线上传输数字信号的技术。这种技术利用了普通电话线上原本没有使用的传输特性，能够在现有电话线上传输高带宽数据以及多媒体和视频信息，并且允许数据和语音在一根电话线上同时传输。

G．一种利用有线电视网来提供数据传输的广域网接入技术，可以利用一条电视信道来实现数据的高速传输。

H. 一种通过标准双绞电话线给家庭、办公室用户提供宽带数据服务的广域网接入技术，可在同一对用户双绞电话线上为大众用户提供各种带宽的数据业务。

二、填空题

1. 计算机网络分为局域网和广域网的依据是_____。

2. DDN 向用户提供的是_____数字连接，不进行复杂的软件处理，延时短。

3. ISDN 是由_____发展起来的一种网络，提供端到端的数字连接以支持广泛的服务，包括声音的和非声音的，用户的访问是通过少量、多用途的用户网络接口实现的。

4. ISDN 具有比一般电话线更高的传输率，目前常用的 B 信道速率是_____kbps，D 信道速率是_____kbps。

5. B-ISDN 是一种基于_____技术的宽带综合业务数字网。

6. 公用电话网的简称是_____。

7. X.25 是一组协议，对应于 OSI 参考模型中的底下 3 层。其中，物理层协议是_____，数据链路层协议是_____，网络层协议是_____。

8. X.25 分组交换网提供的网络服务有交换虚电路和_____两种基本业务功能。

9. 帧中继是一种快速的分组交换技术，是对_____协议进行简化和改进。

10. 帧中继采用虚电路技术，能充分利用网络资源，具有吞吐量大、实时性强等特点，特别适合于处理_____。

11. ADSL 的全称是_____，VDSL 的全称是_____。

12. Cable Modem 是一种利用_____来提供数据传输的广域网技术。

三、选择题

1. X.25 网是一种（   ）。
    A. 局域网   B. 企业内部网   C. 帧中继网   D. 分组交换数据网

2. X.25 网内部数据包传输经过每个节点时都必须对接收到的数据包采取应答（确认或否认）和重发措施纠正错误，这是保证数据传输的（   ）高，由此导致其工作效率低。
    A. 效率   B. 速率   C. 通信量   D. 可靠性

3. 综合业务数据网络是指（   ）。
    A. 用户可以在自己的计算机上把电子邮件发送到世界各地
    B. 在计算机网络中的各计算机之间传送数据
    C. 将各种办公设备纳入计算机网络中，提供文字、声音、图像、视频等多种信息传输
    D. 让网络中的各用户可以共享分散在各地的各种软件、硬件资源

4. 随着光纤技术、多媒体技术、高分辨率动态图像与文件传输技术的发展，CCITT 希望设计出将语音、数据、静态与动态图像等所有服务综合于一个网中传输的通信网，这种通信网络是（   ）。
    A. B-ISDN   B. Fast Ethernet   C. Internet   D. Switching LAN

5. 在 B-ISDN 中，（   ）进一步简化了网络功能，其网络不参与任何数据链路层功能，将差错控制与流量控制工作交给终端系统，使其具有很大的灵活性。

A．高速分组交换网　　　　　　　　B．ATM 技术

C．高速电路交换　　　　　　　　　D．光交换方式

6．采用 DDN 专线连接方式和电话连接方式将局域网连接到 Internet 上的区别是（　　）。

A．采用专线方式，局域网中的每台计算机可以拥有单独的 IP 地址，电话连接时，局域网中的所有计算机拥有一个共同的 IP 地址。

B．采用专线方式，局域网中的每台计算机可以拥有共同的 IP 地址，电话连接时，局域网中的所有计算机拥有一个单独的 IP 地址。

C．采用专线方式，只需要增加路由器和增加 DDN 专线，电话连接时只需要一个 Modem 和一条电话线。

D．以上皆错。

7．下列网络连接中，带宽最窄、传输速率最低的是（　　）。

A．普通电话拨号网　　　　　　　　B．以太网

C．综合数字网　　　　　　　　　　D．DDN 专线

8．HDLC 是面向（　　）的数据链路控制协议。

A．比特　　　　　　B．字符　　　　　　C．字节　　　　　　D．帧

四、问答题

1．广域网的含义是什么？广域网的特点是什么？

2．简述广域网的连接方式。

3．在以 HDLC 为数据链路层的通信规程的网络中，假设原始数据是 01101111111111 1111110010，试问传输线路上的数据码是什么？在接收端去掉填充位后的数据是什么？

4．HDLC 帧可分为哪几大类？试简述各类帧的作用。

5．PPP 协议的主要特点是什么？为什么 PPP 不使用帧的编号？PPP 适用于什么情况？

6．试简述 HDLC 帧各字段的意义。HDLC 用什么方法保证数据的透明传输？

7．简述帧中继的主要技术特点。为什么说帧中继是对 X.25 网络技术的继承？

8．试简述帧中继的帧格式各字段的意义。

10

Internet/Intranet 应用服务

本章学习目标

- 理解 Internet 的概念、形成和发展
- 掌握 Internet 基本原理
- 掌握 WWW 的相关概念
- 掌握 Intranet、Extranet 的基础知识
- 掌握 Internet、Intrnat、Extranet 的关系

10.1 Internet 概述

无论用户身在何处，只要用户的计算机与 Internet 建立了连接，就可以使用 Internet 进行数据通信以及资源共享等，给人们的生活、工作带来了极大的方便。对广大学生来说，了解互联网，掌握互联网已经成为一种必要。可以毫不过分地讲，Internet 是人类历史上最伟大的成就之一，它的重要意义可以与工业革命的巨大影响相媲美。

10.1.1 Internet 的定义

Internet 是国际互联网，又称因特网、互联网，是广域网的进一步扩展。通俗地说，Internet 是将世界上各个国家和地区成千上万的同类型和异类型网络互连在一起而形成的一个全球性大型网络系统。它是当今世界上最大的和最著名的国际性资源网络。Internet 就像是在计算机与计算机之间架起的一条条高速公路，各种信息在上面快速传递，这种高速公路网遍及世界各地，形成了像蜘蛛网一样的网状结构，使得人们可以在全球范围内交换各种各样的信息。

Internmet 实际上是由世界范围内众多计算机网络连接而成的网络，它不是一个具有独立形态的网络，而是由计算机网络汇合成的一个网络集合体。Internet 的魅力在于它提供了信息交流和资源共享的环境。与 Internet 连接，意味着可以分享其上丰富的信息资源，可以和其他 Internet 用户以各种方式进行信息交流。在这方面，Internet 所起的巨大作用是其他任何社会媒

介服务机构都无法比拟的。Internet 连接了成千上万个局域网和数亿个用户。除去设备规模、统计数字、使用方式和发展方向上的明显优势外，Internet 正以一种令人难以置信的速度发展。

从网络通信技术的角度看，Internet 是以 TCP/IP 连接各个国家、各个地区及各个机构的计算机网络的数据通信网；从信息资源的角度看，Internet 是集各个部门、各个领域的各种信息资源为一体，供网上用户共享的信息资源网。今天的 Internet 已远远超过了网络的涵义，它是一个社会。

1995 年 10 月 24 日，美国联邦网络署（FNC）一致通过了定义 Internet 这个术语的决议，这个定义从通信协议、物理连接、资源共享、相互联系和相互通信的角度综合考虑，即 Intermet 是具有下列特性的全球信息网：

（1）基于 IP（或其后继者）的全球唯一的地址空间，逻辑地连接在一起。

（2）能够支持使用 TCP/IP 协议集（或其后继者及其他与 IP 兼容的协议）来通信。

（3）TCP/IP 是实现互联网连接性和互操作性的关键，就像胶水一样把成千上万的 Intenet 上的各种网络互连起来。

（4）公开或私下地提供、利用或形成在上述通信与相关基础设施之上的高层服务。

（5）Internet 是一个网络用户的集团，网络使用者在使用网络资源的同时，也为网络发展壮大贡献自身的力量。

（6）Internet 是所有可被访问和利用的信息资源的集合。

10.1.2 Internet 的形成和发展

1. Internet 的起源与发展

Internet 起源于 l969 年美国国防部建立的高级研究计划局通信网（Advanced Research Projects Agen Network，ARPANET），是用于军事实验的网络。1984 年 ARPANET 分解成为民用科研网（ARPANET）和军用计算机网络（MILNET）。1986 年美国国家科学基金会网（National Science Foundation Network，NSFNET）建立，NSFNET 接管 ARPANET 并改名为 Internet。NSFNET 用于连接当时的 6 大超级计算机中心和美国的大专院校学术机构，该网络由全美国 13 个主干节点构成，主干节点向下连接各个地区网，再连到各个大学的校园网，采用 TCP 作为统一的通信协议标准，速率由 56Kbps 提高到 1.544lMbps。

Internet 在美国是为了促进科学技术和教育的发展而建立的。因此在 1991 年以前，Internet 被严格限制在科技、教育和军事领域，1991 年以后才开始转为商用，自 1994 年以来，利用 Internet 进行商业活动成为世界经济的一大热点。可以说 Internet 的普及应用是人类社会由工业社会向信息社会发展的重要标志。

2. Internet 在中国的发展

Internet 在中国的发展大致可以分为两个阶段，第一阶段是 1987～1993 年，我国的一些科研部门通过与 Internet 连网，与国外的科技团体进行学术交流和科技合作，主要从事电子邮件的收发业务；第二阶段是 1994 年以后，以中国科学院、北京大学和清华大学为核心的中国国家计算机网络设施（The National Computing and Networking Facility of China，NCFC）通过 TCP/IP 和 Internet 全面连通，从而获得了 Internet 的全功能服务。NCFC 的网络中心的域名服务器作为中国最高层的网络域名服务器，是中国网络发展史上的一个里程碑。

目前，国内的 Internet 主要由 9 大骨干互联网络组成，其中中国教育和科研计算机网、中国科技网、中国公用计算机互联网和中国金桥信息网是典型的代表。

中国教育和科研计算机网（Chinese Edcation and Research Network，CERNET）是由国家计委投资、国家教委主持建设，其目的是建设一个全国性的教育研究基地，把全国大部分的高等院校和中学连接起来，推动校园建设和促进信息资源的交流共享，推动我国教育和科研事业的发展。网络总控中心设在清华大学，CERNET 主页的网址为 http://www.edu.cn，其网络结构如图 10-1 所示。

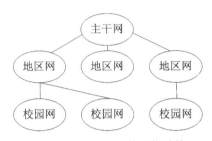

图 10-1　CERNET 的网络结构

中国科技网（Chinese Science and Technology Network，CSTNET）由中国科学院主管。网络由两级组成，以北京地区为中心，共设置了 27 个主站点，分别设在北京和全国部分大、中城市，该网络中心还承担着国家域名服务的功能。CSTNET 主页的网址为 http://www.cstnet.cn。

中国公用计算机互联网（ChinaNET），是由原中国邮电部投资建设的中国公用 Internet，是中国最大的 Internet 服务提供商。ChinaNET 也是一个分层体系结构，由核心层、区域层和接入层三个层次组成。ChinaNET 主页的网址为 http://www.chinanet.cn。ChinaNET 用户接入方式如图 10-2 所示。

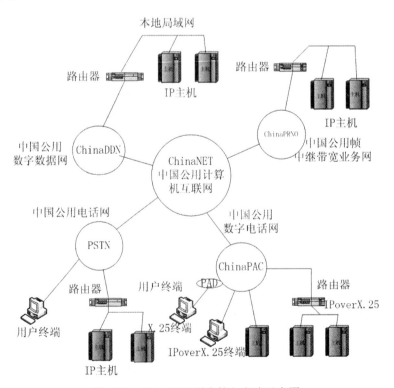

图 10-2　ChinaNET 用户接入方式示意图

中国金桥信息网（ChinaGBN）简称金桥网，是由原电子工业部所属的吉通公司主持建设实施的计算机公用网，为国家宏观经济调控和决策服务。

3. 第二代 Internet

从 1993 年起，由于 WWW 技术的发展及推广应用，Internet 面向商业用户和普通公众开放，用户数量开始以滚雪球的方式增长，各种网上的服务不断增加，接入 Internet 的国家也越来越多，再加上 Internet 先天不足，例如，带宽过窄、对信息的管理不足，造成信息传输的严重阻塞。为了解决这一难题，1996 年 10 月，美国 34 所大学提出了建设下一代因特网（Next Generation Internet，NGI）的计划，表明要进行第二代因特网（Internet2）的研制。研究的重点是网络扩展设计、端到端的服务质量（QoS）和安全性三个方面。第二代因特网又是一次以教育科研为向导，瞄准 Internet 的高级应用，是 Internet 更高层次的发展阶段。第二代因特网的建成，将使多媒体信息可以实现真正的实时交换，同时还可以实现网上虚拟现实和实时视频会议等服务。例如，大学可以进行远程教学，医生可以进行远程医疗等。第二代 Internet 计划进展之快以及它引起的反响之大，都超出了人们的意料。也许只要三五年普通老百姓就可以应用它，到那时离真正的"信息高速公路"也就不远了。如果要跟踪 Internet2 的发展，可以访问 www.Internet2.edu。

中国第二代因特网协会（中国 Internet2）已经成立，该协会是一个学术性组织，将联合众多的大学和研究院，主要以学术交流为主，选择并提供正确的发展方向，其工作主要涉及三个方面：网络环境、网络结构、协议标准及应用。

10.1.3　Internet 的组成

Internet 是全球最大的、开放的、由众多网络和计算机互连而成的计算机互联网。它连接各种各样的计算机系统和网络，无论是微型计算机还是专业的网络服务器，无论是局域网还是广域网。不管在世界的什么位置，只要遵循 TCP/IP，即可接入 Internet。概括来讲，整个 Internet 主要由 Internet 服务器（资源子网）、通信子网和 Internet 用户三部分组成，其组成结构示意如图 10-3 所示。

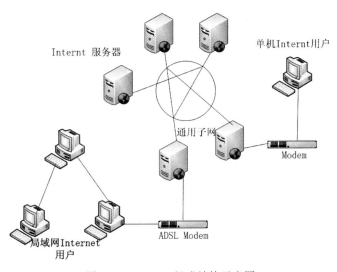

图 10-3　Internet 组成结构示意图

1．Inteenet 服务器

Internet 服务器是指连接在 Internet 上提供给网络用户使用的计算机，用来运行用户端所需的应用程序，为用户提供丰富的资源和各种服务，通常也称资源子网。Internet 服务器一般要求全天 24 小时运行，否则 Internet 用户可能无法访问该服务器上的资源。

一般来说，一台计算机要成为 Internet 服务器，需要向有关管理部门提交申请，获得批准后，该计算机将拥有唯一的 IP 地址和域名，从而为成为 Internet 服务器做好准备。有一点需注意，申请成为 Internet 服务器及在 Internet 服务器的运行期间，服务器的拥有者需要向管理部门支付一定的费用。

2．通信子网

通信子网是指用来把 Internet 服务器连接在一起，供服务器之间相互传输各种信息和数据的通信设施。它由转接部件和通信线路两部分组成，转接部件负责处理及传输信息和数据，而通信线路是信息数据传输的"高速公路"，多由光缆、电缆、电力线、通信卫星及无线电波等组成。

3．Internet 用户

只要通过一定的设备，例如，利用电话线和 ADSL 等接入 Internet，即可访问 Internet 服务器上的资源，并享受 Internet 提供的各种服务，从而成为 Internet 用户。Internet 用户可以是单独的计算机，也可以是一个局域网。将局域网接入 Internet 后，通过共享 Internet，可以使网络内的所有用户都成为 Internet 用户。

对于拥有普通电话线和 Modem 的计算机用户，如果要接入 Intenet，需要向当地的网络服务提供商（Internet Service Providers，ISP）申请一个上网账号，然后通过电话拨入 ISP 的服务器和所申请的账号登录来接入 Internet。目前，许多 ISP 提供了不需专门申请的公用账号，任何人都可以使用电话线通过公用账号接入 Internet（如 16900、16500 等），为普通计算机用户享受 Internet 服务提供了很大便利。

10.1.4　Internet 的服务

1．E-mail

E-mail（Electronic Mail）是 Internet 最主要的应用之一，也是用户最基本的和最常用的应用之一，它是利用计算机网络来发送和接收邮件。Internet 用户可以向 Internet 上的任何人发送和接收任何数据类型的信息，发送的电子邮件可以在几秒到几分钟内送往分布在世界各地的邮件服务器中，那些拥有电子信箱的收件人可以随时取阅。目前 E-mail 的状况是免费和收费电子邮件并存。收费电子邮件是发展趋势，服务质量也会越来越完善。

2．WWW

WWW 是 World Wide Web 的缩写，又称为 W3、3W 或 Web，中文译为全球信息网或万维网。WWW 是融合信息检索技术与超文本和超媒体技术而形成的使用简单、功能强大的全球信息系统。它将文本、图像、声音和其他资源以超文本（HTML）的形式提供给访问者，HTML 是 Internet 上最方便和最受欢迎的信息浏览方式。

注意：Web 常常被媒体描述成 Internet，许多人也把 Web 当作 Internet，实际上并不是这样的。Web 只是 Internet 的一个部分，是众多基于 Internet 服务的一种。Web 最受关注的原因是它是 Internet 中发展最快、最容易使用的部分。

3．FTP

FTP（File Transfer Protocol）是 WWW 出现以前 Internet 中使用最广泛的服务。FTP 用在计算机之间传输文件。访问 FTP 服务器和访问 WWW 服务器是不同的，要访问一个 FTP 服务器上的信息资源，一般先在该服务器上进行注册，以获得合法的用户账号（用户名 Username 和口令 Password），此为非匿名 FTP 服务器。还有一种匿名 FTP 服务器，它的用户名是 Anonymous，口令是自己的电子邮件地址，输入匿名的用户名和口令后便可享受此项服务。

FTP 能识别的两种基本的文件格式是文本文件和二进制文件。

4．远程登录与 BBS

远程登录服务 Telnet 用于在网络环境下实现资源的共享。利用远程登录，可以将自己的计算机暂时变成远程计算机的终端，从而直接调用远程计算机的资源和服务。远程计算机登录的前提是必须成为该系统的合法用户并拥有相应的 Internet 账户和口令。目前国内 Telnet 最广泛的应用是登录 BBS，BBS（Bulletin Board System）也称为公告版服务、联机信息服务或计算机在线信息服务（Online Service），它与一般街头和校园内的公布栏性质相同，只不过 BBS 是通过计算机来传播或取得信息的。

5．Netnews

Netnews 也称为 USENET（网络论坛或电子新闻），是针对有关的专题讲座而设计的，是共享信息、交换意见和知识的地方。News（新闻）在 Internet 上随处可见，USENET 则是主要的新闻传播工具。用户计算机只要具有"新闻阅读器"程序（如 Outlook、Express 5 中的新闻组），用户定阅的所有新闻组的文章信息会源源不断地显示在用户的面前，包括文章的作者、主题、第一页及更多的信息。用户也可以发送信息，传送给下游的主机，这些信息和文章就是新闻。对用户而言，要获得最需要的新闻信息，可以对新闻进行三种不同层次的筛选：选择新闻组；选择文章；在文章第一页显示时，选择是否要继续阅读。

6．信息查询服务

在 Internet 中有很多有用的信息，但是这些信息分布在不同的计算机上，如何才能检索到所需要的信息是广大用户所关心的，Archie、Gopher 和 WAIS 都提供信息检索服务。但是随着 WWW 信息网络的广泛流行，这些检索手段都被 Web 搜索方式所替代。

（1）Archie：它的作用是帮助用户找到相关的匿名 FTP 网站。假设用户想要一个特别文件，Archie 就会告诉他，哪些匿名 FTP 主机存有这个文件。事实上，如果没有 Archie 服务器，大多数匿名 FTP 资源是无法得到的。

（2）Gopher：是 Internet 上较早出现的一种交互式、菜单式的信息查询工具，提供面向文本信息的查询服务。Gopher 服务器对用户提供树形结构的菜单索引，引导用户查询信息，使用非常方便。但由于 WWW 的迅速崛起，Gopher 服务已经逐渐被 WWW 所取代。

（3）WAIS：广域信息服务（Wide Area Information Service）是提供查找分布在 Internet 上信息的另一种方法。WAIS 可以同时检索许多数据库，告诉 WAIS 要检索内容的关键词，WAIS 将在有关数据库中检索出所需文件。

7．娱乐和会话服务

通过 Internet 不仅可以同世界各地的 Internet 用户进行实时通话，通过一些专门的设备，甚至可以传递视频和声音。此外，还可以参与各种游戏和娱乐，如网上棋牌大战，通过网络在线看影片等。

8. 名录服务

名录服务可分为白页服务和黄页服务两种。前者用来查找人名或机构的 E-mail 地址，后者用来查找提供各种服务的 IP 主机地址。

9. 电子商务服务

在网上进行贸易已经成为现实，而且发展得如火如荼，它已经在海关、外贸、金融、税收、销售和运输等方面得到了应用。电子商务正在向一个更加纵深的方向发展，随着社会金融基础设施及网络安全设施的进一步健全，电子商务将在世界上引起一轮新的革命。当在真正的购物网页中填写订单或者准备给商店付款时，应该确定该网页是安全的。在大多数浏览器中，安全站点是由窗口底部的一个金色的已锁住的挂锁或者一个完整的(未断开的)金钥匙表示的。如果看到一个断开的钥匙或者未锁住的挂锁，或者根本没有图标，那么就应该考虑该购物网站的安全性。

Internet 除了上述服务外，还有一系列其他服务，例如：网络 IP 电话、远程医疗和远程教学等。

总之，Internet 为用户提供了各种各样的服务，有了 Internet，人类的文化生活日益丰富多彩。

10.1.5 Internet 的特点

（1）灵活多样的入网方式是 Internet 获得高速发展的重要原因，使用各种通信媒介（计算机通信使用的线路）把 Internet 上数以百万计的计算机连接在一起的电缆包括：办公室中构造小型网络的电缆、专用数据线、本地电话线、全国性的电话网络（通过电缆、微波和卫星传送信号）和国家间的电话载体。任何计算机只要采用 TCP/IP 与 Internet 中的任何一台主机连通，就可以成为 Internet 的一部分。Internet 所采用的 TCP/IP 成功地解决了不同硬件平台、不同网络产品和不同操作系统之间的兼容性问题，标志着网络技术的一个重大进步。

因此，无论是大型机或小型机，还是微机或工作站都可以运行 TCP/IP 并通过 Internet 进行通信。正因为如此，目前 TCP/IP 已经成为事实上的国际标准。

（2）Internet 采用了目前分布式网络中最为流行的客户机/服务器程序方式，大大增加了网络信息服务的灵活性。用户在使用 Internet 的各种信息服务时可以通过安装在自己主机上的客户机程序发出请求，与装有相应服务器程序的主机进行通信从而获得所需要的信息。每台主机可以根据自己的条件和需要选择运行的客户机程序和服务器程序，凡是装有服务器程序的主机均可以为其他主机提供信息服务。当自己的主机没有所需要的客户机程序时，可以通过远程登录连接到公共客户程序。Internet 网中的主机不论其所在网络 IP 地址的级别如何，也不论主机的配置如何都具有平等的地位。信息的存储和查找也是分布式结构，从网络负荷的分配来看比集中式网络要合理得多。

（3）Internet 把网络技术、多媒体技术和超文本技术融为一体，体现了当代多种信息技术互相融合的发展趋势。以光盘为介质的多媒体技术在 PC 机上已经应用得相当普遍，超文本技术也在单机环境下发挥了不少作用，但是若没有网络技术的支持，其用途则会有限。

Internet 把网络技术与多媒体技术和超文本技术融为一体，真正发挥了它们的作用。从航天飞机的图片、卫星云图到医学切片，从流行音乐、古典音乐到白宫里的猫叫声，都可以从特定的系统中获取。它为教学、科研、商业广告、远程医学诊断和气象预报的应用提供了新的手段。多媒体技术和超文本技术只有与网络技术相结合才能真正发挥它们的威力。

（4）收费低廉。Internet 的发展获益于政府对信息网络的大力支持，美国国家科学基金会多年以来对发展 Internet 所做的经济承诺无疑是 Internet 获得成功的一个重要因素。这说明政府在发展国家信息基础结构过程中的巨大作用，特别是发展的初期阶段。正因为如此，Internet 服务的收费很低，这可以吸引更多的用户使用网络，形成一种良性循环。

（5）支持资源共享，有极为丰富的信息资源，而且多数是免费的。虽然 Internet 最初的宗旨是为大学和科研单位服务，但目前它已经成为服务于全社会的通用信息网络。从天气预报到订购意大利薄饼，从 Gopher 服务器、WAIS 服务器、Archie 服务器到 WWW 服务器都是免费的，此外还有许多免费的 FTP 服务器和 Telnet 服务器。

10.2 Internet 的基本技术

10.2.1 Internet 的基本原理

了解 Internet 的基本工作原理，对于弄懂计算机网络如何工作是很重要的，可以从理论上理解为什么 Internet 能提供那么多有用的服务项目。

1. 分组交换 —— Internet 工作原理之一

Internet 采用共享传输线路的方法，利用分组交换技术达到资源共享的目的。

使用共享传输线路使得多台设备共享一条传输线路，可以只使用少量的线路和少量的交换设备，这样可以节约资金，但也在时间上产生了延迟。

人们针对如何既享受共享传输线路节约资金的优点，又避免共享传输线路在时间上产生延迟的缺点，提出了不同的解决方案。

有线电视的方法就是解决方案之一，它是利用现有有线电视系统开发的一种计算机网络技术。但由于大多数通信线路的带宽不像有限电视的同轴电缆的带宽那么"宽"，所以不能采用和有线电视相同的方法来解决线路的延迟问题。实际上，在 Internet 上使用的是一种与有线电视完全不同的技术，那就是同一时间只允许一台计算机访问网络上的共享资源。为了防止一台计算机由于长时间地任意占有共享线路而导致其他计算机都要等候很长的时间，将网络中每台计算机所要传输的数据划分成若干大小相同的信息小包，计算机网络为每台计算机轮流发送这些信息小包，直到发送完毕为止。这种分割总量、轮流发送的规则就叫作分组交换。每次所能传送数据的单位称为一个分组（就是前面提到的信息小包）。

目前的计算机网络，无论是局域网还是广域网，都使用了分组交换技术。下面举一个例子说明为什么分组交换可以避免延迟。

例如，有三台计算机 A、B、C，分别要在网络中发送的数据量是 80 字节、100 字节和 40 字节，那么网络在给这三台计算机传送数据时，并不是先为 A、B 或 C 发送完所有的数据再发送另两个计算机的数据，而是规定每一次的传输量，如每次发送 20 字节，实际的传送过程如表 9-1 所示。这种设计使得 A、B、C 三台计算机（无论发送数据的多少）所等待的时间都是最合理的。

为了使网络硬件能够区分不同的分组，首先，每个分组具有同样的格式，而且每个分组的开始都应包括一个信息头，其后才是数据。每个分组开始的头部都包含两个重要的地址：发送该分组的计算机地址（称为源地址）和该分组所到达的计算机地址（称为目标地址）。这和寄信用的信封差不多，信封上既要写上收信人的地址（相当于目标地址），还要写上发信人的地址（相当于源地址）。虽然分组的交换技术对每个分组中的数据长度做了限制，但它允许发送方传输不超过最大长度的任何长度的分组。在大多数分组交换网络中，分组传输得很快。分组交换技术允许网络上的任一台计算机在任何时候都能发送数据，而且每台计算机并不知道同一时刻还有多少台计算机在使用网络。关键是由于分组交换系统能够在有新的一台计算机准备发送数据和网络中的某一台计算机接收发送的数据时，能够立即进行自动调整，因而每台计算机在任意给定的时刻都能公平地分享网络线路。

表 9-1　传输过程

计算机代号	发送的轮次	每次传输量	累积传输量
A	1	20	20
B	1	20	20
C	1	20	20
A	2	20	40
B	2	20	40
C	2	20	40
A	3	20	60
B	3	20	60
A	4	20	80
B	4	20	80
B	5	20	100

　　网络共享的自动调整是通过网络接口硬件实现的，也就是说，网络共享无需任何"计算"，也不需要各计算机在开始使用网络之前进行协调，任何一台计算机可以在任何地方任何时候产生分组。当一个分组就绪后，计算机的接口硬件开始等待，等轮到自己发送时，就把分组发送出去。因而从计算机的角度来看，公平地使用共享网络是自动的，即由网络硬件处理所有的细节。

　　总之，分组交换系统能使多台计算机在一个共享网络上进行通信时具有最小的延迟，因为分组交换将每个数据包分成若干很小的分组，并且让使用共享网络的所有计算机轮流发送它们的分组（信息小包）。

　　2. 客户机和服务器程序 —— Internet 工作原理之二

　　客户机/服务器系统（Client/Server System）是目前分布式网络普遍采用的一种技术，也是 Internet 所采用的最重要的技术之一。

　　网络的一种基本用途是允许资源共享，这种共享是通过两个独立的分别运行在不同计算机上的程序来完成的，如图 10-4 所示。一个程序称为服务器程序（简称服务器），服务器的主要功能是接收从客户计算机来的连接请求（称为 TCP/IP 连接），解释客户的请求，完成客户请求并形成结果，将结果传送给客户；另一个程序称为客户机程序（简称客户机），客户机（本地计算机及客户软件）的主要功能是接收用户输入的请求，与服务器建立连接，将请求传送给服务器，接收服务器送来的结果，以可读的形式显示在本地计算机的显示屏上。

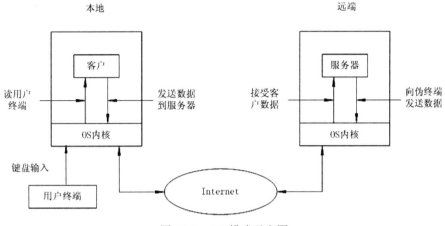

图 10-4　C/S 模式示意图

Internet 所提供的服务都是采用这种客户机/服务器的模式。微软公司的浏览器程序 Internet Explorer（简称 IE）和 Netscape 公司的浏览器程序 Navigator 都是典型的 Web 客户机程序。许多 Internet 上所使用的客户机程序和服务器程序可以免费从 Internet 上获取。在获取这些程序之前，首先要明确自己需要什么样的和什么版本的客户机程序和服务器程序，这些要求是根据主机上运行的操作系统的类型而定的，目前大多数客户机程序是免费的。

客户机/服务器系统的优点如下：

（1）提高了工作的效率。在主从式的结构中，客户端负责与使用者交谈，并向服务器提出请求；服务器负责处理相关的交互操作，为客户端提供服务。在客户机/服务器模式中，将工作的负担交给客户端和服务器分别处理，减轻了服务方的负担，从而进一步提高了工作效率。

（2）提高了系统的可扩充性。客户机/服务器模式使用开放式的设计，可以不限于特定的硬件，主从双方可以根据各自的具体状况，配置各自独立的设备，不论设备的优劣，只需具备各自独立的功能即可，可以根据各自的所需，分配各自的工作，进一步降低了成本。

10.2.2　Internet 体系结构

Internet 是全球最大的、开放的、由众多网络互连而成的计算机互联网，它的核心是开放，且贯穿于整个体系结构中。可以很明确地说，Internet 是共同执行 TCP/IP 协议集彼此互连在一起的网络总称，是靠路由器彼此互连的网际网。Internet 就是以 NSFNET 为主干，广泛互连在一起的网络。Internet 实际上是全球范围的数字化信息库，是社会上一种不可缺少的基础设施，能向用户提供多种多样的信息服务。在高层，TCP/IP 为 Internet 用户提供了终端访问方式和客户机/服务器方式的服务工具，诸如文件传输 FTP、虚拟终端 Telnet 和电子邮件 SMTP 等，用户可根据需要利用这些服务工具。

实际上，Internet 上各个网络的互连采用的不是一一互连的网状结构，而是利用"自治系统"，采用树状互连。所谓自治系统，指若干个网络通过内部网关互连形成一个区域性网络，其内部管理由独立的管理机构进行控制，这一区域性网络就称为一个"自治系统"。自治系统再通过一个网关连入主干网络，如图 10-5 所示。

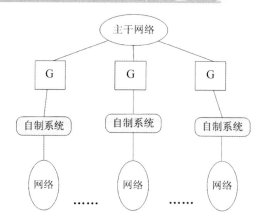

图 10-5　使用自治系统组成 Internet 的体系结构

　　自治系统概念的引入使 Internet 的扩展变得简单易行，而且可以使 Internet 扩展到任意规模。为了进行管理，Internet 为每个自治系统分配一个自治系统号，用以标识不同的自治系统。采用自治系统概念后，Internet 体系结构可概括为两部分：主干和外围。主干部分由主干网和核心网关组成，外围部分由若干自治系统组成，每个自治系统由多个网络和外部网关组成。实际上，每个自治系统就是一个能够通过 Internet 核心网关直接进入 Internet 主干网的一个"独立"网。例如，我国的 ChinaNET、CERNET 和 CSTNET 等就是几个自治系统。

10.2.3　TCP/IP 体系

　　TCP/IP 是以 TCP 和 IP 组合名字而命名的、由上百种不同协议组成的协议集，是一套分层的通信协议。TCP/IP 是针对 Internet 开发的一种体系结构和协议标准，其目的在于解决异种计算机网络的通信问题，使得网络在互连时把技术细节隐藏起来，为用户提供通用、一致的通信服务。即 TCP/IP 是用于实现各种同构计算机、网络之间或异构计算机、网络之间通信的协议。它成功地解决了不同网络之间难以互连的问题，实现了异网互连通信。从这个意义上来说，TCP/IP 是一种通用的网络互连技术，它具有以下特点：

　　（1）协议标准具有开放性，独立于特定的计算机硬件及操作系统，可以免费使用。

　　（2）统一分配网络地址，使得整个 TCP/IP 设备在网中都具有唯一的 IP 地址。

　　（3）实现了高层协议的标准化，能为用户提供多种可靠的服务。

　　IP 位于网络层，是 Internet 上最重要的协议软件，也是 TCP/IP 协议集中两个最重要的核心协议之一。IP 的主要功能包括无连接数据报传送、数据报的路由选择以及差错处理（网际控制报文协议）三部分。尽管 IP 提供了一种使计算机能够发送数据和接收数据的方法，也就是将分组从信源地址传送到信宿地址。但是 IP 是无连接的不可靠的协议，没有解决诸如数据报丢失或顺序传递等问题。

　　传输控制协议（TCP）是建立在 IP 之上的面向连接的端到端的通信协议。所谓"连接"是指在数据通信之前，通信的双方必须先建立连接，连接建立起来之后才能进行通信，在通信结束以后，终止它们的连接。TCP 和 IP 两种协议结合在一起，实现了可靠数据传输。TCP 定义了两台计算机之间为进行可靠的传输而交换数据和确认信息的格式，以及计算机为了确保数据正确到达目的地而采取的措施。

　　UDP（User Datagram Protocol）位于传输层，UDP 是建立在 IP 之上的无连接的端到端的通信协议，UDP 增加和扩充了 IP 接口能力，具有高效传输、协议格式简单等特点。虽然 UDP 可靠性不高，但由于效率高，在实际应用中，UDP 往往是面向交易型应用，一次交易往往只有一来一回两次报文交换。如果为此建立连接、拆除连接，花费太大，这时用 UDP 就比较有效，即使出现错误，也只要重传一次，所花代价远比建立连接和拆除连接要小。

10.2.4 SLI P/PPP

Internet 是由很多主机、路由器及连接它们的通信设施组成的，互连的两端可以是主机和主机、主机和路由器、路由器和路由器。互连的物理链路可以是专线或拨号电话线。无论何种连接方式，在线路上都需要点对点的链路层协议，完成帧、差错控制及其他数据链路层的功能。SLIP 和 PPP 是 Internet 广泛应用的两个数据链路层的通信协议。串行线路 IP（Serial Line Internet Protocol，SLIP）是一个简单的面向字符数据链路层的协议。SLIP 是早期的协议，主要完成数据报的传送，但没有寻址、数据校验、分组类型识别和数据压缩等功能，只能传送 IP 分组，不支持动态 IP 地址的分配，实现起来比较简单，但对一些高层应用不支持。

为了改进 SLIP 的缺点，制订了点对点协议（Point to Point Protocol，PPP），它由以下三部分组成：

（1）高级数据链路控制（High-level Data Link Control，HDLC）。PPP 采用 HDLC 作为在线路上的数据编码协议。

（2）链路控制协议（Link Control Protocol，LCP）。LCP 用来建立、配置和测试数据链路，LCP 在传送用户数据前被发送。

（3）网络控制协议（Network Control Protocol，NCP）。PPP 允许同时采用多种网络协议，每个不同的网络层协议要用一个相应的 NCP 来配置，为网络层协议建立和配置逻辑连接。在单个 PPP 链路上，可以支持同时运行多种网络协议，即有多个 NCP 数据流。

10.3 World Wide Web 概述

10.3.1 WWW 简介

随着 Internet 的迅速发展，为了充分利用 Internet 上的信息资源，迫切需要一种更加方便、快捷的信息浏览和查询工具，在这种情况下，由蒂姆和马克创建的"万维网"（WWW）诞生了。WWW 是一种基于超文本方式的信息查询服务系统，WWW 实际上是一个庞大的文件集合体，这些称为网页的文件存储在 Internet 上的成千上万台计算机上。提供网页的计算机被称为 Web 服务器、网站或网点，用户通过浏览器从某个网站上看到的第一个网页被称为主页。WWW 应用的目的是帮助用户在 Internet 上以统一的方式去获取位于不同地点、具有不同表示方式的各式各样的信息资源，从本质上讲，它是超媒体思想在计算机网络上的实现。WWW 要解决如下问题：

- 怎样标识 Internet 中的文档：URL。
- 用什么协议实现万维网上的超级链接：HTTP。
- 怎样使不同作者的不同风格的文档共享：HTML。
- 怎样使用户方便地找到所需的信息：搜索引擎。

1. 统一资源定位器

为了使客户程序能找到位于整个 Internet 范围内的某种信息资源，WWW 系统使用统一的统一资源定位器（Uniform Resource Location，URL）。URL 是 WWW 上的一种编址机制，用于对 WWW 的众多资源进行标识，以便于检索和浏览。每一个文件，不论它以何种方式存储在服务器上，都有一个 URL 地址，从这个意义上讲，可以把 URL 看作是一个文件在 Internet 上的标准通用地址。只要用户正确地给出某个文件的 URL，WWW 服务器就能正确无误地找到它并传给用户。Internet 上的其他服务的服务器都可以通过 URL 地址从 WWW 中进入。

URL 的一般格式是：<通信协议>://<主机域名>/<路径>/<文件名>

其中，<通信协议>指提供该文件的服务器所使用的通信协议；<主机域名>指上述服务器所在主机的域名；<路径>指该文件在主机上的路径；<文件名>指文件的名称。

例如：http://www.jnjpk.cn/linux/kcweb/index.asp

其中，http 是 WWW 服务器与 WWW 客户之间遵循的通信协议；www.jnjpk.cn 用来标识该文件存储在万维网的 WWW 服务器上；linux/kcweb 是文件所在的路径；最后一部分 index.asp 是这个文件的名称。

目前，在 WWW 系统中编入 URL 中最普遍的服务连接方式有如下几种：

（1）http://　　使用 HTTP 提供超级文本信息资源空间。

（2）ftp://　　 使用 FTP 提供文件传送的 FTP 资源空间。

（3）file://　　 使用本地 HTTP 提供超级文本信息服务的 WWW 信息资源空间。

（4）telnet://　　使用 TELNET 协议提供远程登录信息服务的 Telnet 信息资源空间。

（5）gopher://　由全部 Gopher 服务器构成的 Gopher 信息资源空间。

（6）wais://　　 由全部 WAIS 服务器构成的 WAIS 信息资源空间。

2. HTTP

超文本传送协议（HyperText Transmission Protocol，HTTP）是 Web 客户和 Web 服务器之间的通信协议。HTTP 的工作过程如下：

（1）客户和服务器 TCP 的 80 号端口建立连接。

（2）客户向服务器发送 HTTP 请求。

（3）服务器处理请求，向客户发送 HTTP 响应。

（4）客户或服务器关闭 TCP 连接。

即 HTTP 会话过程包括连接、请求、应答和断开。

3. 超文本与超媒体

WWW 以"超文本"技术为基础，以直接面向文件进行阅览的方式，提供具有一定格式的文本和图形。

理解超文本最简单的方法是与传统文本进行比较。传统文本（例如，书本上的文本和计算机上的文本文件等）都是线性结构，阅读时必须逐项地顺序阅读，没有什么选择的余地。超文本则是一个非线性结构。作者在制作超文本时，可将写作素材按其内部的联系划分成不同的层次、不同关系的思想单元，然后用制作工具将其筑成一个网状结构。阅读时，不是按现行方式顺序往下读，而是有选择地阅读自己感兴趣的部分。

一个真正的超文本系统应能保证用户自由地搜索和浏览信息，以提高人们获取知识的效率。在 WWW 中，超文本是通过将"可选项"嵌入文本中来实现的，即每份文档都包括文本信息和用以指向其他文档的"嵌入式选项",这样用户既可以阅读一份完整的文档,也可以随时停下来选择一个可导向其他文档的关键词,进入其他文档。

超媒体是由超文本演变而来,即在超文本中嵌入除文本以外的视频和音频等信息,可以说超媒体是多媒体的超文本。

所有网页都是用超文本标识语言(HyperText Markup Language,HTML)编写出来的,它是一种描述语言,说明 Web 内容的表现形式。用 HTML 书写的文件是一种文本文件,这种文件称为网页(Web page),它可以跨平台存储。HTML 是一种强有力的文档处理语言,它不是程序设计语言。HTlML 文档本身是文本格式的,用任何一种文本编辑器都可以对它进行编辑。

10.3.2　WWW 客户机/服务器工作模式

WWW 由客户机与服务器组成。客户机由 TCP/IP 加上 Web 浏览器组成,Web 服务器由 HTTP 加后台数据库组成。客户机的浏览器与服务器用 TCP/IP 的 HTTP(超文本传输协议)建立连接,使得客户机与服务器二者之间超媒体传输变得很容易。所有的客户机及 Web 服务器统一使用 TC/IP,统一分配 IP,使得客户机和服务器的逻辑连接变成简单的点对点连接。URL 实现了单一文档在整个因特网主机中的定位。客户的请求通过 Web 服务器的 CGI(公用网关接口)可以很好地实现与后台各种类型数据的连接。

当用户查询信息时,执行一个客户机程序(也称为"浏览器"程序),并输入一个 URL。随后,浏览器程序成为一个客户,该程序负责对用户的直接服务,将用户的要求转换成一个或多个标准的信息查询请求,通过 Internet 发送给远方提供信息的服务器。而服务器则执行一个服务器程序,当服务器接到客户机的信息查询请求之后,便完成相应的操作,将查出的结果通过 Internet 全部传送到客户机的计算机内存中。客户机就将服务器送来的这些结果,转化为一定的显示格式,通过友好的图形界面(例如 Windows)展示给用户,这一过程对用户来说是感觉不出来的,用户在客户机上通过 IE 浏览器浏览网页,如图 10-6 所示。

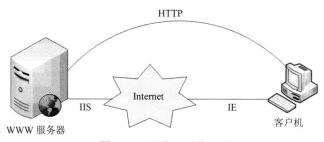

图 10-6　浏览器浏览网页

10.4　Intemet 的域名管理

10.4.1　DNS 简介

由于 IP 地址的数字形式不便记忆,从 1985 年起,在 IP 地址的基础上开始向用户提供域名系统(Domain Name System,DNS)服务,即用字符来识别网上的计算机,用字符为计算机命名。DNS 域名系统是一种帮助人们在 Internet 上用名字来唯一标识自己的计算机，并保证主机名（域名）和 IP 地址一一对应的网络服务。域名和 IP 地址之间的对应关系有点像人的姓名和他身份证号码之间的关系。很显然，在日常生活中，记忆人的姓名比记身份证号码容易得多。DNS 域名系统是一个以分级的、基于域的命名机制为核心的分布式命名数据库系统。

分布式是为了解决单一主机负载过重的问题，层次化是为了解决线性平面结构查找速度比较慢的问题。DNS 采用客户/服务器模式，DNS 服务器使用 UDP 的 53 端口和 DNS 客户通信。在客户需要解析主机名对应的 IP 地址时，DNS 客户向 DNS 服务器 UDP 的 53 号端口发送名字解析请求，由 DNS 服务器查找数据库得到对应的 IP 地址，并以 DNS 响应的形式返回给 DNS 客户。DNS 由三个部分组成：域名空间、名字服务器和解析器。

10.4.2　域名空间

任何 Internet 上的主机都有一个层次化的名字，称为域名。所有主机的域名以树形（倒树）结构构成域名空间。在名字空间中树根称为根域，根域采用空标签（没有名字）。根域下面设置若干顶级域，由 InterNIC 分类。InterNIC 采用两种方法进行分类，一种方法是按组织模式（类别）进行划分，例如，com、net、org、gov、edu 和 mil 等；另一种方法是按地理模式（国家或地区）进行划分，例如，cn（中国）、us（美国）和 ca（加拿大）等。顶级域下还设置二级、三级域等。在国别顶级域名下的二级域名由各个国家自行确定，域名体系结构如图 10-7 所示。

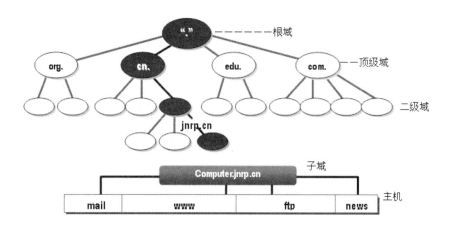

图 10-7　域名体系结构

在 DNS 树中，每一个节点都用一个简单的字符串（不带点）标识。这样，在 DNS 域名空间的任何一台计算机都可以用从叶节点到根节点的中间用点"."相连接的字符串来标识：叶节点名.三级域名.二级域名.顶级域名。

节点标识是由英文字母和数字组成（按规定不超过 63 个字符，大小写不区分），级别最低的写在最左边，级别最高的顶级域名写在最右边，高一级域包含低一级域。完整的域名不超过 255 个字符。例如 www.sdsy.sxu.edu.cn 这个域名表示山西大学商务学院的一台 WWW 服务器，它和一个唯一的 IP 地址对应。该名中 WWW 是一台主机名，这台计算机是由 sdsy 域管理的；sdsy 表示山西大学商务学院，它属于山西大学（sxu）的一部分；sxu 是中国教育领域（edu）的一部分；edu 又是中国（cn）的一部分。这种表示域名的方法可以保证主机域名在整个域名空间中的唯一性。因为即使两个主机的标识是一样的，只要他们的上一级域名不同，那么他们的主机域名就是不同的。

中国国家计算与网络设施（The National Computing and Networking Facility of China，NCFC）成立后，cn 域名移回中国，科学院网络中心充当中国互联网络信息中心（CNNIC）的职能，负责 cn 以下的域名的分配。CNNIC 按照国际分类方法进行分类，按类别分成 com、net、org、gov、edu 和 mil 等；按地域分成 bj（北京）、sh（上海）和 hk（香港）等。清华网络中心充当中国教育和科研计算机网（CERNET）网络信息中心，负责 edu 以下域名的分配。

10.4.3　域名服务器

名字服务器（NS）是 DNS 服务器的核心，负责存储域名和 IP 地址的对应关系，并对客户的解析请求进行处理。管辖区（Zone）是域名空间的一部分，名字服务器保存区内的域名空间中的地址映射，一个名字服务器可以管理一个或若干个管辖区。名字服务器数据库通过资源记录登记映射关系，资源记录包括以下类型：

（1）授权起始（SOA）：标明负责管辖区域的开始。

（2）主机记录（A）：名字到地址的映射。

（3）别名记录（CNAME）：主机的别名。

（4）名字服务器（NS）：域的权威名字服务器。

（5）邮件交换记录（MX）：域的邮件交换主机。

（6）指针记录（PTR）：地址到名字的映射。

域名服务器的组织也采用层次化的分级结构。最高级域名服务器是一个根服务器，它管理到各个顶级域名服务器的连接。任何一台域名服务器只负责对域名系统中的一部分域名进行管理，仅包括整个域名数据库中的一部分信息。例如，根服务器用来管理顶级域名，它一定能够找到所有二级域名服务器，但根服务器不负责对顶级域名下面的三级域名进行转换。这样，当用户使用域名访问网上的某台主机时，首先由本地域名服务器负责解析，如果查到匹配的 IP 地址，就立即返回给客户端，否则，本地域名服务器再以客户的身份向上一级域名服务器发出解析请求；上一级域名服务器会在本级管理域名中进行查询，如果找到则返回，否则再向更高一级域名服务器发出请求。以此类推，直到最后找到目标主机的 IP 地址为止。

10.4.4　解析器

IP 地址是 Internet 上唯一通用的地址格式，所以当以域名方式访问某台远程主机时，域名系统首先将域名"翻译"成对应的 IP 地址，通过 IP 地址与该主机联系，并且以后的所有通信都将用到 IP 地址。将域名转换为 IP 地址的过程称为域名解析，域名解析包括正向解析（域名转换为 IP 地址）和反向解析（IP 地址转换为域名）。域名解析是依靠一系列域名服务器完成的，这些域名服务器构成了域名系统。Internet 的域名系统是一个分布式的主机信息数据库，终端用户与域名服务器之间、几个域名服务器之间都采用客户机/服务器方式工作。域名服务器除了负责域名到 IP 地址的解析外，还必须具有与其他域名服务器传送消息的能力，一旦自己不能进行域名到 IP 地址的解析，它必须要知道如何去联络其他的域名服务器来完成这个解析任务。

解析方法：客户向 DNS 服务器请求的查询有以下三种方法。

（1）漫游查询：对于被查询的名字，服务器需要回答请求的数据或回答请求的数据不存在。

（2）迭代查询：对于被查询的名字，服务器需要给出它当前可以返回的最好答案，答案可能是解析的地址或是可以回答客户请求的另一台名字服务器。

（3）反向查询：解析已知 IP 地址的主机名。

10.4.5 中国互联网的域名规定

为了适应 Internet 的迅速发展，我国成立了"中国互联网络信息中心"，并颁布了中国互联网络域名规定。

1. 中国互联网络信息中心

国务院信息化工作领导小组办公室于 1997 年 6 月 3 日在北京主持召开"中国互联网络信息中心成立暨《中国互联网络域名注册暂行管理办法》发布大会"，宣布中国互联网络信息中心（China Network InfoIanation Center，CNNIC）工作委员会成立，并发布《中国互联网络域名注册暂行管理办法》和《中国互联网络域名注册实施细则》。自成立之日起，CNNIC 负责我国境内的互联网络域名注册、IP 地址分配、自治系统地址号的分配和反向域名登记等注册服务，同时还提供有关的数据库服务及相关信息与培训服务。

CNNIC 由国内知名专家和国内四大互联网络（ChinaNET、CERNET、CSTNET 和 ChinaGBN）的代表组成，是一个非盈利性的管理和服务机构，负责对我国互联网络的发展、方针、政策及管理提出建议，协助国务院信息办公室实施对中国互联网络的管理。

中国互联网络信息中心的成立和《中国互联网络域名注册暂行管理办法》及《中国互联网络域名注册实施细则》的制定，使我国互联网络的发展进入有序和规范化的发展轨道，并且更加方便与 Internet 信息中心（InterNIC）、亚太互联网络信息中心（APNIC）以及其他国家的网络信息中心（NIC）进行业务交流。

2. 中国互联网络的用户域名规定

根据已发布的《中国互联网络域名注册暂行管理办法》，中国互联网络的域名体系最高级为 cn。二级域名共 40 个，分为 6 个类别域名和 34 个行政区域名。二级域名中除了 edu 的管理和运行由中国教育和科研计算机网络信息中心负责之外，其余由 CNNIC 负责。有关中国域名规定的详细资料可查询 CNNIC 的 WWW 站点 http://www.cnnic.net.cn。

10.5 Intranet 基础知识

随着 Internet 规模的不断扩大及各种技术的迅猛发展，其应用系统越来越丰富，网络用户越来越普及，越来越多的企业已经意识到 Internet 是一种全球商用信息交换的有效手段。一个企业在建立好了自己内部的局域网之后，利用 Internet 技术可以构建不同的应用。例如，可以根据不同的企业业务应用，按照对内和对外的不同分别构建 Intranet（企业内部网）和 Extranet（企业外部网）。所谓的 Intranet 就是将 Internet 模式及其成熟技术应用到企业内部网络环境中，它侧重于企业内部的生产管理和日常事务处理；所谓的 Extranet 就是利用 Internet 技术将各个相关企业的局域网连接在一起，使得企业和企业之间能够相互进行资源共享和信息交流。

10.5.1　Intranet 的形成与发展

Intranet 又称为内联网、企业内部网或企业内联网，是利用 Internet 各项技术建立起来的企业内部信息网络。Intranet 是企业将计算机技术与网络技术引入到生产管理中的结果。

Intranet 可以看作是一种"专用 Internet"，它是在统一行政管理和安全控制之下，采用 Internet 的标准技术和应用系统建设成的网络，并使用与 Internet 相协调的技术开发企业内部的各种应用系统。通常 Intranet 要与 Internet 相连，以获得全球信息交换的能力。

企业应用计算机技术经历了如下四个阶段。

（1）单机应用。企业的管理部门一般是由生产、设计、销售、财务和人事等多个部门组成的。早期的企业计算机应用主要是针对每个部门内部的事务管理，例如：财务管理、人事管理、生产管理和销售管理等。这一阶段计算机应用的特点是以单机应用为主。

（2）企业局域网应用。随着企业管理水平的提高与计算机应用的不断深入，单机应用已逐渐不能满足企业管理的要求，人们希望用局域网将分布在企业不同部门的计算机连接起来，构成一个支持企业管理信息系统的局域网环境。由于局域网覆盖范围的限制，这一阶段的局域网应用主要是解决一栋办公大楼、一个工厂内部的多台计算机之间的互连问题。

（3）企业内部网应用。随着企业经营规模的不断扩大，一个企业可能在世界各地都要设立分公司。同时，企业生产所需的原料要来自世界各地，企业的客户分布在世界各地，企业要实现对分布在全球范围内的生产、原料、劳动力与市场信息的全面管理，就必须通过各种公用通信网将多个局域网互连起来构成企业网。

这个阶段的企业网主要有如下三个特点：

- 建设企业网的主要目的仍然着眼于企业内部的事物管理，是利用网络互连技术将分布在各地的分公司、工厂、研究机构以及销售部门的多个相对独立的部门管理信息系统连接起来，以构成大型的、覆盖整个企业的管理信息系统。
- 企业网一般采用公用数据通信网或远程通信技术，将分布在不同地理位置的多个局域网连接起来构成一个大型的互连网络系统，主要用于企业内部管理信息的交换。
- 企业网应用软件的开发一般采用客户机/服务器模式，开发者要针对不同的客户需求，开发各种专用的客户端应用程序，系统外部用户如果没有专用的客户端应用程序，将无法进入系统。

（4）Intranet 的应用。很多大型企业的各个下属机构可能分布在不同的地方，且它们都已经建立了各自的局域网，并开发了各自的管理信息系统，图 10-8 给出了典型的传统企业网的结构示意图。

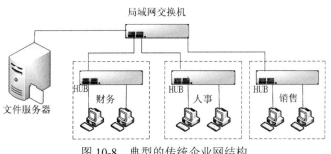

图 10-8　典型的传统企业网结构

利用公用数据网实现局域网互连的方法是组建企业网的基本方法。公用数据网的类型主要有：X.25 网、帧中继网、DDN 网、ISDN 与 ATM 网。早期企业网常用的是 X.25 网，图 10-9 给出了利用 X.25 网互连局域网构成大型企业网的结构示意图。由于企业网能够满足当前企业管理的需要，所以最近十年得到了迅速发展。

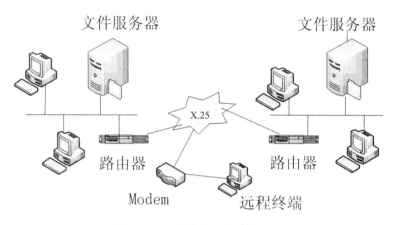

图 10-9　大型企业网的结构示意图

传统的企业网一般只是独立的实体。不管是国内企业，还是跨国公司，其企业网不管规模多大，仍然只是为某一个群体服务的。Internet 的出现改变了企业网的组网方法，Internet 的应用正在改变着人们的工作方式与企业的运行模式，Internet 在金融、商务、信息发布和通信方面的应用使得传统的企业网面临着新的挑战。原有的企业网内部用户希望能方便地访问 Internet，企业网中的很多产品信息也需要通过 Internet 向分布在世界各地的用户发布。

Internet 在国际上的重大影响使得所有的企业都希望接入 Internet。企业家们已经认识到，Internet 应用将会给企业带来巨大的经济效益，这种社会需求也导致了新型的企业内部网（Intranet）的出现。

10.5.2　Intranet 的基本概念及特点

1. Intranet 的定义

微软公司在其《Microsoft Internet Strategy White Paper》（微软公司关于互联网络战略白皮书）中对 Intranet 做了如下定义：Intranet 是 Internet 技术应用于企业内部的信息管理和交换平台。

Intranet 主要有两个方面的含义：Intranet 是一种企业内部的计算机信息网络；Intranet 将 Internet 许多技术应用于企业内部网。

Intranet 基于 TCP/IP 和 WWW 技术规范，通过简单的浏览界面，方便地集成各类已有的服务，如 Web、E-mail、FTP、Telnet 和 Gopher 等。Intranet 是一个开放的、分布的和动态的双向多媒体信息交流环境，是对现有网络平台、技术和信息资源的重组和集成。

Intranet 是在内部网络中使用 Web 技术的系统，是利用 Internet 技术发展起来的企业网络，其内容是为特定部门的用户服务。在 Intranet 网络中，所有的客户均使用同一种应用程序，即浏览器。在这种网络结构中，一切工作都集中在服务器一端，如果客户端觉得自己的浏览器版本偏低，可以立刻从服务器上下载一个最新的版本，客户端不需要再做任何其他工作。对企业来说，加强企业内部信息交流与协作可以很快地取得实效并回收投资，因此使用 Internet 技术去构造一个企业内部网络（Intranet）是一种高效而经济的方式。它以其公开标准的跨平台运行性能、先进的网络技术、相对低廉的软件和开发费用、统一友好的用户界面和维护与培训的简易性成为内部网络的首选模式。

2．Intranet 的基本功能

建立 Intranet 之后就可以很容易地实现在 Internet 中提供的所有基本功能，如文件共享、信息发布与浏览、目录查询、打印共享、电子邮件和网络管理等功能。Intranet 实现这些基本功能都采用 Internet 中流行的标准 C/S 模式，并利用标准软件实现。当然在不需要时可以与 Internet 断开。

3．Intranet 的特点

（1）Intranet 是根据企业内部的具体需求设计的，其规模、功能都是根据企业经营和发展的需要确定的。

（2）Intranet 采用 TCP/IP 和与之相应的技术与工具，是一个开放的网络系统，可以跨越所有的平台。

（3）Intranet 需要根据企业的安全要求，安装和设置相应的防火墙、安全代理及安全通信协议、安全交易协议等，以保护企业内部的信息，防止外界危险因素的侵入。

（4）Intranet 不是一个孤立、封闭的局域网，而是能够十分方便地与外界连接，尤其是和 Internet 连接。

（5）网络协议结构及应用久经考验，强大且稳定。

10.5.3　Intranet 的 IP 地址

Intranet 中使用的 IP 地址的格式与 Internet 一样，根据其权限的不同可分为两种类型：授权的 IP 地址和非授权的 IP 地址。

授权的 IP 地址同 Internet 上的 IP 地址一样，由全球统一管理的有关机构进行地址分配，这种 IP 地址具有全球唯一性。在 Intranet 中与外界具有直接通信能力的主机或网络设备必须使用授权的 IP 地址。

非授权的 IP 地址仅在 Intranet 内部使用，由管理该 Intranet 的运行机构在本 Intranet 内部的统一管理下进行地址分配。这种 IP 地址在 Intranet 内部是唯一的，可以与外部的 IP 地址重复。具有非授权 IP 地址的主机或网络设备没有直接对外通信的权限，对外通信可通过：Proxy（代理）服务器进行，或者根本不允许对外通信。在 Intranet 内部使用非授权的 IP 地址可大大节省现有的 IP 地址资源，也便于 Intranet 的安全管理。

10.5.4　Extranet 简介

Extranet（企业外部网）是 Internet 在企业局域网基础上的另一种应用。它是将 Intranet 的构建技术应用于企业间的局域网系统而形成的，是一种能帮助企业与合作企业或相关客户的信息系统相连，并完成共同目标及交互合作的网络系统。实现 Extranet 时，企业可以通过向一些主要的业务伙伴添加外部链接来扩充 Intranet。在此，可以列一个等式：Extranet=Internet+外部扩展功能。这里联系业务伙伴的范围很广，不仅限于行业内部的成员，可以超出行业之外，尤其是包括想与企业建立业务联系的供应商、分销商及普通客户。

企业间的 Extranet 可以通过 Internet 或各个企业内部的局域网来更新彼此的数据库或共享的数据库，从而保持企业内部间的相互关系。Extranet 向用户提供的也是基于 Web 的浏览器技术，能够帮助用户十分方便地从一家企业的内部网登录到另一家企业的内部网，完成数据处理和企业合作的有关内容及企业间的交易。

作为 Internet 的应用，无论是 Intranet 还是 Extranet 都要考虑网络信息的安全性问题、身份的认证及相关的法律问题。

10.5.5 局域网、Intranet、Extranet 与 Internet 的比较

Intranet、Extranet 实际上是在局域网中使用 Internet 技术的网络。要理解 Intranet、Extranet 必须了解局域网、Internet 以及它们之间的关系。

1. Internet

Internet 的特点是资源共享和高速的信息传输。远程终端、文件传送、电子邮件和文件检索等无一不体现了上述特点。尤其是 WWW 服务，它使网络方便、易用。Internet 以 TCP/IP 为基础建立起统一的传输机制。在 Internet 上，随时都会有信息被窃或黑客入侵事件。由于跨越地域广、节点多和成员复杂等多项因素，导致 Internet 很难统一管理。

2. 局域网

局域网一般以传统的"客户机/服务器"方式工作，而不是以"浏览器/WWW 服务器"的方式工作。局域网采用多种通信协议，如 TCP/IP、IPX 和 NETBEIU 等，使得各种局域网之间交换信息有些困难。局域网由于范围有限，上网的计算机也有限，所以它有其独特的优点：一是安全性好，二是容易管理。

3. 局域网、Intranet、Extranet 与 Internet 之间的关系

在一定意义下，可以认为 Intranet、Extranet 是取 Internet 和局域网两者之长的产物，也可以认为是将 Internet 的技术应用于局域网的产物。Intranet 面向的是企业内部各职能部门间的联系，其业务范围只限于企业内部；Extranet 面向的是各企业之间的联系，其业务范围涉及业务伙伴、合作对象、供应商、零售商、消费者和第三方认证机构等。由此可见，企业利用 Internet 实现的业务范围最大，Extranet 次之，Intranet 最小。

Intranet 的安全性好，在未与 Internet 连接的情况下，其安全性与局域网相同，Intranet 和 Internet 的连接应该是可以控制的。Intranet 因规模有限，管理权限集中，因而易于管理，进入网络的用户身份鉴别、内部信息管理、配置管理和行政管理都比较有效。

10.6 DHCP 配置实例

DHCP 的全称是 Dynamic Host Configuration Protocol（动态主机配置协议），该协议是由 Internet 工程任务组（Internet Engineering Task Force，IETF）设计开发的，专门用于为 TCP/IP 网络中的计算机自动分配 IP 地址并完成 TCP/IP 参数配置的协议，包括 IP 地址、子网掩码、默认网关以及 DNS 服务器等参数的配置。

DHCP 服务器能够从预先设置的 IP 地址池中自动给主机分配 IP 地址，它不仅能解决 IP 地址冲突的问题，也能及时回收 IP 地址以提高 IP 地址的利用率。

10.6.1　实例设计

部署 DHCP 之前应该先进行规划，明确哪些 IP 地址用于自动分配给客户端（即作用域中应包含的 IP 地址），哪些 IP 地址用于手工指定给特定的服务器。例如，在项目中，将 IP 地址 10.10.10.1～200/24 用于自动分配；将 IP 地址 10.10.10.100/24、10.10.10.1/24 排除，预留给需要手工指定 TCP/IP 参数的服务器；将 10.10.10.200/24 用作保留地址等。

根据图 10-10 所示的环境来部署 DHCP 服务。

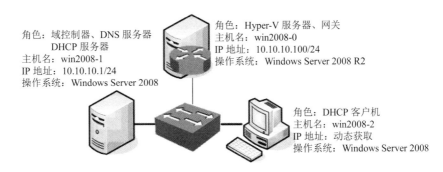

角色：域控制器、DNS 服务器
DHCP 服务器
主机名：win2008-1
IP 地址：10.10.10.1/24
操作系统：Windows Server 2008

角色：Hyper-V 服务器、网关
主机名：win2008-0
IP 地址：10.10.10.100/24
操作系统：Windows Server 2008 R2

角色：DHCP 客户机
主机名：win2008-2
IP 地址：动态获取
操作系统：Windows Server 2008

图 10-10　架设 DHCP 服务器的网络拓扑图

注意：一定要排除掉用手工配置的 IP 地址（即图 10-10 中的 10.10.10.100/24 和 10.10.10.1/24 需要排除掉），或者使用地址池之外的地址，否则会造成 IP 地址冲突。请思考，为什么？

10.6.2　实例需求准备

部署 DHCP 服务应满足下列需求：

（1）安装 Windows Server 2008 标准版、企业版或数据中心版等服务器端操作系统的计算机一台，用作 DHCP 服务器。

（2）DHCP 服务器的 IP 地址、子网掩码、DNS 服务器等 TCP/IP 参数必须手工指定，否则将不能为客户端分配 IP 地址。

（3）DHCP 服务器必须要拥有一组有效的 IP 地址，以便自动分配给客户端。

10.6.3　安装 DHCP 服务器角色

（1）以域管理员账户登录服务器（win2008-1），单击"开始"→"管理工具"→"服务器管理器"，打开"服务器管理器"窗口，在"角色摘要"区域中选择"添加角色"命令，打开"添加角色向导"对话框。

（2）单击"下一步"按钮，显示如图 10-11 所示的"选择服务器角色"对话框，选择"DHCP 服务器"选项。

（3）单击"下一步"按钮，显示如图 10-12 所示的"DHCP 服务器简介"对话框，这里可以查看 DHCP 服务器概述以及安装时的相关注意事项。

（4）单击"下一步"按钮，显示"选择网络连接绑定"对话框，选择向客户端提供服务的网络连接，如图 10-13 所示。

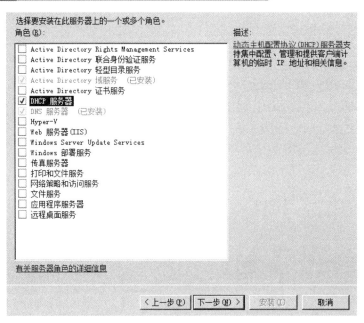

图 10-11 "选择服务器角色"对话框

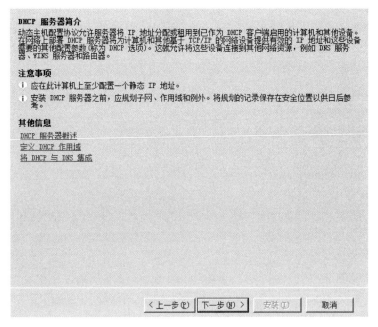

图 10-12 "DHCP 服务器简介"对话框

（5）单击"下一步"按钮，显示"指定 IPv4 DNS 服务器设置"对话框，输入父域名以及本地网络中所使用的 DNS 服务器的 IPv4 地址，如图 10-14 所示。

（6）单击"下一步"按钮，显示"指定 IPv4 WJNS 服务器设置"对话框，选择是否要使用 WINS 服务，按照默认值，选择不需要。

（7）单击"下一步"按钮，显示如图 10-15 所示的"添加或编辑 DHCP 作用域"对话框，可添加 DHCP 作用域，用来向客户端分配地址。

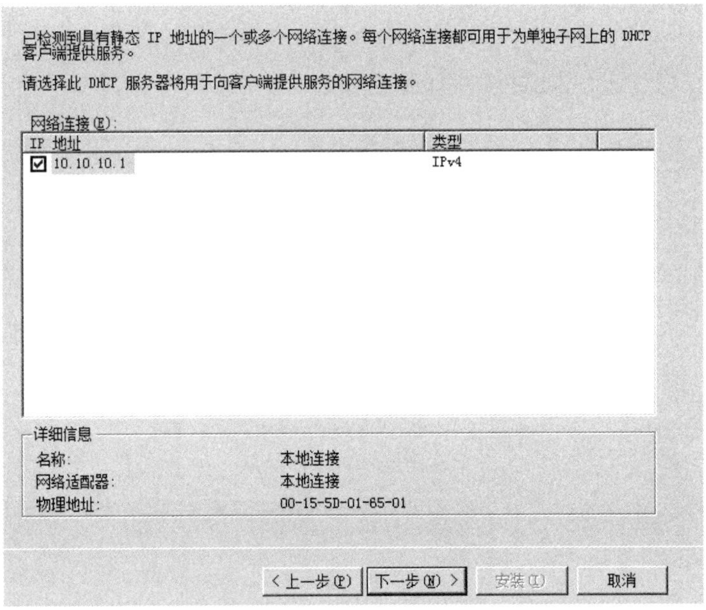

已检测到具有静态 IP 地址的一个或多个网络连接。每个网络连接都可用于为单独子网上的 DHCP 客户端提供服务。

请选择此 DHCP 服务器将用于向客户端提供服务的网络连接。

网络连接(E)：

IP 地址	类型
☑ 10.10.10.1	IPv4

详细信息
名称：   本地连接
网络适配器：   本地连接
物理地址：   00-15-5D-01-65-01

< 上一步(P)   下一步(N) >   安装(I)   取消

图 10-13   "选择网络连接绑定"对话框

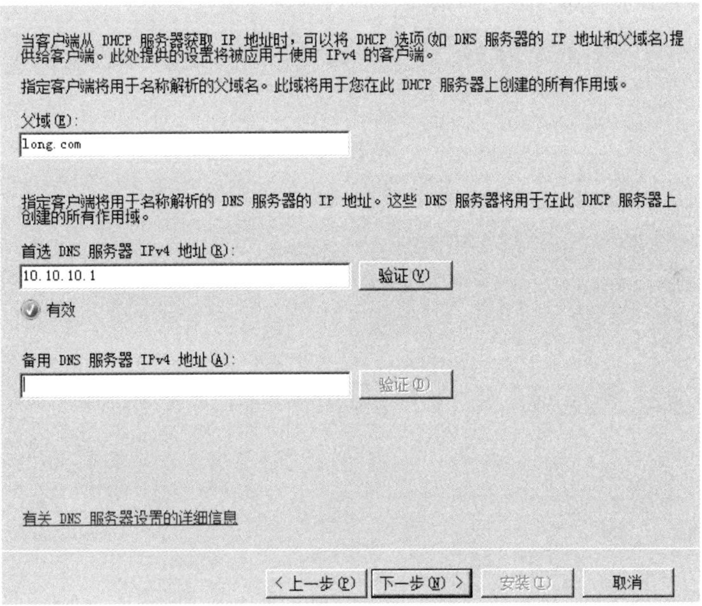

当客户端从 DHCP 服务器获取 IP 地址时，可以将 DHCP 选项(如 DNS 服务器的 IP 地址和父域名)提供给客户端。此处提供的设置将被应用于使用 IPv4 的客户端。

指定客户端将用于名称解析的父域名。此域将用于您在此 DHCP 服务器上创建的所有作用域。

父域(E)：
long.com

指定客户端将用于名称解析的 DNS 服务器的 IP 地址。这些 DNS 服务器将用于在此 DHCP 服务器上创建的所有作用域。

首选 DNS 服务器 IPv4 地址(R)：
10.10.10.1   验证(V)

🔘 有效

备用 DNS 服务器 IPv4 地址(A)：
                              验证(I)

有关 DNS 服务器设置的详细信息

< 上一步(P)   下一步(N) >   安装(I)   取消

图 10-14   "指定 IPv4 DNS 服务器设置"对话框

（8）单击"添加"按钮，显示"添加作用域"对话框，在此时对话框内设置该作用域的名称、起始和结束 IP 地址、子网掩码，默认网关以及子网类型。勾选"激活此作用域"复选框，也可在作用域创建完成后自动激活。

（9）单击"确定"按钮后单击"下一步"按钮，在出现的"配置 DHCPv6 无状态模式"对话框中选择"对此服务器禁用 DHCPv6 无状态模式"单选按钮（本书暂不涉及 DHCPv6 协议），如图 10-16 所示。

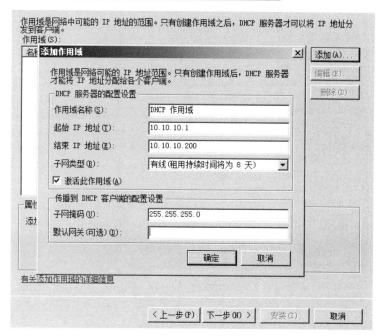

图 10-15 "添加或编辑 DHCP 作用域"对话框

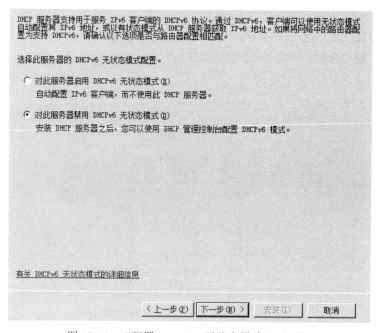

图 10-16 "配置 DHCPv6 无状态模式"对话框

（10）单击"下一步"按钮，显示"确认安装选择"对话框，列出了已做的配置。如果需要更改，可单击"上一步"按钮返回。

（11）单击"安装"按钮，开始安装 DHCP 服务器。安装完成后，显示"安装结果"对话框，提示 DHCP 服务器已经安装成功。

（12）单击"关闭"按钮关闭安装向导，DHCP 服务器安装完成。单击"开始"→"管理工具"→DHCP，打开 DHCP 控制台，如图 10-17 所示，可以在此配置和管理 DHCP 服务器。

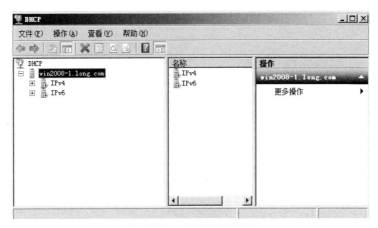

图 10-17　DHCP 控制台

10.6.4　创建 DHCP 作用域

在 Windows Server 2008 中，作用域可以在安装 DHCP 服务器的过程中创建，也可以在安装完成后在 DHCP 控制台中创建。一台 DHCP 服务器可以创建多个不同的作用域。如果在安装时没有建立作用域，也可以单独建立 DHCP 作用域，具体步骤如下：

（1）在 win2008-1 上，打开 DHCP 控制台，展开服务器名，选择 IPv4，单击右键并选择快捷菜单中的"新建作用域"选项，显示"新建作用域向导"对话框。

（2）单击"下一步"按钮，显示"作用域名"对话框，在"名称"文本框中键入新作用域的名称，用来与其他作用域相区分。

（3）单击"下一步"按钮，显示如图 10-18 所示的"IP 地址范围"对话框。在"起始 IP 地址"框和"结束 IP 地址"框中键入欲分配的 IP 地址。

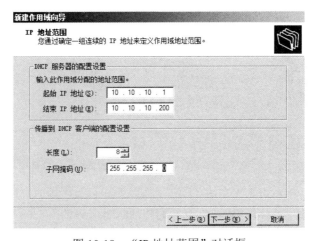

图 10-18　"IP 地址范围"对话框

提示：由于采用了 A 类地址，且没有采用默认子网掩码，因此应将图 10-18 中的默认子网掩码进行相应修改，改为 255.255.255.0。

（4）单击"下一步"按钮，显示如图 10-19 所示的"添加排除和延迟"对话框，设置客户端的排除地址。在"起始 IP 地址"和"结束 IP 地址"文本框中键入欲排除的 IP 地址或 IP 地址段，单击"添加"按钮，将 IP 地址添加到"排除的地址范围"列表框中。

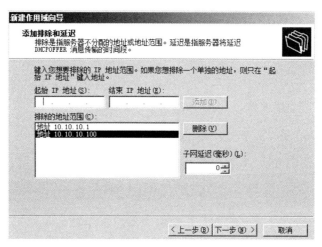

图 10-19　"添加排除和延迟"对话框

（5）单击"下一步"按钮，显示"租用期限"对话框，设置客户端租用 IP 地址的时间。

（6）单击"下一步"按钮，显示"配置 DHCP 选项"对话框，提示是否配置 DHCP 选项，选择默认的"是，我想现在配置这些选项"单选按钮。

（7）单击"下一步"按钮，显示如图 10-20 所示的"路由器（默认网关）"对话框，在"IP 地址"文本框中键入要分配的网关，单击"添加"按钮将其添加到列表框中，本例为 10.10.10.100。

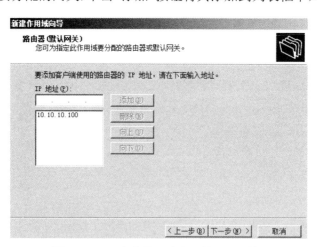

图 10-20　"路由器（默认网关）"对话框

（8）单击"下一步"按钮，显示"域名称和 DNS 服务器"对话框，在"父域"文本框中键入进行 DNS 解析时使用的父域，在"IP 地址"文本框中键入 DNS 服务器的 IP 地址，单击"添加"按钮将其添加到列表框中，如图 10-21 所示，本例为 10.10.10.1。

（9）单击"下一步"按钮，显示"WINS 服务器"对话框，设置 WINS 服务器。如果网络中没有配置 WINS 服务器则不必设置。

（10）单击"下一步"按钮，显示"激活作用域"对话框，提示是否要激活作用域。建议使用默认的"是，我想现在激活此作用域"。

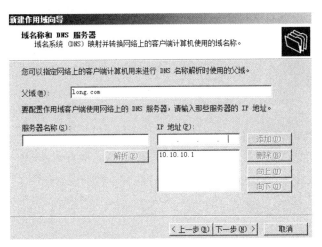

图 10-21 "域名称和 DNS 服务器"对话框

（11）单击"下一步"按钮，显示"正在完成新建作用域向导"对话框。

（12）单击"完成"按钮，作用域创建完成并自动激活。

10.6.5 保留特定的 IP 地址

如果用户想保留特定的 IP 地址给指定的客户机，以便 DHCP 客户机在每次启动时都获得相同的 IP 地址，就需要将该 IP 地址与客户机的 MAC 地址绑定，设置步骤如下：

（1）打开"DHCP"控制台，在左窗格中选择"作用域"中的"保留"项。

（2）执行"操作"→"添加"命令，打开"新建保留"对话框，如图 10-22 所示。

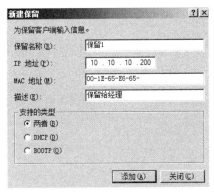

图 10-22 "新建保留"对话框

（3）在"保留名称"文本框中输入客户名称。注意此名称只是一般的说明文字，并不是用户账号的名称，但此处不能为空白。

（4）在"IP 地址"文本框中输入要保留的 IP 地址，本例为 10.10.10.200。

（5）在"MAC 地址"文本框中输入 IP 地址要保留给网卡的 MAC 地址。

（6）如果有需要，可以在"描述"文本框内输入一些描述此客户的说明性文字。

10
Chapter

添加完成后，用户可利用作用域中的"地址租约"选项进行查看。大部分情况下，客户机使用的仍然是以前的 IP 地址。也可用以下方法进行更新：

- ipconfig /release：释放现有 IP。
- ipconfig /renew：更新 IP。

注意：如果在设置保留地址时，网络上有多台 DHCP 服务器存在，用户需要在其他服务器中将此保留地址排除，以便客户机可以获得正确的保留地址。

10.6.6 配置 DHCP 选项

DHCP 服务器除了可以为 DHCP 客户机提供 IP 地址外，还可以设置 DHCP 客户机启动时的工作环境，如可以设置客户机登录的域名称、DNS 服务器、WINS 服务器、路由器、默认网关等。在客户机启动或更新租约时，DHCP 服务器可以自动设置客户机启动后的 TCP/IP 环境。

DHCP 服务器提供了许多选项，如默认网关、域名、DNS、WINS、路由器等，选项包括以下四种类型：

- 服务器选项：这些选项的设置，影响 DHCP 控制台窗口下该服务器下所有作用域中的客户和类选项。
- 作用域选项：这些选项的设置，只影响该作用域下的地址租约。
- 类选项：这些选项的设置，只影响被指定使用该 DHCP 类 ID 的客户机。
- 保留客户选项：这些选项的设置只影响指定的保留客户。

如果在服务器选项与作用域选项中设置了不同的选项，则作用域的选项起作用，即在应用时作用域选项将覆盖服务器选项；同理，类选项会覆盖作用域选项；保留客户选项会覆盖以上三种选项。它们的优先级表示如下：

保留客户选项 > 类选项 > 作用域选项 > 服务器选项

为了进一步了解选项设置，下面以在作用域中添加 DNS 选项为例，说明 DHCP 的选项设置。

（1）打开 DHCP 控制台，在左窗格中展开服务器，选择"作用域选项"，执行"操作"→"配置选项"命令。

（2）打开"作用域选项"对话框，如图 10-23 所示，在"常规"选项卡的"可用选项"列表中选择"006 DNS 服务器"复选框，输入 IP 地址，单击"确定"按钮结束。

图 10-23   "作用域选项"对话框

10.6.7　配置 DHCP 客户端和测试

1. 配置 DHCP 客户端

目前常用的操作系统均可作为 DHCP 客户端，本任务仅以 Windows 平台为客户端进行配置。在 Windows 平台中配置 DHCP 客户端非常简单，方法如下：

（1）在客户端 win2008-2 上，打开"Internet 协议版本 4（TCP/IPv4）属性"对话框。

（2）在对话框选中"自动获得 IP 地址"和"自动获得 DNS 服务器地址"两项即可。

提示：由于 DHCP 客户机是在开机的时候自动获得 IP 地址的，因此并不能保证每次获得的 IP 地址是相同的。

2. 测试 DHCP 客户端

在 DHCP 客户端上打开命令提示符窗口，通过 ipconfig /all 和 ping 命令对 DHCP 客户端进行测试，如图 10-24 所示。

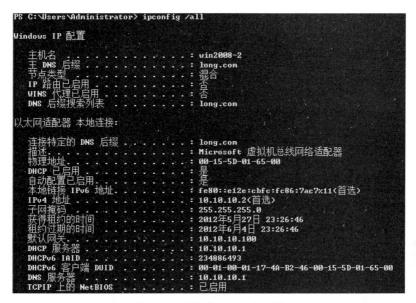

图 10-24　测试 DHCP 客户端

3. 手动释放 DHCP 客户端 IP 地址租约

在 DHCP 客户端上打开命令提示符窗口，使用 ipconfig /release 命令手动释放 DHCP 客户端 IP 地址租约。读者自己试着做一下。

4. 手动更新 DHCP 客户端 IP 地址租约

在 DHCP 客户端上打开命令提示符窗口，使用 ipconfig /renew 命令手动更新 DHCP 客户端 IP 地址租约。读者自己试着做一下。

5. 在 DHCP 服务器上验证租约

使用具有管理员权限的用户账户登录 DHCP 服务器，打开 DHCP 管理控制台，在左侧控制台树中双击 DHCP 服务器，在展开的树中双击作用域，然后单击"地址租约"选项，将能够看到从当前 DHCP 服务器的作用域中租用 IP 地址的租约，如图 10-25 所示。

图 10-25　IP 地址租约

10.7　DNS 配置实例

在 TCP/IP 网络上，每个设备必须分配一个唯一的地址。计算机在网络上通信时只能识别如 202.97.135.160 之类的数字地址，而人们在使用网络资源的时候，为了便于记忆和理解，更倾向于使用有代表意义的名称，如域名 www.yahoo.com（雅虎网站）。

DNS（Domain Name System）服务器就承担了将域名转换成 IP 地址的功能。这就是在浏览器地址栏中输入如 www.yahoo.com 的域名后就能看到相应的页面的原因。输入域名后，有一台称为 DNS 服务器的计算机自动把域名"翻译"成了相应的 IP 地址。

DNS 实际上是域名系统的缩写，它的目的是针对客户机对域名的查询（如 www.yahoo.com）提供该域名的 IP 地址，以便用户用易记的名字搜索和访问必须通过 IP 地址才能定位的本地网络或 Internet 上的资源。

通过 DNS 服务，使得网络服务的访问更加简单，对于一个网站的推广发布起到极其重要的作用。而且许多重要网络服务（如 E-mail 服务、Web 服务）的实现，也需要借助于 DNS 服务。因此，DNS 服务可视为网络服务的基础。另外在稍具规模的局域网中，DNS 服务也被大量采用，因为 DNS 服务不仅可以使网络服务的访问更加简单，而且可以完美地实现与 Internet 的融合。

10.7.1　部署 DNS 服务器的需求和环境

1. 部署需求

在部署 DNS 服务器前需满足以下要求：

- 设置 DNS 服务器的 TCP/IP 属性，手工指定 IP 地址、子网掩码、默认网关和 DNS 服务器地址等。
- 部署域环境，域名为 long.com。

2. 部署环境

本项目的 7.2～7.4 节的所有实例部署在同一个域环境下，域名为 long.com。其中 DNS 服务器主机名为 win2008-1，其本身也是域控制器，IP 地址为 10.10.10.1；DNS 客户机主机名为 win2008-2，其本身是域成员服务器，IP 地址为 10.10.10.2。这两台计算机都是域中的计算机，具体网络拓扑如图 10-26 所示。

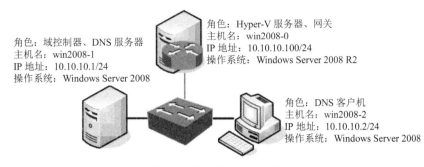

角色：Hyper-V 服务器、网关
主机名：win2008-0
IP 地址：10.10.10.100/24
操作系统：Windows Server 2008 R2

角色：域控制器、DNS 服务器
主机名：win2008-1
IP 地址：10.10.10.1/24
操作系统：Windows Server 2008

角色：DNS 客户机
主机名：win2008-2
IP 地址：10.10.10.2/24
操作系统：Windows Server 2008

图 10-26　部署 DNS 服务器网络拓扑图

10.7.2　安装 DNS 服务器角色

在安装 Active Directory 域服务角色时，可以选择一起安装 DNS 服务器角色，如果那时没有安装，那么可以在计算机 win2008-1 上通过"服务器管理器"安装 DNS 服务器角色，具体步骤如下：

（1）以域管理员账户登录到 win2008-1，选择"开始"→"管理工具"→"服务器管理器"→"角色"命令，然后在控制台右侧单击"添加角色"按钮，显示"添加角色向导"对话框，单击"下一步"按钮，显示如图 10-27 所示的"选择服务器角色"对话框，在"角色"列表中，勾选"DNS 服务器"复选框。

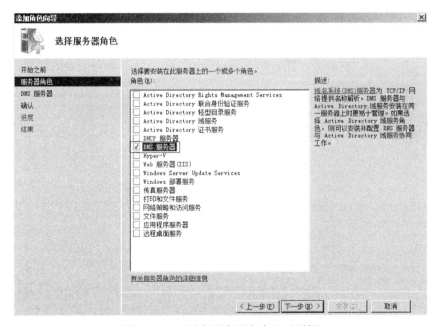

图 10-27　"选择服务器角色"对话框

（2）单击"下一步"按钮，显示"DNS 服务器"对话话框，简要介绍其功能和注意事项。

（3）单击"下一步"按钮，出现"确认安装选择"对话框，在域控制器上安装 DNS 服务器角色，区域将与 Active Directory 域服务集成在一起。

（4）单击"安装"按钮开始安装 DNS 服务器，安装完毕，最后单击"关闭"按钮，完成 DNS 服务器角色的安装。

10.7.3 创建正向主要区域

在域控制器上安装完 DNS 服务器角色之后，将存在一个与 Active Directory 域服务集成的区域。

在 DNS 服务器上创建正向主要区域 long.com，具体步骤如下：

（1）在 win2008-1 上，单击"开始"→"管理工具"→DNS，打开"DNS 管理器"控制台，展开 DNS 服务器目录树，如图 10-28 所示。右击"正向查找区域"选项，在弹出的快捷菜单中选择"新建区域"选项，显示"新建区域向导"对话框。

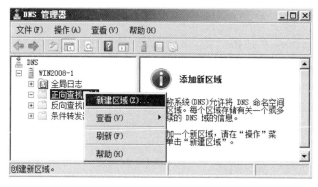

图 10-28　"DNS 管理器"控制台

（2）单击"下一步"，出现如图 10-29 所示"区域类型"对话框，用来选择要创建的区域的类型，有"主要区域""辅助区域"和"存根区域"三种。若要创建新的区域，应选中"主要区域"单选按钮。

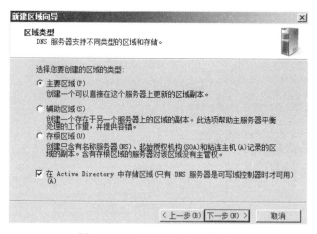

图 10-29　"区域类型"对话框

注意：如果当前 DNS 服务器上安装了 Active Directory 服务，则"在 Active Directory 中存储区域"复选框将自动被选中。

（3）单击"下一步"按钮，选择在网络上如何复制 DNS 数据，本例选中"至此域中域控制器上运行的所有 DNS 服务器（D）：long.com"单选按钮，如图 10-30 所示。

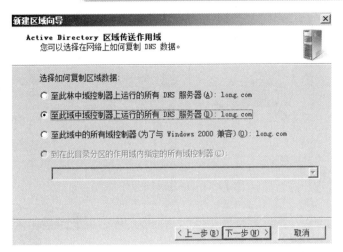

图 10-30　"Active Directory 区域传送作用域"对话框

（4）单击"下一步"按钮，在显示的"区域名称"对话框中设置要创建的区域名称（long.com），如图 10-31 所示。区域名称用于指定 DNS 名称空间的部分，由此 DNS 服务器管理。

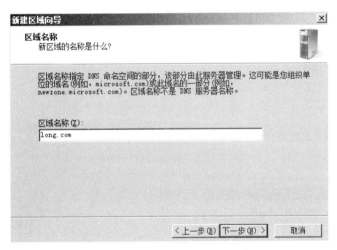

图 10-31　"区域名称"对话框

（5）单击"下一步"按钮，选择"只允许安全的动态更新"选项。

（6）单击"下一步"按钮，显示新建区域摘要。单击"完成"按钮，完成区域创建。

注意：由于是活动目录集成的区域，不指定区域文件；否则指定区域文件 long.com.dns。

10.7.4　创建反向主要区域

反向查找区域用于通过 IP 地址来查询 DNS 名称，创建的具体过程如下：

（1）在"DNS 管理器"控制台中，选择反向查找区域，右键单击，在弹出的快捷菜单中选择"新建区域"命令，如图 10-32 所示，在弹出的"区域类型"对话框中选中"主要区域"单选按钮，如图 10-33 所示。

（2）单击"下一步"按钮，在弹出的"反向查找区域名称"（IPv4）对话框中，选择"IPv4反向查找区域"单选按钮，如图 10-34 所示。

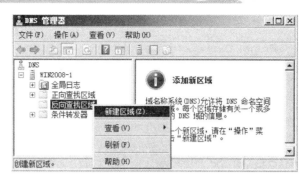

图 10-32　新建反向查找区域

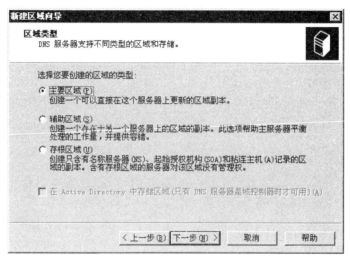

图 10-33　"区域类型"对话框

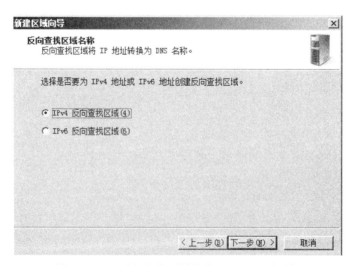

图 10-34　"反向查找区域名称"(IPv4)对话框

（3）单击"下一步"按钮，在弹出的"反向查找区域名称"（网络 ID）的对话框中输入网络 ID 或者反向查找区域名称，本例中输入的是网络 ID，区域名称根据网络 ID 自动生成。

例如，当输入了网络 ID 为 10.10.10.0 时，反向查找区域的名称自动为 10.10.10.in-addr.arpa，如图 10-35 所示。

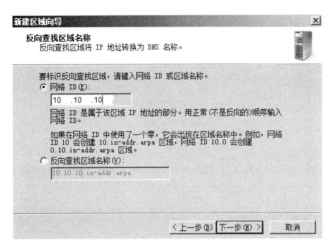

图 10-35　"反向查找区域名称"（网络 ID）对话框

（4）单击"下一步"按钮，选择"只允许安全的动态更新"选项。

（5）单击"下一步"按钮，显示新建区域摘要。单击"完成"按钮，完成区域创建，图 10-36 所示为创建后的效果。

图 10-36　创建正反向区域后的"DNS 管理器"控制台

10.7.5　创建资源记录

DNS 服务器需要根据区域中的资源记录提供该区域的名称解析，因此，在区域创建完成之后，需要在区域中创建所需的资源记录。

1．创建主机记录

创建 win2008-2 对应的主机记录。

（1）以域管理员账户登录 win2008-1，打开"DNS 管理器"控制台，在左侧控制台树中选择要创建资源记录的正向主要区域 long.com，然后在右侧控制台窗口空白处右击或右击要创建资源记录的正向主要区域，在弹出的快捷菜单中选择相应功能项即可创建资源记录，如图 10-37 所示。

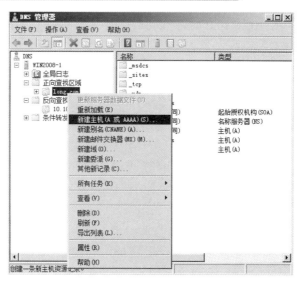

图 10-37　创建资源记录

（2）选择"新建主机（A）"命令，将打开"新建主机"对话框，通过此对话框可以创建 A 记录，如图 10-38 所示。

图 10-38　"新建主机"对话框

- 在"名称"文本框中输入 A 记录的名称，该名称即为主机名，本例为 win2008-2。
- 在"IP 地址"文本框中输入该主机的 IP 地址，本例为 10.10.10.2。
- 若选中"创建相关的指针（PTR）记录"复选框，则在创建 A 记录的同时可在已经存在的相对应的反向主要区域中创建 PTR 记录。若之前没有创建对应的反向主要区域，则不能成功创建 PTR 记录。本例不选中，后面单独建立 PTR 记录。

2. 创建别名记录

win2008-2 同时还是 Web 服务器，为其设置别名 www，步骤如下：

在图 10-37 中，选择"新建别名（CNAME）"命令，将打开"新建资源记录"对话框的"别名（CNAME）"选项卡，通过此选项卡可以创建 CNAME 记录，如图 10-39 所示。

- 在"别名"文本框中输入一个规范的名称（本例为 www），单击"浏览"按钮，选中起别名的目的服务器（本例为 win2008-2.long.com）；或者直接输入目的服务器的名字，在"目标主机的完全合格的域名"项中输入需要定义别名的完整 DNS 域名。

3．创建邮件交换器记录

在图 10-37 中，选择"新建邮件交换器（MX）"命令，将打开"新建资源记录"对话框的"邮件交换器（MX）选项卡，通过此选项卡可以创建 MX 记录，如图 10-40 所示。

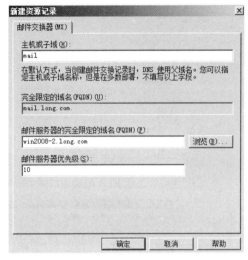

图 10-39　创建 CNAME 记录　　　　　　　图 10-40　创建 MX 记录

- 在"主机或子域"文本框中输入 MX 记录的名称，该名称将与所在区域的名称一起构成邮件地址中@右面的后缀。例如邮件地址为 yy@long.com，则应将 MX 记录的名称设置为空（即使用其中所属域的名称 long.com）；如果邮件地址为 yy@mail.long.com，则应输入 mail 为 MX 记录的名称记录，本例输入 mail。
- 在"邮件服务器的完全合格的域名"文本框中输入该邮件服务器的名称（此名称必须是已经创建的对应于邮件服务器的 A 记录），本例为 win2008-2.long.com。
- 在"邮件服务器优先级"文本框中设置当前 MX 记录的优先级，如果存在两个或更多的 MX 记录，则解析时将首选优先级高的 MX 记录。

4．创建指针记录

（1）以域管理员账户登录 win2008-1，打开"DNS 管理器"控制台。

（2）在左侧控制台树中选择要创建资源记录的反向主要区域 10.10.10.in-addr.arpa，然后在右侧控制台窗口空白处右击或右击要创建资源记录的反向主要区域，在弹出的快捷菜单中选择"新建指针（PTR）"命令，如图 10-41 所示，在打开的"新建资源记录"对话框的"指针（PTR）"选项卡中即可创建 PTR 记录，如图 10-42 所示。

（3）资源记录创建完成之后，在"DNS 管理器"控制台中和区城数据库文件中都可以看到这些资源记录，如图 10-43 所示。

注意：如果区域是和 Active Directory 域服务集成，那么资源记录将保存到活动目录中；如果不是和 Active Directory 域服务集成，那么资源记录将保存到区域文件中。默认 DNS 服务器的区域文件存储在 c:\windows\system32\dns 下。若不集成活动目录，则本例正向区域文件为 long.com.dns，反向区域文件为 10.10.10.in-addr.arpa.dns，这两个文件可以用记事本打开。

图 10-41 创建 PTR 记录（1）　　　　　　　图 10-42 创建 PTR 记录（2）

图 10-43 通过"DNS 管理器"控制台查看反向区域中的资源记录

10.7.6 配置 DNS 客户端

可以通过手工方式来配置 DNS 客户端，也可以通过 DHCP 自动配置 DNS 客户端（要求 DNS 客户端是 DHCP 客户端）。

（1）以管理员账户登录 DNS 客户端计算机 win2008-2，打开"Internet 协议版本 4 （TCP/IPv4）属性"对话框，在"首选 DNS 服务器"编辑框中设置所部署的主 DNS 服务器 win2008-1 的 IP 地址 10.10.10.1（如图 10-44 所示），最后单击"确定"按钮即可。

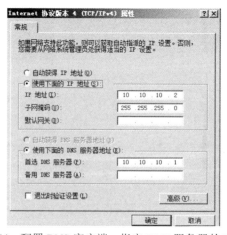

图 10-44 配置 DNS 客户端，指定 DNS 服务器的 IP 地址

思考：在 DNS 客户端的设置中，并没有设置受委派服务器 jwdns 的 IP 地址，那么从客户端上能不能查询到 jwdns 服务器上的资源？

（2）通过 DHCP 自动配置 DNS 客户端。这部分内容请参考后面的"拓展训练 1 配置与管理 DHCP 服务器"。

10.7.7　测试 DNS 服务器

部署完主 DNS 服务器并启动 DNS 服务后，应该对 DNS 服务器进行测试，最常用的测试工具是 nslookup 和 ping 命令。

nslookup 是用来进行手动 DNS 查询的最常用工具，可以判断 DNS 服务器是否工作正常。如果有故障的话，可以判断可能的故障原因，它的一般命令用法为：

nslookup　[-option…]　[host to find]　[sever]

这个工具可以用于两种模式：非交互模式和交互模式。

1. 非交互模式

非交互模式，要从命令行输入完整的命令，如：

C:\>nslookup　www.long.com

2. 交互模式

键入 nslookup 并回车，不需要参数就可以进入交互模式。在交互模式下直接输入 FQDN 进行查询。

任何一种模式都可以将参数传递给 nslookup，但在域名服务器出现故障时更多地使用交互模式。在交互模式下，可以在提示符">"下输入 help 或"？"来获得帮助信息。

下面在客户端 win2008-2 的交互模式下测试上面部署的 DNS 服务器。

（1）进入 PowerShell 或者在"运行"对话框中输入 cmd，然后执行 nslookup 命令进入 nslookup 测试环境。

```
PS C:\Users\Administrator> nslookup
默认服务器:  win2008-1.long.com
Address:  10.10.10.1
```

（2）测试主机记录。

```
> win2008-2.long.com
服务器:  win2008-1.long.com
Address:  10.10.10.1

名称:     win2008-2.long.com
Address:  10.10.10.2
```

（3）测试正向解析的别名记录。

```
> www.long.com
服务器:  win2008-1.long.com
Address:  10.10.10.1

名称:     win2008-2.long.com
Address:  10.10.10.2
Aliases:  www.long.com
```

说明：set type 表示设置查找的类型。

set type=mx，表示查找邮件服务器记录；set type=cname，表示查找别名记录；

set type=A，表示查找主机记录；set type=prt，表示查找指针记录；

set type=ns，表示查找区域。

（4）测试 MX 记录。

```
> set type=mx
> long.com
服务器: win2008-1.long.com
Address:  10.10.10.1

long.com
        primary name server = win2008-1.long.com
        responsible mail addr = hostmaster.long.com
        serial  = 30
        refresh = 900 (15 mins)
        retry   = 600 (10 mins)
        expire  = 86400 (1 day)
        default TTL = 3600 (1 hour)
```

（5）测试指针记录。

```
> set type=ptr
> 10.10.10.1
服务器: win2008-1.long.com
Address:  10.10.10.1

1.10.10.10.in-addr.arpa name = win2008-1.long.com
> 10.10.10.2
服务器: win2008-1.long.com
Address:  10.10.10.1

2.10.10.10.in-addr.arpa name = win2008-2.long.com
```

（6）查找区域信息，结束退出 nslookup 环境。

```
> set type=ns
> long.com
服务器: win2008-1.long.com
Address:  10.10.10.1

long.com          nameserver = win2008-1.long.com
win2008-1.long.com       internet address = 10.10.10.1
> exit
PS C:\Users\Administrator>
```

做一做：可以利用 "ping 域名或 IP 地址" 简单测试 DNS 服务器与客户端的配置，读者自己试一试。

10.8 习题

一、填空题

1. HTTP 协议是基于 TCP/IP 之上的，它是 WWW 服务所使用的主要协议，HTTP 会话过程包括连接、_____、应答和 _____。

2. WWW 客户机与 WWW 服务器之间的应用层传输协议是_____；_____是 WWW 网页制作的基本语言。

3. FTP 能识别的两种基本的文件格式是_____文件和_____文件。

4. 在 Internet 中 URL 的中文名称是_____；我国的顶级域名是_____。

5. Internet 中的用户远程登录，是指用户使用_____命令，使自己的计算机暂时成为远程计算机的一个仿真终端。

6. 发送电子邮件需要依靠_____协议，该协议的主要任务是负责邮件服务器之间的邮件传送。

7. 在 Internet 发展过程中，_____是其形成的前身，对其发展影响最大。

8. Internet 采用共享传输线路的方法，利用_____技术来达到资源共享这一目的。

9. 域名结构的划分采取了两种划分模式，按_____划分和按_____划分。

10. 整个 Internet 主要由_____、_____和_____三个部分组成。

11. 因特网使用的互联网协议是_____。

二、选择题

1. 在 Intranet 服务器中，（　　）作为 WWW 服务的本地缓冲区，将 Intranet 用户从 Internet 中访问过的主页或文件的副本存放其中，用户下一次访问时可以直接从中取出，提高用户访问速度，节省费用。

    A．WWW 服务器   B．数据库服务器

    C．电子邮件服务器   D．代理服务器

2. HTTP 是（　　）。

    A．统一资源定位器   B．远程登录协议

    C．文件传输协议   D．超文本传输协议

3. 使用匿名 FTP 服务，用户登录时常常使用（　　）作为用户名。

    A．anonymous   B．主机的 IP 地址

    C．自己的 E-mail 地址   D．节点的 IP 地址

4. 在 Internet 中，按（　　）地址进行寻址。

    A．邮件地址   B．IP 地址

    C．MAC 地址   D．网线接口地址

5. 在下面的服务中，（　　）不属于 Internet 标准的应用服务。

    A．WWW 服务   B．Email 服务

    C．FTP 服务   D．NetBIOS 服务

6. 1965 年科学家提出"超文本"概念，其"超文本"的核心是（　　）。

    A．链接   B．网络   C．图像   D．声音

7. 在地址栏中输入的 http://zjhk.school.com 中，zjhk.school.com 是一个（　　）。

    A．邮箱   B．文件   C．域名   D．国家

8. 地址 ftp://218.0.0.123 中的 ftp 是指（　　）。

    A．协议   B．网址   C．新闻组   D．邮件信箱

三、简答题

1. 简要说明 Internet 域名系统（DNS）的功能。举一个实例解释域名解析的过程。

2. 请使用一个实例解释什么是 URL。

3. 什么是 Internet？简述 Internet 的发展历程。

4. 什么是 Intranet？简述 Intranet 的发展历程。

5. 叙述 Inernet 与 Intranet、局域网之间的关系。

10.9 拓展训练

拓展训练 1 配置与管理 DHCP 服务器

一、实训目的

- 熟悉 Windows Server 2008 的 DHCP 服务器的安装。
- 掌握 Windows Server 2008 的 DHCP 服务器配置。
- 熟悉 Windows Server 2008 的 DHCP 客户端的配置。

二、实训环境

请参考图 10-10 所示的拓扑图来部署 DHCP 服务器。

三、实训要求

在安装了 Windows Server 2008 的虚拟机上完成如下操作：

（1）在 win2008-1 上运行虚拟操作系统 Windows Server 2008，为虚拟机保存一个还原点，以方便以后的实训。

（2）在 win2008-1 上安装 DHCP 服务器并授权，设置其 IP 地址为 192.168.1.250，子网掩码为 255.255.255.0，网关和 DNS 分别为 192.168.1.1 和 192.168.1.2。

（3）新建作用域名为 student.com，IP 地址的范围为 192.168.1.1～192.168.1.254，子网掩码长度为 24 位。

（4）排除地址范围为 192.168.1.1～192.168.1.5、192.168.1.250～192.168.1.254（服务器使用及系统保留的部分地址）。

（5）设置 DHCP 服务的租约为 24 小时。

（6）设置该 DHCP 服务器向客户端分配的相关信息为：DNS 的 IP 地址为 192.168.1.2，父域名称为 teacher.com，路由器（默认网关）的 IP 地址为 192.168.1.1，WINS 服务器的 IP 地址为 192.168.1.3。

（7）将 IP 地址 192.168.1.251（MAC 地址：00-00-3c-12-23-25）保留，用于 FTP 服务器；将 IP 地址 192.168.1.252（MAC 地址：00-00-3c-12-D2-79）保留，用于 WINS 服务器。

（8）在 win2008-2 上测试 DHCP 服务器的运行情况，用 ipconfig 命令查看分配的 IP 地址以及 DNS、默认网关、WINS 服务器等信息是否正确，测试访问 WINS 服务器。

四、实训思考题

1. 分析 DHCP 服务的工作原理。
2. 如何安装 DHCP 服务器？
3. 要实现 DHCP 服务，服务器和客户端各自应如何设置？
4. 如何查看 DHCP 客户端从 DHCP 服务器中获取的 IP 地址配置参数？
5. 如何创建 DHCP 的用户类别？

6. 如何设置 DHCP 中继代理？

拓展训练 2 配置与管理 DNS 服务器

一、实训目的

- 掌握 DNS 的安装与配置。
- 掌握两个以上的 DNS 服务器的建立与管理。
- 掌握 DNS 正向查询和反向查询的功能及配置方法。
- 掌握各种 DNS 服务器的配置方法。
- 掌握 DNS 资源记录的规划和创建方法。

二、实训环境

本次实训项目依据图 10-26 所示的网络拓扑图。

三、实训要求

（1）添加 DNS 服务器。
（2）创建正向主要区域。
（3）创建反向主要区域。
（4）创建资源记录。
（5）配置 DNS 客户端。
（6）测试主 DNS 服务器的配置。

四、实训思考题

1. DNS 服务的工作原理是什么？
2. 要实现 DNS 服务，服务器和客户端各自应如何配置？
3. 如何测试 DNS 服务是否成功？
4. 如何实现不同的域名转换为同一个 IP 地址？
5. 如何实现不同的域名转换为不同的 IP 地址？

参考文献

[1] 杨云. 计算机网络技术与 Internet 应用. 2 版. 北京：清华大学出版社，2016.

[2] 徐立新. 计算机网络技术. 北京：人民邮电出版社，2016.

[3] 刘佩贤. 计算机网络. 北京：人民邮电出版社，2015.

[4] 杜煜，姚鸿. 计算机网络基础. 3 版. 北京：人民邮电出版社，2014.

[5] 杨云. 计算机网络技术与实训. 3 版. 北京：中国铁道出版社，2014.

[6] 杨云. Windows Server 2008 网络操作系统. 3 版. 北京：人民邮电出版社，2015.

[7] 张晖. 计算机网络项目实训教程. 北京：清华大学出版社，2014.

[8] [美] Andrew S.Tanbaum. 计算机网络. 5 版. 北京：清华大学出版社，2012.